Patrick Bet-David

Die nächsten fünf Schritte

REDLINE | VERLAG

Patrick Bet-David
mit Greg Dinkin

Die nächsten fünf Schritte

■ ■ ■ ■ ■

Die Kunst der Unternehmensstrategie

Übersetzung aus dem Englischen von Nikolas Bertheau

Bibliografische Information der Deutschen Nationalbibliothek
Die Deutsche Nationalbibliothek verzeichnet diese Publikation in der Deutschen Nationalbibliografie. Detaillierte bibliografische Daten sind im Internet über http://dnb.d-nb.de abrufbar.

Für Fragen und Anregungen
info@redline-verlag.de

1. Auflage 2023

Türkenstraße 89
D-80799 München
Tel.: 089 651285-0
Fax: 089 652096

Die englische Originalausgabe erschien 2021 bei Galley Books unter dem Titel *Your next five moves.*
Dieses Werk wurde vermittelt durch die Literarische Agentur Thomas Schlück GmbH, 30161 Hannover.

Übersetzung: Nikolas Bertheau
Redaktion: Monika Spinner-Schuch
Umschlaggestaltung: Karina Braun
Umschlagabbildung: Drawlab19/Shutterstock
Satz: Carsten Klein, Torgau
Druck: GGP Media GmbH, Pößneck
Printed in Germany

ISBN Print 978-3-86881-929-8
ISBN E-Book (PDF) 978-3-96267-500-4
ISBN E-Book (EPUB, Mobi) 978-3-96267-501-1

Wir produzieren nachhaltig
www.m-vg.de

Weitere Informationen zum Verlag finden Sie unter

www.redline-verlag.de

Beachten Sie auch unsere weiteren Verlage unter www.m-vg.de

Meinem Vater Gabreal Bet-David gewidmet,
dem Aristoteles meines Lebens.

Anmerkung des Autors

Ich erzähle Geschichten, die mehr als 30 Jahre zurückreichen, und gebe mir alle Mühe, das damalige Geschehen korrekt wiederzugeben. Personen, die mit Vor- und Zunamen genannt werden, sind real. Wenn nur ein Vorname angegeben ist, handelt es sich entweder um miteinander verwobene Charaktere oder um Personen, deren Namen oder kennzeichnende Eigenschaften geändert wurden. Der Kern ihrer Geschichten basiert dennoch auf wahren Begebenheiten.

Inhalt

Einführung: Vor dem ersten Schritt 11

Schritt 1: Perfektionieren Sie Ihre Selbstwahrnehmung 25

1. Wer wollen Sie sein? 26
2. Studieren Sie Ihr wichtigstes Produkt: Sie selbst. 46
3. Ihr Weg zu Reichtum und Wohlstand: Intrapreneur oder Entrepreneur . 63

Schritt 2: Perfektionieren Sie Ihr Denken 81

4. Die nicht zu überschätzende Bedeutung der Durchdringung und Verarbeitung von Problemen 82
5. Auflösung nach x: eine Methodologie der effektiven Entscheidungsfindung 99

Schritt 3: Meistern Sie die Teambildung. 115

6. Der Mythos vom Solopreneur oder wie Sie sich Ihr Team zusammenstellen 116
7. Schaffen Sie eine prinzipienbasierte Kultur 139
8. Vertrauen = Schnelligkeit: von der Bedeutung der Verlässlichkeit 157

Schritt 4: Perfektionieren Sie die Skalierbarkeit Ihrer Strategie 179

9. Skalieren für exponentielles Wachstum 180
10. Machen Sie sich den Schwung zum Freund – und seien Sie auf Chaos gefasst. 200
11. Moneyball oder wie Sie Tracking-Systeme für Ihr Unternehmen entwerfen 219
12. Bleiben Sie paranoid – Der Großmeister ist immer auf der Hut 236

Schritt 5: Perfektioneren Sie das Spiel mit der Macht 253

13. Wie Sie Goliath schlagen und das Narrativ bestimmen 254

14. Von Mafiosi lernen: Wie Sie verkaufen, verhandeln und Ihren Einfluss geltend machen 274

15. Pflegen Sie Ihre Macht und bleiben Sie kampferprobt 292

Fazit: Schachmatt 307

Danksagungen 313

Anhang A: Persönliche Identitätsprüfung 319

Anhang B: Arbeitsblatt »Auflösung nach x« 325

Empfohlene Lektüre 329

Über den Autor 333

Einführung

Vor dem ersten Schritt

Als ich zum ersten Mal den Dokumentarfilm *Magnus – der Mozart des Schachs* über Magnus Carlsen sah, musste ich immerzu an die Parallelen zur Geschäftswelt denken. Carlsen ist ein norwegisches Schachwunderkind, das mit 13 Großmeister wurde. Gleich einem Visionär denkt er immerzu bis zu 15 Schritte voraus, was ihm die unheimliche Fähigkeit verleiht, vorherzusagen (und in seinem Verhalten zu berücksichtigen), was seine Gegner tun werden. Was mich außerdem beeindruckte, war seine akribische Vorbereitung. Weil Carlsen das Spiel bereits so viele Male im Geiste durchgespielt hat, bevor es überhaupt stattfindet, kann ihn in der Hitze des Gefechts nichts mehr aus der Ruhe bringen. Obendrein sieht er sich mit einem Phänomen konfrontiert, mit dem Gründer und CEOs bestens vertraut sind: »Wenn du an die Spitze gelangen willst, läufst du ständig Gefahr, plötzlich ohne menschliches Umfeld dazustehen.«

Nachdem ich *Magnus* gesehen hatte, ließ mich der Gedanke an die Ähnlichkeiten zwischen Entrepreneuren und Schachgroßmeistern nicht mehr los. So war ich auch nicht überrascht zu erfahren, dass Tesla- und SpaceX-Gründer Elon Musk bereits in jungem Alter mit dem Schachspielen begonnen hatte. »Er durchschaut Dinge auf eine Art und Weise, wie es niemand anderes vermag, den ich kenne«, sagt sein Bruder Kimbal. »Im Schach kann es passieren, dass ein Großmeister zwölf Schritte voraussieht. Und Elon ist in jeder gegebenen Situation in der Lage, zwölf Schritte vorauszusehen.«

Dieses Zitat zu Musk öffnete mir auf einen Schlag die Augen. Die meisten Menschen denken gerade einmal einen bis zwei Schritte voraus. Amateure wie sie gelangen in der Welt des Business schnell an ihre Grenzen. Eine erfolgreiche Strategie besteht darin, einen ersten Schritt zu tun und auf weitere Schritte vorbereitet zu sein – je nachdem, wie der Markt oder unsere Konkurrenz auf unseren ersten Schritt reagiert. Wir müssen also über unseren ersten Angriff hinausdenken, wenn wir mit unserer Strategie erfolgreich sein wollen. Je besser wir darin werden, desto leichter fällt es uns vorherzusehen, wie andere reagieren werden. Und so können wir schließlich eine ganze Reihe von Schritten umsetzen, denen die Gegner kaum noch etwas entgegensetzen können.

Wenngleich es auch in der Welt des Business darauf ankommt, dass wir stets mehrere Schritte vorausdenken, soll es in diesem Buch nicht um das Schachspiel gehen. Wir wollen vielmehr die visionären Fähigkeiten und die Denkweisen der Schachgroßmeister auf die Welt des Business übertragen. Und dazu brauchen Sie in Wahrheit nichts über das Schachspiel zu wissen. Auch werden Sie auf den folgenden Seiten keine speziellen Beispiele aus dem Schachspiel finden und dafür umso mehr Beispiele von Männern und Frauen, die wie erfolgreiche Schachspieler *denken*.

Wer maximal einen Schritt vorausdenkt, sieht sich häufig von Geltungsbedürfnis, Emotionen und Ängsten getrieben. Der Spitzenverkäufer droht mit Kündigung für den Fall, dass er keinen Gehaltszuschlag erhält. Der emotionale Amateur erwidert darauf: »Ich lasse mich nicht unter Druck setzen«, oder: »Wir kommen auch ohne ihn zurecht.« Der erfahrene Stratege hingegen entwirft seine nächsten Schritte.

Ähnliches gilt für die Elternrolle. Einem Kind alles zu geben, um was es bettelt – ob Süßigkeiten, ein iPad oder die Erlaubnis, die Klavierstunde ausfallen zu lassen –, fühlt sich im ersten Moment wunderbar an. Das Kind ist fröhlich und versichert uns, wie sehr es uns liebt. Wir wissen auch, dass die Alternative – ein Riesenaufstand, bei dem wir mit Gift und Galle überschüttet werden – alles andere als ein Spaziergang werden würde. Dieses Szenario ist eine gute Illustration dafür, wie bei fast allen unternehmerischen Entscheidungen die eine Option die entschieden *einfachere* ist, wohingegen die andere – für die wir fünf Schritte vorausdenken müssen – die *effektivere* ist.

Ich wünschte, jemand hätte mir beigebracht, so zu denken, als ich die Stationen vom Verkäufer über den Vertriebsleiter zum Gründer und zum CEO durchlief. In jeder von ihnen hätte diese Art des kritischen Denkens mir Kosten in Millionenhöhe und Dutzende Panikattacken erspart. Wenn ich darüber nachdenke, wie ich mich vom unsicheren und großspurig auftretenden Verkäufer von Fitnessclub-Mitgliedschaften zum kühl und strategisch denkenden, selbstsicheren CEO entwickelt habe, wird mir bewusst, dass mir dies in erster Linie gelungen ist, weil ich gelernt habe, mindestens fünf Schritte vorauszudenken.

Manch einer von Ihnen mag sich jetzt vielleicht fragen: Warum *nur* fünf Schritte? Dafür gibt es zwei Gründe. Erstens sind fünf Schritte ein guter Kompromiss zwischen überlegter Strategie und raschem Handeln. Sicherlich wird es Gelegenheiten geben, wo Sie mehr als fünf Schritte vorausdenken sollten – beispielsweise auf einer Jahresklausurtagung oder wenn Sie eine mögliche Übernahme analysieren (oder falls Sie sich mit dem Gedanken tragen, eine Kolonie auf dem Mars zu gründen). Die Berücksichtigung zu vieler möglicher Schritte kann jedoch auch lähmend wirken. Fünf Schritte reichen aus, um künftige Ergebnisse zu antizipieren und Schritte und Gegenschritte zu untersuchen. Der zweite Grund liegt in den fünf Schritten, die wir auf der Makroebene beherrschen müssen, um in der Welt des Business erfolgreich zu sein. Ich habe das Buch in diese fünf Schritte unterteilt, um sicherzustellen, dass Sie genau wissen, was Sie benötigen, damit Ihnen das gelingt.

Es gibt vieles, wozu ich, Patrick, schlicht nicht fähig bin. Ich bin 1,95 Meter groß und wiege 109 Kilogramm, aber ich kann weder Basketball noch American Football spielen. Ich kann nicht programmieren und keinen Motor auseinandernehmen und wieder zusammenbauen. Aber auf eines verstehe ich mich: Ich kann Entrepreneuren und Mitgliedern der Vorstandsebene dabei helfen, eine Strategie zu entwickeln, die es ihnen ermöglicht, den Markt zu erobern. Wenn ich mich mit einem Gründer oder einem CEO zusammensetze, gehen wir die Frage der Strategie wie ein Spiel an. Der einzige Unterschied zwischen Business und Schach (oder Monopoly oder Final Fantasy) ist, dass wir um Millionen (oder Milliarden) statt um Prahlrechte spielen. Mit dieser Einstellung lernen die Führungskräfte, Strategien zu entwickeln, die ihnen Wachstumsperspektiven eröffnen.

Zu den häufigsten Fragen, die mir als Berater von Führungskräften und als Ratgeber von Studenten und angehenden Entrepreneuren gestellt wird, gehört diese: Soll ich meine gegenwärtige Stelle kündigen, bevor ich mein eigenes Unternehmen starte? Weitere häufig gestellte Fragen sind: Soll ich mir Geld beschaffen, indem ich andere beteilige, oder ist es besser, einen Kredit aufzunehmen? Wie muss meine Vergütungsstruktur gestaltet sein, um die Mitglieder meiner Vorstandsebene oder aber meine auf Freelancer-Basis arbeitenden Verkäufer an mich zu binden? Soll ich schon jetzt global erweitern oder auf geeignetere Marktbedingungen warten?

Die einfachen Fragen in der Welt des Business sind binärer Natur – sie lassen sich mit Ja oder Nein beantworten. Die Falle ist zu glauben, alle Fragen wären von dieser Art. Die Antwort auf welche Frage auch immer ist in Wahrheit eine Serie von Schritten, ausgeführt in der richtigen Reihenfolge. »Experten« machen die Dinge häufig schlimmer, indem sie Ja-oder-nein-Antworten geben, als ob jeder von uns demselben Menschenschlag angehören würde. Das ist, wie Sie sehen werden, der Grund, warum Sie im ersten Schritt herausfinden müssen, wer Sie sind und was Sie wollen.

Das andere Problem, das ich sehe, ist mangelnde Planung. Begeisterung ist eine wunderbare Sache, solange mit ihr die Planung der nächsten fünf Schritte einhergeht. Viele Menschen aber wollen den fünften Schritt gehen, bevor sie die ersten vier Schritte absolviert haben. Die Reihenfolge ist jedoch wichtig. Um zur nächsten Ebene zu gelangen, müssen Sie sich vom eingleisigen Denken verabschieden und dazu übergehen, viele Schritte in die Zukunft zu blicken.

Wenn Sie sich sicher sind, dass Sie ein Entrepreneur werden wollen, ist die Kündigung Ihrer gegenwärtigen Stelle möglicherweise der vierte Schritt. Oder es geht vielmehr darum, eine Reihe von Schritten zu entwerfen, die Sie in Ihrem gegenwärtigen Unternehmen auf eine lukrative Position bringen (womit Sie zum Intrapreneur werden, wovon das 3. Kapitel handeln wird). Wenn Sie eine Familie haben, aber über keine Rücklagen verfügen, wird die Kündigung Ihrer gegenwärtigen Stelle definitiv nicht Ihr erster Schritt sein. Vielleicht müssen Sie Ihre Stelle auch gar nicht aufgeben, um genau der zu werden, der Sie sein wollen. Die Informationen in diesem Buch beziehen sich auf Menschen in sämtlichen Lebensphasen und auf allen Unternehmensebenen. Vielleicht sind Sie Finanzvorstand aus Leidenschaft oder Sie arbeiten als Freelancer und genießen die Abwechslung und Ungebundenheit des Daseins als »Solopreneur«. Zu dem, was ich an der Welt des Business so liebe, ist, dass sie für jeden einen Pfad bereithält – solange wir nur die nötige Selbstkenntnis und die Bereitschaft mitbringen, fünf Schritte vorauszudenken.

Unabhängig davon, welche Reihenfolge sich für Ihren Fall am besten eignet, zeichnet den cleveren Strategen die Fähigkeit des *Antizipierens* aus. Die besten Militärführer haben ein Faible dafür, mehrere Schritte vorauszudenken. Die besten Kämpfer wissen, wie sie ihre Gegner zur Strecke bringen. Sie sind möglicherweise bereit, die erste Runde verloren zu geben, weil ein Schritt in einer Frühphase des Kampfes, der sich scheinbar gegen sie auswirkt, in Wahrheit dazu dient, den Gegner zu einem Fehler in einer späteren Runde zu verleiten. Weltklasse-Pokerspieler verfolgen dasselbe Prinzip: In einer Frühphase des Spiels bluffen sie und opfern Chips, um eine Abfolge von Schritten in Gang zu setzen, mit denen sie ihren Gegner früher oder später in die Knie zwingen. Und auch wenn wir uns Warren Buffett nicht gleich als Schachspieler vorzustellen brauchen, erklärt sich sein anhaltender Erfolg aus seiner geduldigen und strategischen Vorgehensweise. Buffett geht es nicht um jedes einzelne Geschäft, jedes Quartal oder auch nur jedes Jahr. Er unternimmt eine Abfolge von Schritten, die ihm auf lange Frist Erfolg bringen.

NBA-Legende Kobe Bryant erzählte mir sechs Monate vor seinem tragischen Tod, dass er schon, als er 13 war, einer der größten Basketballspieler aller Zeiten werden wollte. Damals belegte er in seinem Land Platz 56. Er erstellte eine Hitliste aller Namen vor ihm; fünf Jahre später hatte er sie allesamt überholt und startete von der Highschool aus als First-Round Pick in die NBA. Es wird erzählt, Michael Jordan habe seine Teilnahme am olympischen »Dream Team« der USA 1992 gezielt genutzt, um die Schwächen seiner Teamkollegen kennenzulernen und diese Kenntnis später gegen sie zu verwenden, als er wieder in der NBA spielte. Beide Spieler waren Meisterstrategen, die stets mindestens fünf Schritte vorausdachten. Auch Sie werden so denken müssen – besonders, wenn Sie planen, sich dem Wettbewerb in Ihrem Markt zu stellen und früher oder später Branchenführer zu werden.

■ ■ ■ ■ ■

Auf den folgenden Seiten werde ich Ihnen alles an die Hand geben, was Sie benötigen, um wie ein Meisterstratege zu denken. Zugleich werde ich Ihnen zeigen, wie Sie …

1. … sich abheben und Ihren unverwechselbaren Wert kommunizieren;
2. … Investoren finden und eine hohe Bewertung für einen lukrativen Ausstieg erzielen;
3. … Spitzenkräfte an Land ziehen und mit den richtigen Anreizen fördern und halten;
4. … skalierbare Systeme schaffen und im Chaos standhaft und besonnen bleiben;
5. … Fragestellungen durchdringen, Entscheidungen treffen und Probleme nachhaltig lösen;
6. … sich darüber klar werden, wer Sie sein und welches Vermächtnis Sie hinterlassen wollen;
7. … verhandeln, verkaufen und strategisch vorgehen, als ginge es um Ihr Leben.

Vielleicht haben Sie zu diesem Buch in der Annahme gegriffen, es würden Ihnen die Ausbildung und die Ressourcen fehlen, um ein Unternehmen zu gründen. Oder Sie verfügen über einen hohen IQ, sehen sich aber außerstande, die lebensrettende Entscheidung zu treffen, weil Sie alles ständig erneut hinterfragen. Es spielt keine Rolle, von wo aus Sie starten. Wenn Sie auch nur im Geringsten daran zweifeln, dass Sie das Zeug zum Entrepreneur haben, lassen Sie sich meine Geschichte erzählen.

Jeder, der mich hat aufwachsen sehen, hätte mir die geringsten Erfolgschancen attestiert. Ich werde Ihnen beschreiben, wie es jemand, der nicht im Mindesten vorausdenken konnte (mit dem Erfolg, dass ich irgendwann 26 Kreditkarten mit einem Minus von zusammengerechnet 49 000 US-Dollar besaß) schließlich zum CEO brachte. Sie werden sehen, wie ich PHP Agency gründete – ein Vermarktungsunternehmen für Finanzdienstleistungen mit 66 Versicherungsvertretern in einem einzigen Büro im kalifornischen Northridge, das zehn Jahre später bereits auf 15 000 Vertreter mit 120 Büros in 49 US-Bundesstaaten plus Puerto Rico angewachsen war.

Ich bin stolz auf den Ruf, den unser Unternehmen ob seiner einzigartigen Vielfalt, seiner jungen Kultur und seiner Präsenz in den sozialen Medien genießt. Und das ausgerechnet in der als »langweilig« verschrienen Lebensversicherungsbranche! (Der durchschnittliche Lebensversicherungsvertreter ist ein 75-jähriger Weißer; unsere durchschnittliche Vertreterin ist eine 34-jährige Latina.) Wir verdanken unseren Erfolg nicht unseren Beziehungen oder dem glücklichen Zufall. Vielmehr beweist mein persönlicher Hintergrund, dass Entrepreneure von überallher kommen können und keine Qualitäten mitzubringen brauchen, über die nicht auch Sie verfügen!

Der unwahrscheinlichste CEO

Ich wuchs in Teheran, der Hauptstadt des Iran, auf. Während des Ersten Golfkriegs im Jahr 1987 lebte meine Familie mit der ständigen Gefahr eines Angriffs. Obgleich ich erst acht war, verfolgen mich die Geräusche bis heute. Jeder Angriff begann mit einem Sirenengeheul, das allein schon einem die Seele zerreißen konnte. Dann warnte eine Stimme vor feindlichen Fliegern, die gerade die Grenze überquerten. Zuletzt hörten wir das Pfeifen der fallenden Bomben.

Nach jedem Pfeifen beteten wir, dass unser Unterschlupf nicht getroffen würde. Ich weiß noch, wie ich neben meinen Eltern saß und mich zu Tode fürchtete. Irgendwann hatte meine Mutter genug. Sie meinte zu meinem Vater, wenn sie nicht das Land verließen, würde ihr Sohn irgendwann in der iranischen Armee dienen müssen. Mein Vater begriff, dass Nichtstun nicht länger eine Option war.

Meine Schwester, meine Eltern und ich stiegen in unseren weißen zweitürigen Renault und machten uns auf in Richtung der zwei Stunden von Teheran entfernt gelegenen Stadt Karadsch. Der Weg führte unter anderem über eine Brücke. Unmittelbar nachdem wir sie passiert hatten, blitzte es hinter uns gewaltig auf. Vater sagte zu meiner Schwester und mir, wir sollten uns nicht umdrehen, aber wir konnten der Versuchung nicht widerstehen. Ich wünschte, wir hätten auf ihn gehört. Als wir uns umwandten, sahen wir die Zerstörung, verursacht von einer Bombe, die weniger als 100 Meter hinter uns in die Brücke eingeschlagen war – nachdem wir sie gerade erst sicher überquert hatten. Mir fehlen noch immer die Worte dafür – außer um zu sagen, dass niemand, und schon gar nicht zwei verängstigte Kinder, jemals Zeuge eines solchen Geschehens werden sollten.

Ich kann diesen Moment vor meinem inneren Auge abspielen, als hätte er sich gestern ereignet. Solche Zeiten können uns brechen. Oder aber sie machen uns erstaunlich unempfänglich für Schmerz und Widrigkeiten. Irgendwie gelang es uns, dem Desaster zu entfliehen. Zwei Jahre lang lebten wir in Erlangen in einem Flüchtlingslager, bevor wir schließlich am 28. November 1990 nach Glendale im US-Bundesstaat Kalifornien weiterzogen. Als wir in den Vereinigten Staaten ankamen, war ich soeben zwölf geworden, sprach kaum Englisch und wurde die fürchterlichen Bilder im Kopf von der Flucht aus einem vom Krieg gebeutelten Land nicht los.

Dank der Entscheidung meiner Eltern, in einer Situation, in der es um Leben und Tod ging, den richtigen Schritt zu tun, bin ich heute am Leben und stolzer US-Bürger mit einem erfolgreichen Unternehmen und einer wunderbaren Familie.

■ ■ ■ ■ ■

Wenn Sie lernen, fünf Schritte vorauszudenken, kann es scheinen, als würden Sie zu einem Gedankenleser. In Wahrheit aber haben Sie die Schritte nur so viele Male »gesehen«, dass Sie antizipieren können, was Ihr Gegner als Nächstes sagen oder tun wird. Ich wette, Sie fragen sich: Bin auch ich dazu in der Lage? Kann aus mir, der ich keinerlei Erfahrung habe, jemals jemand werden, der strategisch denkt und ein Imperium errichtet?

Vielleicht sagen Sie: »Aber Patrick, Sie sind sprachgewandt. Sie haben den Stammbaum eines Entrepreneurs. Sie sind viel gewiefter und cleverer als ich.«

Gewiefter und cleverer als Sie? Wirklich? Bedenken Sie Folgendes:

1. Ich habe nur knapp den Highschool-Abschluss geschafft. Mein Notendurchschnitt war nur befriedigend, ich hatte einen SAT-Score von 880 (von möglichen 1600) und habe niemals ein vierjähriges College besucht. Ständig versicherten mir Freunde und Verwandte, dass ich es im Leben niemals zu etwas bringen würde.
2. Sie glauben, ich wäre sprachgewandt? Mit 41 werde ich noch immer meines Akzents wegen aufgezogen. Als junger Immigrant fürchtete ich mich mehr davor, bestimmte Wörter auszusprechen, als vor dem Krieg. Wörter wie *Wednesday*, *island* und *government* bereiteten mir die größten Probleme. Das war zu der Zeit, als Wiederausstrahlungen von *Gilligan's Island* die Fernsehshow richtig populär machten. Sie können sich nicht vorstellen, wie ich die beiden Wörter aussprach – und wie gnadenlos ich dafür gehänselt wurde.
3. Meine Eltern ließen sich nach ihrer Ankunft in den Vereinigten Staaten scheiden. Ich verbrachte die meiste Zeit bei meiner Mutter, die von Sozialhilfe lebte. Wenngleich ich von großer Statur war und Sport liebte, trieb ich selbst keinen Sport, weil meine Mutter den Monatsbeitrag für den Sportverein nicht aufbringen konnte.
4. Ich ging mit 18 zur Armee, weil mir schien, ich hätte keine Wahl. Mit 21, wenn die echten Cracks beruflich durchstarten, verkaufte ich Fitnessstudio-Mitgliedschaften für Bally Total Fitness.

Einerseits schien es, als hätte ich keine Chance. Andererseits aber waren es genau diese Schwierigkeiten, die mir am Ende zum Erfolg verhalfen. Ohne alle diese Widrigkeiten hätte ich niemals diesen Drang in mir verspürt, es der Welt zu zeigen.

Damit Sie mich nicht missverstehen: Ich kann Ihnen nicht beibringen, wie Sie einen solchen Drang entwickeln. Wenn Sie es vorziehen, harter Arbeit aus dem Weg zu gehen, und wenn Sie nicht den Drang verspüren, etwas Wichtiges im Leben zu erreichen, gibt es wenig, was ich für Sie tun kann. Dieses Buch richtet sich an Menschen, die begierig sind herauszufinden, wie ihr Optimum aussieht, und die nach den richtigen Strategien suchen, wie sie dorthin gelangen können. Sie suchen nicht nur nach Motivation; sie suchen nach bewährten Strategien, die funktionieren. Sie sind hinter effektiven Formeln her, die ihnen helfen, schneller die nächste Ebene zu erreichen. Fühlen Sie sich angesprochen?

■ ■ ■ ■ ■

Apropos Formeln: So fleißig, wie ich nach ihnen suche, gebe ich sie auch weiter. Bereits 2013 begann ich damit, Videos über das zu erstellen, was mir in unternehmerischen Fragen geholfen hat. Dazu brauchte es nicht mehr als mich, meine rechte Hand Mario und eine simple Fotokamera Marke Canon EOS Rebel T3. Wir nannten diese Videos anfangs »Two Minutes with Pat« und stellten sie auf YouTube. Nach einem Jahr hatten wir 60 Abonnenten und änderten den Namen in *Valuetainment*. Drei Jahre später hatten wir 100 000 Abonnenten und standen in dem Ruf, nützliche und praxisnahe Inhalte zu produzieren. Im März 2020 überschritten wir die Marke von zwei Millionen YouTube-Abonnenten. Unterdessen beriet ich Menschen aus allen Lebensphasen. Zu unserer ersten großen Konferenz im Mai 2019 mit dem Namen »Vault« reisten 600 Entrepreneure aus 43 Ländern und 140 Branchen nach Dallas. Hier waren kleine Start-ups ebenso vertreten wie leitende Manager und sogar der CEO eines Unternehmens mit einem Jahresumsatz von einer halben Milliarde US-Dollar.

Warum gaben diese Menschen ihr hart verdientes Geld dafür aus, um den halben Globus zu fliegen und diese Konferenz zu besuchen? Weshalb alle diese Abonnenten? Der Grund ist: Alle Philosophien und Strategien, die ich mir angeeignet habe, sind *übertragbar*. Sie sind leicht verständlich und unmittelbar umsetzbar. Viele meiner Follower begannen, sich selbst als *Valuetainer* zu bezeichnen und positive Ergebnisse zu erzielen. Auch wenn wir keine traditionelle Business School wie Harvard, Stanford oder Wharton sind, wurde *Valuetainment* zum Brutplatz sowohl für erfolgreiche Manager als auch für erfolgreiche Entrepreneure in aller Welt.

Ich bin fest davon überzeugt, dass Entrepreneurship die meisten Probleme dieser Welt lösen kann, und die Erfahrung hat mir nicht nur gezeigt, wie das geht, sondern auch, wie ich es anderen beibringen kann. All mein Wissen, das ich über die Zeit erworben habe – ob in persönlichen Gesprächen, in Gruppenmeetings oder in zähen Verhandlungen – lege ich in dieses Buch, weil ich gesehen habe, dass es funktioniert, und weiß, dass auch Sie ebenso erfolgreich sein können.

Wie Sie Ihre Ziele in der Welt des Business erreichen

Was Sie in der Hand halten, ist die komplette Skriptvorlage, um zu erreichen, was immer Sie sich erträumen. Sie werden nicht nur die dazu erforderlichen Fertigkeiten entwickeln, sondern auch die dafür notwendige *Denkweise*. Nebenbei werden Sie sehen, wie jemand zu einer besseren Führungskraft und einem besseren Menschen wird. Sobald Sie sich mit allen fünf Schritten vertraut gemacht haben, verfügen Sie über das nötige Rüstzeug, um in der Welt des Business jede Art von Erfolg zu erzielen, die Sie sich wünschen.

Die fünf Schritte lauten:

1. Perfektionieren Sie Ihre Selbstwahrnehmung
2. Perfektionieren Sie Ihr Denken
3. Perfektionieren Sie die Teambildung
4. Perfektionieren Sie die Skalierbarkeit Ihrer Strategien
5. Perfektionieren Sie das Spiel mit der Macht

Im **ersten Schritt** geht es darum, **sich selbst besser kennenzulernen** – ein Thema, das in Unternehmerkreisen nur selten Beachtung findet. Sie werden sehen, dass Sie ohne geeignete Selbstwahrnehmung nicht vorausdenken können. Erst die nötige Selbstwahrnehmung verleiht Ihnen die Kraft, Ihr eigenes Handeln zu lenken und zu steuern. Und nur, wenn Ihnen klar ist, wer Sie sein wollen, wissen Sie auch, welche Richtung Sie einschlagen müssen und warum das so wichtig ist.

Der **zweite Schritt** handelt von der **Fähigkeit, rational zu denken**. Ich werde Ihnen zeigen, wie Sie Fragestellungen durchdringen, und Ihnen eine Methode vorstellen, wie Sie einen Ausweg aus jeder Entscheidungssituation finden, wie viel auch immer davon abhängen mag. Es gibt keine reinen Schwarz-Weiß-Entscheidungen und Sie werden in diesem Abschnitt lernen, ein Auge für die Grauschattierungen zu haben und trotz aller Ungewissheit entschlossen Ihren Weg zu gehen.

Im **dritten Schritt** geht es darum, andere Menschen zu verstehen, damit Sie **das richtige Team um sich versammeln** können – ein Team, das es Ihnen ermöglicht zu wachsen. Einige meiner Taktiken mögen machiavellistisch anmuten. Im Kern geht es mir jedoch bei allem, was ich tue, darum, Menschen zu helfen, das Beste aus sich herauszuholen. Dazu stelle ich Ihnen Fragen, die Ihre tiefsten Sehnsüchte offenbaren. Und indem ich Ihnen helfe, sich selbst besser zu verstehen, helfe ich Ihnen auch, Ihre Beziehungen besser zu verstehen. Das Vertrauen, das Sie zwischen sich und Ihren Mitarbeitern und Partnern schaffen, bildet die Grundlage für gewinnbringende Bündnisse, beschleunigt alle Bereiche Ihres geschäftlichen Wirkens und verhilft Ihnen zu einem gesunden Nachtschlaf.

Der **vierte Schritt** handelt davon, wie Sie Ihre **Strategien skalierbar gestalten**, um ein exponentielles Wachstum zu ermöglichen. Wir werden über Dinge wie die Kapitelbeschaffung, die Generierung schnellen Wachstums oder die Inpflichtnahme Ihrer Beschäftigten sprechen. Wenn Sie zu diesem Abschnitt gelangen, werden Sie bereits wie ein erfahrener CEO denken. Sie lernen, wie Sie Schwung erzeugen – und aufrechterhalten – und wie Sie Tracking-Systeme entwickeln, die es Ihnen erlauben, die wesentlichen Parameter Ihrer unternehmerischen Tätigkeit stets im Blick zu behalten.

Der **fünfte Schritt** handelt von **Macht und Einfluss**. Wir werden darüber sprechen, wie Sie den Goliath Ihrer Branche schlagen können. Sie werden ferner sehen, wie Sie Ihr Narrativ bewusst gestalten und die sozialen Medien nutzen können, um Ihrer Geschichte Glanz zu verleihen. Sie werden etwas über Psychologie lernen und Insidergeheimnisse von einer der berüchtigtsten Geschäftsorganisationen der Welt erfahren: der Mafia (ja, der Mafia – und Sie werden bald sehen, warum!). Den Abschluss werden einige unglaubliche Anekdoten bilden, die zeigen, wie erfolgreiche Entrepreneure fünf Schritte vorausdenken.

■ ■ ■ ■ ■

Mag ich auch keine höhere Schulausbildung genossen haben, so habe ich doch mehr als 1500 Bücher zum Thema Unternehmensführung gelesen. Ich war und bin besessen vom Lernen. Ich presse so viel Wissen aus diesen Büchern, wie ich nur kann, und wende sie auf meine eigene Business-Tätigkeit an. Als *Valuetainment* begann, Fahrt aufzunehmen, verschaffte mir das die Gelegenheit, viele brillante Köpfe und Strategen zu interviewen. Das diente und dient bis heute einem doppelten Zweck: Ich konnte so mein eigenes Geschäft und mein Leben verbessern; gleichzeitig aber profitieren auch meine Follower aus allen Teilen der Welt von diesem Wissen.

Damit Sie verstehen, wie die erfolgreichsten Entrepreneure und Strategen denken und handeln, werde ich hier ihre Geschichten wiedergeben. Viele von ihnen habe ich interviewt, wie zum Beispiel Ray Dalio, Billy Beane, Robert Greene, Kobe Bryant, Patty McCord und eine ganze Reihe von Mafiosi wie Salvatore »Sammy the Bull« Gravano. Aber auch Menschen, die ich aus der Ferne beobachte und bewundere, finden Erwähnung, wie beispielsweise Steve Jobs, Sheryl Sandberg und Bill Gates. Sie alle sind faszinierend und ihre Geschichten werden meinen Ratschlägen Lebendigkeit verleihen.

Der ganze Zweck dieses Buches ist es, *Ihnen* zum Erfolg zu verhelfen – unabhängig davon, in welcher Position Sie sich gegenwärtig befinden. Wenn Sie am Ende des Buches angekommen sind, werden Sie ganz genau wissen, wie Ihre nächsten fünf Schritte auszusehen haben.

Mein Ziel ist es, Ihnen zu einer Reihe von Aha-Momenten zu verhelfen – und Sie in die Lage zu versetzen, Informationen auf neue Art und Weise zu verarbeiten – zu »durchdringen« – und Strategien zu entwickeln. Stellen Sie sich den Frust vor, einen Safe öffnen zu wollen, ohne den Code zu kennen. Und stellen Sie sich dann vor, wie Sie den Code finden und sich so einen Schatz an unternehmerischem Wissen erschließen. Indem Sie dieses Buch lesen, erwerben Sie die Zuversicht, nicht nur zu wissen, *was* Sie tun müssen, sondern auch *wie*. Und damit haben Sie zugleich auch alles, was Sie benötigen, um Probleme auf allen Ebenen zu lösen und Ihre persönliche Marke und Ihr Unternehmen wachsen zu sehen.

SCHRITT 1

Perfektionieren Sie Ihre Selbstwahrnehmung

1

Wer wollen Sie sein?

Ich bin überzeugt, dass es besser ist, Fragen zu haben als Antworten, denn das fördert das Lernen. Besteht der Sinn des Lernens nicht darin, das zu bekommen, was Sie sich wünschen? Und müssen Sie dann nicht bei dem beginnen, was Sie sich wünschen, um anschließend herauszufinden, was Sie lernen müssen, um es zu bekommen?

Ray Dalio, Investor und Verfasser des Buches *Principles: Life and Work*, auf der *Time*-Liste der 100 einflussreichsten Menschen der Welt von 2012

Im Film *Wall Street* von 1987 sagt Michael Douglas in der Rolle des Gordon Gekko zu Bud Fox alias Charlie Sheen: »Mich an der Wallstreet abrackern für 400 000 Jahresgehalt und Fliegen erster Klasse? Damit gebe ich mich nicht zufrieden. Ich spreche hier über richtiges Geld – genug, um mir meinen eigenen Jet zu leisten.«

Manche Menschen lesen dieses Zitat und sagen: »400 000 US-Dollar im Jahr klingen wie ein wahr gewordener Traum.« Manche sagen gar nichts und behaupten, materielle Dinge würden sie nicht interessierten. Andere schlagen sich auf die Brust und schreien zum Himmel, dass sie ihren eigenen Jet haben werden. Was mich interessiert, ist, was *Sie* denken, denn alle Ihre Entscheidungen werden davon abhängen, wohin es *Sie* zieht.

Ob Highschool-Schüler oder CEO eines 500-Millionen-US-Dollar-Unternehmens – wer mir eine Frage stellt, erhält von mir die Antwort: »Alles hängt davon ab, wie ehrlich Sie diese Frage beantworten können: Wer wollen Sie sein?«

In diesem Kapitel werde ich Ihnen zeigen, wie Sie diese Frage klar beantworten und sich ein neues Lebensziel setzen können, das Sie anspornt und auf Touren bringt. Ich werde Ihnen zeigen, warum es genügt, dass Sie sich einen Plan machen und sich voll und ganz damit identifizieren, um künftig alle Energie und Disziplin zur Verfügung zu haben, die Sie jemals benötigen werden.

Beantworten Sie ein paar Fragen, um Ihre tiefsten Sehnsüchte zu offenbaren

Nichts zählt, solange Sie nicht wissen, was Sie antreibt und wer Sie sein wollen. Viel zu oft gehen Berater und Influencer davon aus, dass alle dasselbe wollen. Wann immer ich mit einem CEO oder einem Gründer spreche, stelle ich zuerst einmal Fragen. Bevor ich irgendwelche Empfehlungen gebe, sammele ich so viele Informationen wie nur möglich darüber, wer der Betreffende sein will und was er sich vom Leben wünscht.

Mir ist bewusst, dass nicht jeder weiß, wer er sein will. Es ist normal, nicht sofort alle Antworten zu kennen. Schließlich steht diese Frage – wie auch alle übrigen Schritte in diesem Buch – für einen Prozess. Alle Beispiele, die ich zitiere, und alle Anekdoten, die ich wiedergebe, sind für *Sie* da. Sie sollen Sie zum Nachdenken bringen und Sie anspornen, sich selbst besser kennenzulernen. Wenn Sie zum gegenwärtigen Zeitpunkt noch keine klare Antwort haben, geht es Ihnen wie der Mehrheit. Ich bitte Sie lediglich darum, unvoreingenommen weiterzulesen, um diese Frage zu gegebener Zeit beantworten zu können.

Der Zweck dieses Schrittes besteht darin, Ihnen zu helfen, sich darüber klar zu werden, was für Sie am meisten zählt, und eine Strategie zu entwickeln, die zu Ihrem Engagement und Ihrer Vision passt. Vielleicht werde ich darauf dringen, dass Sie bestimmte Entscheidungen oder Vorgehensweisen, wie Sie Ihre Zukunftsvision wahrmachen wollen, hinterfragen; letztlich jedoch muss die Entscheidung, sich ins Zeug zu legen und »größer« zu denken, von Ihnen selbst kommen.

Wer wollen Sie sein?

Wenn Sie sich diese Frage nur gründlich genug stellen, wird Ihre Antwort zeigen, wie ernst es Ihnen damit ist. Wenn Sie einen Tante-Emma-Laden gründen wollen, müssen Sie Ihr Geschäft nicht wie einen Krieg begreifen und können die Sache entspannter angehen. Wenn Sie hingegen eine ganze Branche aufmischen wollen, sollten Sie sich besser mit der richtigen Story, dem richtigen Team, den richtigen Daten und den richtigen Strategien wappnen. Nehmen Sie sich die Zeit, die Sie brauchen, um sich wirklich darüber klar zu werden, wer genau Sie sein wollen, denn sonst werden Sie schwerlich bei der Stange bleiben, sobald die See rauer wird. Und in der Welt des Business bleiben die Stürme nicht aus.

Machen Sie Schmerz zu Ihrem Treibstoff

Ich könnte hier sitzen und Ihnen etwas über das Leben erzählen, das Sie dereinst führen werden. Über Autos und Jets und über die Berühmtheiten, denen Sie begegnen werden. Aber alles der Reihe nach. Bis Sie dorthin gelangen, werden Sie mehr Ängste ausstehen, als Sie sich vorstellen können. Je besser Sie mit Schmerzen umgehen können und je mehr Ausdauer Sie zeigen, desto größer sind Ihre Erfolgsaussichten in der Welt des Business.

Viele von uns neigen, wenn sie erst einmal mehrere Jahre auf sich selbst gestellt waren, zu einem gewissen Zynismus. Das ist nicht schön, aber ich habe es nur zu oft beobachtet. Wir alle haben als Kinder und Jugendliche hochtrabende Träume und entwickeln viele Pläne. Dann aber kommt das echte Leben dazwischen und unsere Pläne lassen sich nicht so einfach umsetzen, wie wir uns das gedacht hatten. Wir verlieren den Glauben an unsere Fähigkeit, uns darauf zu fokussieren, wer wir sein wollen. Vielleicht bemerken Sie es nicht, aber es beeinträchtigt Sie auch in Ihrer Fähigkeit, Ihren nächsten Schritt zu tun.

Vielleicht fangen wir sogar an zu denken: »He, was bringt es zu sagen: Ich werde ein großes Ding drehen, wenn ich es dann nicht durchziehe? Besser, ich setze mir bescheidenere Ziele, die ich realistischerweise erreichen kann.«

Das Einzige, was uns von wahrer Größe trennt, ist eine Vision und ein Plan, wie wir sie erreichen können. Wenn Sie für etwas kämpfen, das größer ist als Sie selbst – ein hehres Anliegen, einen Traum –, werden Sie den Enthusiasmus, die Leidenschaft und die Freude finden, die das Leben zu einem großartigen Abenteuer machen. Der Schlüssel liegt in der Identifizierung Ihres Anliegens und im Wissen darum, wer Sie sein wollen.

Im Sommer 1999 war ich 20 Jahre alt und hatte die Armee verlassen. Mein Plan lautete: Ich würde der nahöstliche Arnold Schwarzenegger werden. In jenem Juni sagte mir ein sicheres Gefühl, dass ich der nächste Mr. Olympia werden, eine Kennedy ehelichen, Schauspieler werden und zuletzt Gouverneur von Kalifornien werden würde.

Als ersten Schritt hin zur Verwirklichung meines Plans beschaffte ich mir einen Job in einem Fitnessstudio – in der Hoffnung, dort so bald wie möglich »entdeckt« zu werden. Damals hieß die größte Fitnessstudiokette der Gegend Bally Total Fitness. Durch Vermittlung meiner Schwester bekam ich ein Angebot von einer Bally-Filiale in Culver City. Es war wohl die kleinste und älteste Bally-Filiale in ganz Kalifornien.

Trotz der alles andere als idealen Umstände wurde ich befördert und in die größte Bally-Filiale versetzt, die sich zufällig in Hollywood befand. Mein Plan ging auf! Weil ich im Verkaufen von Mitgliedschaften immer besser wurde, verdiente ich nunmehr 3500 US-Dollar im Monat. Verglichen mit dem, was ich bei der Armee bekommen hatte, fühlte sich das wie Millionen an.

Eines Tages bot mir mein Vorgesetzter Robby eine Stelle als stellvertretender Filialleiter in der Bally-Filiale in Chatsworth 50 Kilometer außerhalb Hollywoods an. Er wollte, dass ich das Studio wieder auf Vordermann brächte, denn es hatte zuletzt nur 40 Prozent seines Monatsziels erreicht.

Ich wollte nicht nach Chatsworth gehen. Ich wollte Wochenendmanager in Hollywood sein – eine Stelle, die mir 55 000 im Jahr eingebracht hätte. Robby versprach mir, dass der Job meiner wäre, wenn es mir gelänge, Chatsworth zu retten. Der einzige Mitbewerber war ein Langzeitangestellter namens Edwin. Wenn ich ihn überträfe, wäre mir der Job als Wochenendmanager in Hollywood sicher.

90 Tage später war es uns gelungen, eine Wende bei Chatsworth herbeizuführen und den Umsatz von 40 Prozent auf 115 Prozent des Planziels zu steigern. Wir befanden uns damit fast an der Spitze sämtlicher Bally-Filialen im Land und weit vor Edmin. Als ich einen Anruf von Robby erhielt, ging ich fest davon aus, dass die Zentrale sehr zufrieden mit mir war. Mein Plan ging noch immer auf! Ich

würde der Fitness-Legende Joe Weider begegnen, von einem wichtigen Hollywood-Talentsucher entdeckt werden, meine Schauspielerkarriere starten und einer Kennedy über den Weg laufen. Ich erinnere mich noch lebhaft an die Vorfreude, die mich an jenem Nachmittag befiel, bevor ich mich mit Robby traf.

In dem Augenblick, in dem ich Robbys Büro betrat, wusste ich, dass etwas nicht stimmte. Das war nicht derselbe Mensch, der mir die Stelle versprochen hatte, falls ich Edwin bei den Umsatzzahlen schlug.

Das ist nur Paranoia, versuchte ich mir zu sagen. Besser, ich höre mir erst einmal an, was er zu sagen hat.

»Patrick, ich bin so stolz auf das, was ihr dort in den letzten 90 Tage abgezogen habt«, sagte Robby. »Ich möchte, dass du dort noch weitere sechs Monate bleibst und das Studio in Chatsworth auf die nächste Ebene hebst.«

»Wie meinst du das?«, fragte ich. »Ich habe sehr klar gemacht, dass ich die Stelle als Wochenendmanager in Hollywood möchte.« Diese Stelle, sagte er, wäre schon besetzt.

In diesem Augenblick begann mein Blut zu kochen. Ich konnte nicht glauben, dass ein erwachsener Mensch mir in die Augen schauen konnte, nachdem er sein Wort gebrochen hatte. Ich war so darauf fokussiert gewesen, das Ziel zu schaffen, dass ich keinen Gedanken darauf verwendet hatte, mir zu überlegen, was ich machen wollte, sollte der Plan nicht aufgehen.

Und wer hatte die Stelle bekommen? Sie haben es erraten: Edwin. Warum? Edwin arbeitete seit sechs Jahren für Bally, während ich erst seit neun Monaten dabei war. Was spielte es da für eine Rolle, dass ich Edwin auf der landesweiten Rangliste klar geschlagen hatte? Was spielte es für eine Rolle, dass ich die Stelle nach objektiven Kriterien klar verdient hatte?

Ich muss Robby zugutehalten, dass seine Entscheidung nicht reiner Willkür entsprang. Vielmehr hatte er die Vorgaben der Zentrale zu befolgen, mit der er es sich nicht verscherzen wollte. Und für mich war es in mancher Hinsicht ein Segen, frühzeitig zu lernen, dass Unternehmen ihre Agenden haben und Beförderungen selten nur nach Verdienst gewähren. Robby blieb nicht verborgen, wie wütend ich war, und er empfahl mir etwas frische Luft zur Abkühlung. Ich lief also zum Parkplatz und versuchte, klar zu denken. Ich stellte mir vor, wie diese Ereignisse den

Rest meines Lebens bestimmen würden. Ich spielte den Film in meinem Kopf ab und konnte mich einfach nicht mit dem abfinden, was geschehen würde, wenn ich Robbys Entscheidung akzeptierte. Auch wenn es mir damals nicht bewusst war: Ich spielte bereits meine nächsten Schritte durch. Das einzige Problem war, dass ich auf den Schritt eines anderen reagierte, anstatt meinen eigenen Schritt auszuführen. Ich kehrte in sein Büro zurück und fragte ihn, ob die Entscheidung endgültig war. Er bejahte.

In diesem Augenblick schaute ich ihm in die Augen und sagte ihm, dass ich raus wäre. Anfangs dachte er, ich würde scherzen, aber meine Entscheidung war gefallen. Was brachte es, irgendwo zu arbeiten, wo es keine klaren Anweisungen gab, was ich tun musste, um im Unternehmen aufzusteigen? Warum sollte ich mir das antun? In diesem Augenblick machte ich mir klar, dass ich keinen weiteren Tag meines Lebens mein Schicksal der Willkür anderer Menschen ausliefern wollte.

An diesem Punkt meiner Karriere kam ich mir nicht als Gewinner vor. Gemessen an meiner Unfähigkeit, mehr als ein oder zwei Schritte vorauszudenken, war ich immer noch Amateur. Folglich war ich wie gelähmt. Auf dem Heimweg plagte mich das Gefühl, die schlechteste Entscheidung meines Lebens getroffen zu haben. Meine Kollegen begannen mich anzurufen, um mich zu fragen, was mich geritten hätte. Meine Familie war ebenso fassungslos.

Als ich an diesem Abend zu Bett ging, hatte sich meine innere Aufregung weitestgehend gelegt und ich begann mich zu fragen, was ich als Nächstes tun wollte. Später in meiner Karriere lernte ich, auch in der Hitze des Gefechts einen kühlen Kopf zu bewahren. Glücklicherweise konnte ich mich an diesem Abend so weit beruhigen, dass ich mir Gedanken über meine nächsten Schritte machen konnte. Wenn ich heute daran zurückdenke, wird mir bewusst, dass dies ein Schlüsselaugenblick in meinen Leben war.

Ich musste in mich gehen und mir darüber klar werden, wer ich sein – und wohin ich gehen – wollte. Die Liste, die ich erstellte, sah ungefähr so aus:

1. Ich will, dass der Name Bet-David etwas bedeutet, und zwar so, dass meine Eltern stolz sein können auf ihre Entscheidung, dem Iran den Rücken zu kehren.

2. Ich will mit Menschen zusammenarbeiten, die ihre Versprechen halten – insbesondere, wenn es um Führungskräfte geht, die Einfluss auf meinen beruflichen Werdegang haben.
3. Ich wünsche mir eine klare Formel, wie ich allein aufgrund meiner Ergebnisse an die Spitze gelangen kann. Ich kann Überraschungen und verschobene Torpfosten nicht leiden.
4. Ich will mir ein Team zusammenstellen, das von derselben Vision geleitet ist wie ich, um zu sehen, wie weit wir es gemeinsam bringen. Dazu gehören auch Mitstreiter, denen ich zu 100 Prozent vertrauen kann.
5. Ich will genug Geld verdienen, um nicht länger der Willkür anderer ausgeliefert zu sein.
6. Ich will alles lesen, was ich an Strategiebüchern finden kann, um einen umfassenden Blick auf das Spiel zu erhalten und zu lernen, wie ich schikanöse Umgangsformen in den Unternehmen minimieren kann.

Sobald ich mir bewusst geworden war, wer ich sein wollte, konnte ich meine nächsten Schritte erkennen. Der erste Schritt bestand darin, einen Verkäuferjob mit leistungsbasierter Bezahlung und klaren Erwartungen zu finden. Heute, 20 Jahre später, kann ich Ihnen sagen, dass Klarheit das Ergebnis von Entscheidungen ist, die mit unseren Kernüberzeugungen und Werten im Einklang stehen.

Lassen Sie sich von Ihren Hassern und Zweiflern antreiben

Ich erwähne hier diese Geschichte von der verweigerten Beförderung, weil ich möchte, dass Sie sich Ihren eigenen Schmerz zunutze machen. Es sind diese Augenblicke, in denen Sie sich machtlos, wütend oder traurig fühlen, die Ihnen verraten, wo Ihre tiefste Kraftquelle liegt. Unterschätzen Sie nicht die motivierende Kraft der Schmach. Als der 17-jährige Elon Musk Südafrika in Richtung Kanada verließ, hatte sein Vater nichts als Spott für seinen ältesten Sohn übrig. In seinem *Rolling-Stone*-Portrait von 2017 zitiert Neil Strauss Elon Musks Beschreibung des Abschieds vom Vater: »Er meinte eher hämisch, dass ich in drei Monaten zurück sein würde, dass ich es niemals schaffen würde und dass ich überhaupt zu nichts Eigenem fähig wäre. Er nannte mich immerzu einen Idioten. Und das war nur die Spitze des Eisbergs.«

Barbara Corcoran, die Immobilien-Mogulin, die Sie vielleicht in *Shark Tank* (der amerikanischen Version von *Die Höhle der Löwen*) gesehen haben, wuchs als eines von zehn Kindern in einem Arbeiterstädtchen in New Jersey auf. Im Jahr 1973 war die 23-Jährige als Kellnerin in einem Restaurant beschäftigt. Dort begegnete sie einem Mann, der ihr 1000 US-Dollar lieh, um damit eine Immobilienfirma zu gründen. Sie verliebten sich ineinander und alles sah nach einer glücklichen Zukunft aus. Wäre es so gekommen, hätte Corcoran vermutlich ein ordentliches Immobilienunternehmen aufgebaut. Es kam jedoch anders. Im Jahr 1978 ließ ihr Mann sie sitzen, um ihre Assistentin zu heiraten. Zu alledem rieb er Salz in die Wunde, indem er sagte: »Ohne mich wirst du niemals erfolgreich sein.«

Im November 2016 sagte Corcoran dem Wirtschaftsmagazin *Inc.* in einem Interview, dass sie ihre Wut zu ihrer besten Freundin gemacht habe. »Wann immer ein Mann sich abfällig über mich äußerte, war ich in Bestform«, sagte sie. »Ich würde von dieser Person bekommen, was immer ich wollte, da konnten Sie Gift drauf nehmen. … Ich ließ mich nicht verhöhnen. Mit mir konnte er das nicht machen. Ich sagte leise zu mir selbst: *»F**k you.*«

Diese Art von Zurückweisung und von erlebter Schmach kann eine verdammt starke Triebfeder darstellen. Denken Sie einmal zurück und überlegen Sie, welche Lehrer, Ratgeber, Vorgesetzte, Eltern oder Verwandten im Lauf der Jahre sich geringschätzig oder abwertend über Sie geäußert haben. Das bedeutet nicht, dass Sie deren Negativität notgedrungen mit sich herumtragen. Im Gegenteil, Sie können sie als Raketentreibstoff nutzen. Corcoran verwandelte die erlebte Ablehnung in Entschlossenheit. Das Ergebnis war, dass sie das erfolgreichste Wohnimmobilienunternehmen in New York aufbaute und für 66 Millionen US-Dollar verkaufte. Anschließend schrieb sie ein Bestsellerbuch und wurde mit *Shark Tank* ein TV-Star.

Als Investorin in Entrepreneure hält Corcoran sogar ausdrücklich nach Menschen Ausschau, für die Schmerz eine zentrale Triebfeder darstellt. Ein Aufwachsen in armen Verhältnissen wertet sie als Pluspunkt. Sie sagt: »Eine schlechte Kindheit? Ja! Das ist für mich wie eine Versicherungspolice. Ein gewalttätiger Vater? Wunderbar! Niemals einen Vater gehabt? Noch besser! Nicht alle meine erfolgreichen Entrepreneure hatten eine miserable Kindheit. Aber irgendwen gab es dennoch, der ihnen sämtliche Fähigkeiten absprach, und dieser Stachel sitzt.«

Ich möchte Ihren Schmerz nicht herunterspielen. Glauben Sie mir, ich habe als Kind genug Schmach für ein ganzes Leben erfahren. Das schmerzte damals und schmerzt noch immer. Abschätzige Bemerkungen, Beleidigungen und Schmähungen können Ihnen sowohl als Ausrede als auch als Treibstoff dienen. Als ein verdammt starker Treibstoff.

Michael Jordans Vater sagte einmal: »Wenn Sie das Beste aus Michael herausholen wollen, sagen Sie ihm, dass er etwas nicht kann.« Als Jordan fünf Jahre nach seinem Abschied aus der NBA anlässlich seiner Aufnahme in die Hall of Fame eine Rede hielt, was glauben Sie, worüber hat er da am meisten gesprochen? Über all seine Hasser und Zweifler. Er hatte ihnen die erlebte Schmähung noch immer nicht verziehen. Leroy Smith Jr. hatte damals Jordans Platz eingenommen, nachdem dieser aus dem Highschool-Team ausgeschlossen worden war. Wie sehr Jordan Schmerz als Treibstoff nutzte, wird schon daraus deutlich, dass er Leroy ausdrücklich zu dieser Feier einlud. Jordan sagte: »Als er im Team spielen durfte und ich nicht, wollte ich nicht nur ihm und nicht nur mir, sondern dem Trainer, der ihn mir vorgezogen hatte, klar zu verstehen geben: Mann, du hast da echt einen Fehler gemacht.«

Sie alle – Musk, Corcoran und Jordan – setzten Schmerz als Treibstoff ein. Und das können auch Sie. Denken Sie zurück an ihre härtesten Momente, in denen Sie sich sagten: »Nie wieder!« Die Erinnerung an diese Erlebnisse wird Ihr Treibstoff sein.

■ ■ ■ ■ ■

Ich habe bis heute das Gefühl, ausreichend Hassern im Leben begegnet zu sein, um mit ihnen den Madison Square Garden zu füllen. Als 26-Jähriger wurde ich in meine Alma Mater Glendale High School eingeladen, um dort eine Rede zu halten. Dort lief ich einer Beratungslehrerin namens Dotty über den Weg, die mich fragte: »Na, Patrick, was treibt dich her? Den Motivationsredner zu sehen?« Und dann erzählte sie mir, dass sie schon immer meine Eltern bemitleidet hätte. Hier war ich mit meinen 26 Jahren, von meiner Highschool eingeladen, meine Erfolgsstory zum Besten zu geben, und Dotty überschüttete mich mit Mitleid und erinnerte mich daran, dass ihr schon vor zehn Jahren meine Eltern dafür leidgetan hätten, weil ich so ein verlorenes Kind war – ohne jeden Antrieb und Orientierung.

Dotty geleitete mich schließlich zur Aula, in der 600 Schüler auf den Auftritt des Motivationsredners warteten, als plötzlich der stellvertretende Schulleiter aufstand und begann, mich als den Redner vorzustellen. Den Blick auf ihrem Gesicht hätten Sie sehen müssen!

Ich habe kein Wort zu Dotty gesagt. Ich verbuchte sie einfach als eine weitere unter den vielen Hassern, die mein Leben säumen. Alle diese Leute treiben mich an. Ich habe sogar eine Liste von Äußerungen angelegt, die mir über die Jahre über mich zu Ohren gekommen sind. Die meisten Menschen lesen zur Stärkung des eigenen Selbstvertrauens positive Bestätigungen. Ich aber verfüge über eine ganz andere Sammlung von »Bestätigungen« von Leuten, die meine Fähigkeiten und meinen Wert angezweifelt oder versucht haben, mir eins auf den Deckel zu geben. Wann immer ich mir diese Liste zu Gemüte führe, lodert in mir ein Feuer auf, das sich mit keinem Geld der Welt aufwiegen lässt.

Der vielleicht wichtigste Hasser in meinem Leben war ein mir Unbekannter. Als ich 23 war, erlitt mein Vater seinen 13. Herzinfarkt. Ich eilte mit ihm in das staatliche Los Angeles County Medical Center. Dort behandelte man ihn wie Dreck. Ich rastete komplett aus – ich schlug um mich und warf mit Gegenständen. »Nicht mit meinem Vater! Das geht zu weit!« Ich war so außer mir, dass die Sicherheitsleute mich nach draußen bringen mussten. Während meines Tobsuchtsanfalls sagte jemand zu mir: »Hör mal zu: Wenn du Geld hättest, könntest du dir eine bessere Versicherung und bessere Ärzte für deinen Vater leisten. Aber nicht du hast für das hier bezahlt. Das machen die Steuerzahler. Das nennt man staatliche Krankenversicherung.«

Nachdem sie mich aus dem Krankenhaus hinauskomplimentiert hatten, setzte ich mich in meinen Ford Focus und die Tränen rannen mir in Strömen übers Gesicht. An die Stelle der Wut trat die Beschämung. Der Mann hatte recht gehabt. Mein Vater bekam eine ungenügende Behandlung, weil ich nicht das Geld hatte, ihm eine bessere Versorgung zu garantieren. Und das Geld hatte ich nicht, weil ich mehr Zeit in Nachtclubs verbrachte als mit Kunden. Das war der Tiefpunkt meines Lebens. Die Frau, von der ich dachte, dass ich sie ehelichen würde, hatte mir gerade erst den Laufpass gegeben. Ich hatte Kreditkartenschulden in Höhe von 49 000 US-Dollar. 30 Minuten lang heulte ich wie ein Kleinkind.

Nach all der Heulerei, dem Selbstmitleid und der empfundenen Schmach kam ich schließlich zur Vernunft. An diesem Abend starb der alte Patrick.

Alles an mir veränderte sich. Ich nutzte den Schmerz, um mich an jede Kränkung zu erinnern, die mir jemals im Leben zugefügt worden war: »Notenschnitt 3-. Loser. Hängt mit Mafiosi ab. Armer Patrick, so chancenlos. Eltern geschieden. Mutter lebt von Sozialhilfe. Musste mangels Alternativen in der Armee dienen. Wird es niemals zu etwas bringen.«

Ich schwor mir, dass man Vater niemals mehr im 99-Cent-Laden an der Kreuzung Eucalyptus Avenue/Manchester Boulevard in Inglewood würde arbeiten müssen, wo er regelmäßig mit einer Waffe bedroht wurde. Solange er lebte, würde es ihm nicht mehr an ärztlicher Versorgung mangeln. Weder er noch ich würden jemals wieder Schmach erleiden müssen.

Ich sagte zu mir selbst: »*Bet-David.* Die Welt wird diesen Namen noch kennenlernen. Ich weiß, welchen Schmerz wir erlitten haben. Ich weiß, vor welchen Herausforderungen wir als Familie standen, als wir aus dem Iran in die USA kamen. Ich weiß noch, wie sehr es Mutter beschämte, dass ihr Englisch so schlecht war. Ich erinnere mich noch an Vaters Gesicht auf Familienzusammenkünften, wenn die Leute ihn belächelten. Nicht lange und du wirst so stolz auf deinen Namen sein. Nicht lange und du wirst so stolz darauf sein, dass du nach Amerika gekommen bist. Du wirst so stolz auf die Opfer sein, die du gebracht hast!«

Etwas Komisches passierte am nächsten Tag. Die Leute erkannten mich nicht wieder. Ich bekam die besten Komplimente aller Zeiten: »Pat, du hast dich verändert. Du bist gar nicht mehr wiederzuerkennen. Wir vermissen den alten Pat. Wir wollen ihn zurück.« Zuvor war ich berühmt dafür gewesen, dass ich von Donnerstag- bis Sonntagabend sämtliche Nachtclubs in Los Angeles besuchte. Ich pflegte 26-mal im Jahr nach Las Vegas zu fahren. Jetzt bat ich alle meine Freunde, mich nicht länger einzuladen. Aber sie hörten nicht darauf. Sie dachten, es wäre nur eine Frage der Zeit, bis ihr alter Kumpel wieder die Schar der Clubbesucher anführte.

Sie konnten nicht ahnen, dass sie den partyversessenen, disziplinlosen Patrick niemals wieder zu Gesicht bekommen würden. Ich hatte mich um 180 Grad gewandelt. Von diesem Tag an sah niemand, mich eingeschlossen, den alten Patrick je wieder. Ich nutzte alle jene Hasser als Treibstoff und der hat mich seither kontinuierlich mit Energie versorgt – eine Reserve, auf die ich in jedem Augenblick zugreifen kann.

Ich möchte, dass Sie alle Ihre Wut und Ihren Schmerz als Treibstoff nutzen. Das ist Ihre Show. Wenn Sie sich verändern und sich darauf fokussieren, wer Sie sein wollen, kann nichts Sie stoppen.

Ich gerate in Rage, wenn ich an diese Geschichten zurückdenke. Sie schmerzen nicht mehr so wie einst, aber ich kann mich auf der Stelle in eine jener Szenen zurückversetzen, um denselben Treibstoff zu produzieren. Etwas sagt mir, dass in Zukunft noch viele Einträge zur Liste hinzukommen werden. Und obwohl der Schmerz niemals ganz verschwindet, begreife ich alle diese Hasser und Zweifler mittlerweile als ein Geschenk. Sie erst ermöglichten es mir, Klarheit darüber zu gewinnen, wer ich sein will. Sie brachten mich dazu, »Nie wieder!« zu sagen und eine Liste unverhandelbarer Dinge zu erstellen (Dinge, auf die ich unter keinen Umständen zu verzichten bereit wäre). Ich ermuntere Sie, es genauso zu machen.

Verzichten Sie insbesondere nicht auf Ihre Eigenheiten, die andere möglicherweise als Schrullen empfinden – sie sind wichtig, weil sie für das stehen, was Sie erlebt haben und wie die Natur Sie geschaffen hat. Sie müssen sich wirklich klar darüber werden, was Sie opfern können und was absolut nicht zur Disposition steht. So können Sie Ihre eigene Liste von unverhandelbaren Dingen erstellen.

Entdecken Sie, welche Rolle am besten zu Ihnen passt

Alle klärenden Fragen, die ich Ihnen stelle, dienen allein dem Zweck, Ihnen zu helfen herauszufinden, welcher Pfad am besten zu Ihnen passt. Entscheidend ist, dass Sie die Position finden, die Ihre Talente am besten zur Geltung bringt. Gründer? CEO? Chefstratege? Vertriebsleiter? Nummer 2? Unternehmensentwickler? Intrapreneur? Die Liste ließe sich noch lange fortsetzen. Wir leben in einem Zeitalter, in dem die Entrepreneure die Schlagzeilen füllen, aber ein solches Leben ist möglicherweise nichts für Sie. Das heißt aber noch lange nicht, dass es keinen Ort gibt, an dem Sie Wohlstand erwerben und Erfüllung finden können.

Sie können diese Wahl nur treffen, wenn Sie sich zuvor klar geworden sind: Wer wollen Sie sein?

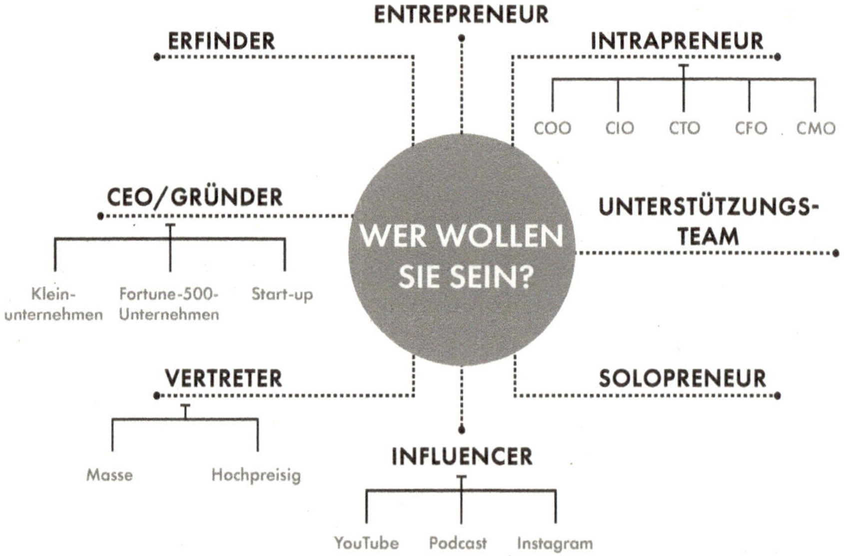

Das Dasein als Entrepreneur bringt hohe Risiken und hohe Gewinnchancen mit sich – menschlich und finanziell. Die meisten Menschen achten nur auf das Endprodukt eines erfolgreichen Entrepreneurs. Sie sehen nicht, was er (oder sie) durchgemacht hat – all die Kämpfe, die Enttäuschungen, die leeren Bankkonten. Als Entrepreneur werden Sie nicht immer die Möglichkeit haben, zur Abendessenszeit zurück bei Ihrer Familie zu sein. Je nach Größenordnung Ihrer Traumvorstellung gelingt Ihnen das vielleicht an den meisten Abenden. Aber wenn Sie eine ganze Branche auf den Kopf stellen oder ein multinationales Konglomerat aufbauen wollen, werden Sie viele Opfer bringen müssen. Das gehört alles zur bewussten Planung Ihrer nächsten Schritte und zur Notwendigkeit, andere – und nicht zuletzt Ihre Familienangehörigen – dafür zu gewinnen, diese Schritte mitzutragen.

Je mehr Sie zu tun haben, desto wichtiger ist es, dass Sie sich gut organisieren. Die landläufige Vorstellung lautet, dass Sie nicht gleichzeitig auf der höchsten Ebene mitmischen und ein großartiges Familienleben haben können. Es wird nicht einfach sein, aber Sie werden Mittel und Wege finden, beides miteinander zu vereinbaren, sofern Sie Wert darauf legen. Das ist eine Entscheidung, die nur Sie allein treffen können. Mir beispielsweise ist es wichtiger, meinen Kindern ein Vorbild zu sein, wie man seine Traumvorstellungen verwirklicht, als jeden Abend rechtzeitig zum Essen zu Hause zu sein. Meine Familie versteht das, weil wir das so geplant und abgesprochen haben. Und mehr Geld zu haben, eröffnet selbst wieder neue Möglichkeiten. Vielleicht müssen Sie auch im Urlaub arbeiten. Die zusätzlichen Ressourcen aber geben Ihnen mehr Flexibilität, Ihre Familie mitzunehmen und eine Arbeitsreise in einen Familienurlaub zu verwandeln. Alles hat seine Vor- und Nachteile, seine Risiken und seine Belohnungen. Welche Route Sie wählen, hängt von Ihrer Antwort auf die Frage ab: Wer wollen Sie sein?

Greifen Sie vor: »Leben« Sie Ihre Zukunft

Wie oft haben Sie schon jemanden sagen hören: »*Wenn* ich es erst einmal so weit gebracht habe, werde ich …«, oder: »*Sobald* ich Erfolg habe, werde ich …«? Sie hören Menschen Dinge sagen wie: »*Wenn* ich meine erste Million gemacht habe …«, oder: »*Sobald* wir unser eigenes Haus beziehen …«

Ich kenne das Henne-oder-Ei-Paradox. Sie können sich keine schicke Unternehmenszentrale und keine teuren Softwarelizenzen leisten, solange Sie keine Zahlungseingänge haben. Was Sie aber unabhängig vom Einkommen tun können, ist, sich mit den richtigen Schritten in die bestmögliche Ausgangsposition zu bringen.

Und das hört sich bei mir dann so an: **Greifen Sie vor: Leben Sie schon jetzt Ihre Zukunft, als ob sie bereits Realität wäre. Leben Sie Ihre »zukünftige Realität«.**

Inspiriert hat mich dazu folgendes Zitat von IBM-Gründer Thomas J. Watson:

> *Aus drei Gründen ist IBM heute das, was es ist. Erstens hatte ich von Anfang an ein sehr klares Bild davon, wie das Unternehmen aussehen würde, wenn es einmal fertig wäre. Man könnte sagen: Ich hatte ein Modell davon im Kopf, wie es aussähe, wenn der Traum – meine Vision – bereits Wirklichkeit wäre.*
> *Zweitens fragte ich mich, nachdem ich dieses Bild hatte, wie ein Unternehmen, das so aussah, handeln müsste. Ich schuf mir also ein Bild davon, wie IBM handeln würde, wenn es erst einmal existierte.*
> *Und nachdem ich nun ein Bild hatte, wie IBM aussehen würde, wenn aus dem Traum Wirklichkeit geworden wäre, und wie ein solches Unternehmen handeln müsste, wurde mir drittens bewusst, dass die einzige Chance, zu diesem Punkt zu gelangen, darin bestand, von Anfang an genau so zu handeln.*
> *Mit anderen Worten: Ich begriff, dass aus IBM nur ein großartiges Unternehmen werden konnte, wenn es sich wie ein großartiges Unternehmen verhielt, lange bevor es ein solches würde.*

Haben Sie diesen letzten Satz verstanden? Sie müssen wie ein großartiges Unternehmen (oder wie ein großartiger Entrepreneur/Intrapreneur) handeln, lange bevor Sie zu einem solchen geworden sind. Können Sie mir folgen? Ich will es Ihnen erklären.

Ein Visionär ist jemand, der nicht im Hier und Jetzt lebt. Er (oder sie) hat bereits mindestens fünf Schritte in die Zukunft geschaut und lebt in dieser (zukünftigen) Realität. Auf andere, denen Sie versuchen, Ihre zukünftige Realität zu beschreiben und zu erklären, wirkt das mitunter unrealistisch, angeberisch oder sogar wahnhaft. Nicht lange, nachdem wir unser Unternehmen im Jahr 2009 gegründet hatten, hielt ich im JW Marriott im kalifornischen Palm Desert eine Rede vor 400 Zuhörern. Ich sagte: »Eines Tages werden die besten Comedians, Sportler, Denker und US-Präsidenten an unserer Versammlung teilnehmen und dort sprechen.« Neun Jahre später trat Kevin Hart auf unserer Jahresversammlung auf. Bevor unsere Agentur ihr zehnjähriges Jubiläum feierte, interviewte ich vor dem versammelten Unternehmen den ehemaligen US-Präsidenten George W. Bush und Kobe Bryant.

Die Menschen möchten jemandem folgen, der sich von seiner »zukünftigen Wahrheit« leiten lässt. Deshalb faszinieren uns Visionäre so sehr. Solange jemand zu 100 Prozent von dem überzeugt ist, was er erzählt, kann er andere damit begeistern.

Die besten Führungspersönlichkeiten verstehen es, nicht nur selbst an ihre zukünftige Realität zu glauben, sondern auch andere für diese Vision zu begeistern und sie anzuspornen, ihren Teil zu deren Verwirklichung beizutragen. Am 25. Mai 1961 übermittelte Präsident John F. Kennedy dem versammelten US-Kongress seine »Sonderbotschaft in einer dringenden nationalen Angelegenheit«. JFKs Ziel war klar: »vor Ablauf dieses Jahrzehnts einen Menschen auf den Mond und sicher zurück auf die Erde zu bringen«. Fünf Monate vor Ablauf dieser Frist wurde aus dieser »zukünftigen Realität« Wirklichkeit, als Neil Armstrong als erster Mensch seinen Fuß auf den Mond setzte.

Wissen Sie, wer Sie sein wollen? Haben Sie eine klare Vorstellung davon, wie das aussehen würde? Steht Ihr gegenwärtiges Verhalten im Einklang mit Ihrer »zukünftigen Wahrheit«?

Nutzen Sie Ihre Helden und andere bildliche Darstellungen, um sich fortlaufend daran zu erinnern, wer Sie sein wollen

Erklimmen Sie die nächste Ebene und setzen Sie die Latte höher: Streben Sie *Heldentum* an. Denken Sie an Ihre Helden und fragen Sie sich: Wie würden sie sich in solchen Situationen verhalten? Nicht von ungefähr gibt es ein ganzes Büchergenre, das sich um die Frage dreht: »Was würde [Name] tun?«

Streben Sie Reichtum an? Es gibt ein Buch mit dem Titel *What Would the Rockefellers Do? How the Wealthy Get and Stay That Way, and How You Can Too*. Sie wollen mehr wie die Gründer der USA sein? Schlagen Sie im Buch *What Would the Founders Do? Our Questions, Their Answers* nach.

Damit, dass Sie sich fragen, was ein anderer an Ihrer Stelle tun würde, zwingen Sie sich innezuhalten und sich Gedanken über Ihre nächsten Schritte zu machen. Zudem bringen Sie sich so dazu, selbst nach Größe zu streben. Ich glaube so fest an die Kraft der Herausforderung, die nächste Ebene zu erklimmen, dass ich einen Künstler mit der Schaffung eines Gemälde-Unikats für mein Büro beauftragte.

Es ist eine ungewöhnliche Komposition mit einem ungewöhnlichen Namen: *Tote Mentoren.* Besucher meines Büros bleiben wie angewurzelt stehen, wenn sie das Bild erblicken. Dort bin ich im Kreise einer Reihe von Menschen zu sehen, mit denen ich mich niemals hätte gemeinsam in einem Raum befinden können.

Solange ich mich in meinem Büro aufhalte, bitte ich sie immerzu um Rat. Es sind Menschen, mit denen ich mich gern über Fragen aus allen Lebensbereichen austausche: Ökonomie, Wettbewerb, Strategie, Politik und persönliches Leben. Wenn ich diese zehn Koryphäen dort versammelt sehe, gemahnt mich das daran, dass ich zehn heroische Eigenschaften verkörpern möchte.

Von links nach rechts: Albert Einstein, John F. Kennedy, Büste Marc Aurels, Abraham Lincoln, Tupac Shakur, Patrick Bet-David (der wissbegierige Student), Mohammad Reza Pahlavi, Ayrton Senna, Milton Friedman, Martin Luther King, Aristoteles' Büste.

Ich habe mir für dieses Bild Menschen ausgesucht, die unterschiedliche Philosophien vertraten, sich aber auf ähnlichen Feldern bewegten.

John F. Kennedy und **Abraham Lincoln.** Einer war Demokrat, der andere Republikaner. Beide waren großartige Präsidenten, aber sie verfolgten unterschiedliche Ansätze. Beide wurden zuletzt ermordet, wenn auch aus unterschiedlichen Gründen (auf die ich hier nicht näher eingehen möchte).

Albert Einstein und **Milton Friedman** sahen beide die Welt mit den Augen eines Mathematikers, vertraten jedoch unterschiedliche Ansichten hinsichtlich Wirtschaft und Steuern.

Tupac Shakur und **Martin Luther King** strebten ähnliche Ergebnisse an, wählten dazu aber unterschiedliche Vorgehensweisen. Auch sie wurden beide wegen ihrer festen Überzeugungen umgebracht.

Mohammad Reza Pahlavi, iranischer Schah von 1941 bis 1979, veränderte die Richtung seines Landes, bis er schließlich seiner Macht nicht mehr gewachsen war und sein Reich zusammenbrach. Sein Schicksal warnt uns vor der Hybris, einen Gegner wie Ayatollah Ruhollah Chomeini – der die Revolte anführte, die den Schah schließlich außer Landes trieb – zu unterschätzen.

Ayrton Senna, der größte Formel-1-Fahrer der Geschichte, brachte es in seiner Kunst zur wahren Perfektion. Er gemahnt mich, keine Grenzen zu akzeptieren und meine Konzentrationskraft immer weiter zu verbessern. (Ich habe meine Tochter Senna getauft.)

Marc Aurel war ein Staatsführer, der sich niemals über seine Untertanen stellte. Er ließ nicht zu, dass ihm die Macht zu Kopfe stieg. Der praktizierende Stoiker erinnert mich daran, mich auf das Wesentliche zu fokussieren und bescheiden zu bleiben.

Aristoteles war die Stimme der Vernunft in Alexanders des Großen Ohr, als dieser sich anschickte, König zu werden. Die Denk- und Urteilsfähigkeit des griechischen Philosophen gemahnt mich daran, wie wichtig es ist, sich die Zeit zu nehmen, Probleme wirklich zu durchdringen und zu verarbeiten.

Im Hintergrund flüstere ich Tupac irgendetwas ins Ohr, während ich der von Abraham Lincoln angeführten Diskussion lausche.

Ganz rechts befindet sich noch ein **leerer Stuhl** für jemanden, der sich möglicherweise eines Tages zu erkennen geben wird.

In ihrer Gesamtheit wurden die Menschen auf diesem Gemälde für mich zu einem Kreis von Mentoren, an die ich mich täglich wende. Wen haben Sie in Ihrem Schatz von – lebenden oder toten – Mentoren, der Ihnen Orientierung und Rat bietet?

Eine solche bildliche Verkörperung Ihrer Helden wird Sie anspornen, sich die Ideale jener zu eigen zu machen, denen Sie nachstreben.

■ ■ ■ ■ ■

Jedes Mal, wenn ich in mein Büro komme, beeindruckt mich dieses Bild. Und ich habe den Einsatz noch weiter erhöht. Ich habe auch ein maßgeschneidertes Bücherregal, das fünf Meter lang ist und die Aufschrift »READ« trägt. Alle Bilder in meinem Büro spornen mich an, meinen Kopf anzustrengen und klarere Entscheidungen zu treffen. Häufig plane ich meine nächsten fünf Schritte in diesem Raum, weil er von einem Geist erfüllt ist, der mich groß denken lässt.

Mein Büro ist ohne Zweifel bizarr und hat viel Geld gekostet. Entscheidend ist, irgendwo anzufangen. Ich begann mit Bildern aus Zeitschriften, die ich an meinen Badezimmerspiegel heftete, und mittlerweile dient mir mein gesamtes Büro als Erinnerung an das, was mich inspiriert. Ich rate Ihnen, sich irgendeine Form der visuellen Mahnung zu schaffen, heroisch zu sein. Beginnen Sie mit etwas Kleinem. Sie brauchen nicht gleich einen Künstler zu engagieren; Photoshop tut es auch.

Wenn Sie ein Visionär sind, können Sie sich ein Bild von Walt Disney oder Steve Jobs großziehen und an einem sichtbaren Ort aufhängen. Machen Sie sich daraus einen Spaß. Wenn der Anblick von Walt Disney Sie nicht inspiriert, können Sie sich auch ein Bild von Mickey Maus oder eine ausgestopfte Variante ins Büro stellen.

Wenn Sie ein E-Commerce-Unternehmen aufbauen, können Sie sich fragen: »Was würde Jeff Bezos tun?«

Wenn Sie eine Investmentfirma leiten, können Sie sich fragen: »Was würde Oprah Winfrey tun?«

Unsere Helden inspirieren uns. Deshalb ist es auch so wirkungsvoll, wenn wir uns mit ihnen umgeben. Je mehr wir sie sehen und je mehr uns scheint, dass sie uns beobachten, desto größer ist die Chance, dass wir den Helden in uns selbst herauskehren.

■ ■ ■ ■ ■

Wer wollen Sie sein?

Mit dieser Frage haben wir begonnen und mit ihr wollen wir enden. Sie können sie nur beantworten, indem Sie sich klarmachen, welches Leben Sie führen wollen. Wenn Sie das tun, werden Sie unmittelbar diese Person verkörpern und sich so verhalten, als wären Sie bereits an Ihrem Ziel angekommen.

Diese Übung wird Sie Ihr Leben lang begleiten. Ich hoffe, dass die Tools in diesem Kapitel Ihnen helfen werden, wichtige Durchbrüche zu erzielen und einen Weg einzuschlagen, an dessen Ende Sie schließlich wissen, wer Sie wirklich sein wollen.

2

Studieren Sie Ihr wichtigstes Produkt: Sie selbst

Beginne zu erkennen, wer du bist.

Pindar, antiker griechischer Philosoph

Nur in Filmen passiert es, dass jemand von einem Inspirationsblitz getroffen wird und plötzlich weiß, was genau er mit seinem Leben anfangen will. In der Realität ist der Weg zur Erkenntnis, wer wir sein wollen, ein anstrengender Prozess.

Wir wollen uns anschauen, was einige der großen Philosophen zum Thema der Selbsterkenntnis zu sagen hatten.

Erkenne dich selbst.

Thales von Milet

Drei Dinge sind extrem hart: Stahl, ein Diamant und Selbsterkenntnis.

Benjamin Franklin

Und du? Wann wirst du diese lange Reise zu dir selbst beginnen?

Dschalal ad-Din ar-Rumi, genannt Rumi

Thales, Franklin und Rumi warnen uns davor, dass es sich um einen harten Prozess handelt. Für mich waren 300 Kaltanrufe am Tag nicht hart. Mit sechs 18-Stunden-Tagen in der Woche konnte ich umgehen. Mich selbst kennenzulernen, war hingegen das Schwierigste, was ich tun musste. Ich tat es, weil ich wusste, dass am Ende eine Belohnung auf mich wartete. Warum, das können drei Weise besser erklären als ich.

> *Selbsterkenntnis ist der Anfang allen Wissens.*
>
> Aristoteles

> *Habe ich erst einmal verstanden, wer ich bin, werde ich frei sein.*
>
> Ralph Ellison

> *Im Herzen deines Wesens hast du die Antwort; du weißt, wer du bist, und du weißt, was du willst.*
>
> Laozi

Wir lesen Bücher darüber, wie wir andere Menschen studieren. Wir fokussieren uns darauf, sie zu verstehen, zu überzeugen und zu beeinflussen. Das ist sicherlich wertvoll. Aber stellen Sie sich vor, Sie würden ebenso viel Zeit darauf verwenden, etwas viel Wichtigeres zu studieren. Das Studium anderer Menschen vermittelt Ihnen Wissen, aber das Studium der eigenen Person verschafft Ihnen ein unglaubliches Ausmaß an Freiheit. Es erleichtert es Ihnen, sich selbst zu akzeptieren, und das schützt Sie vor übertriebener Selbstkritik. Anstatt ständig auf sich selbst einzudreschen, lernen Sie, sich selbst zu akzeptieren und – wie es mir passierte – zu erkennen, dass das, was ich für Unzulänglichkeiten hielt, in Wahrheit Vorzüge waren. Ich werde nicht aufhören, Sie daran zu erinnern, dass es keine wichtigere Person gibt, um sie zu studieren, als die einzige Person, mit der Sie den Rest Ihres Lebens verbringen werden: Sie selbst.

Bringen Sie Ihre Karriere mit Ihrem wahren Selbst in Einklang

Mein Freund Shawn wechselte mehr als ein Dutzend Mal den Arbeitsplatz, bevor er sein 30. Lebensjahr erreichte. Zuletzt arbeitete er für mich als Versicherungsagent. So überraschte es mich wenig, als er eines Tages anrief und mir sagte, dass er nicht länger Versicherungspolicen verkaufen wollte. Ich traf mich mit ihm und fragte ihn, was los sei. Ich hörte eine Weile zu und sagte dann: »Ich will ganz ehrlich zu dir sein, aber es könnte wehtun. Bist du einverstanden?«

Er schwieg einen Augenblick und sagte dann Ja.

»Jedes Mal, wenn du einen Job hinschmeißt, ist dein Chef schuld. Ich kann alle deine Vorgesetzten aufzählen, über die du im Lauf der Jahre hergezogen hast. Immer ist jemand schuld, aber weißt du, wer niemals schuld ist? Du. Was glaubst du – warum ist das so?«

Er brauchte einen kleinen Schubs, aber ich muss es ihm lassen, dass er schließlich begann, für sich selbst einzustehen. Er verstand, dass die einzige Art, unser Gespräch produktiv zu machen, darin bestand, dass er den Blick nach innen richtete, anstatt mit dem Finger nach außen zu zeigen.

Wir begannen mit der Aufarbeitung. Er fing an, hinter die Fassade seines Grolls zu blicken, indem er auf eine Person zu sprechen kam, die er selbst einst eingestellt hatte und die inzwischen mehr verdiente als er selbst. Er gestand ein, dass es ihn ärgerte und verletzte, mitansehen zu müssen, wie jemand, der einmal sein Untergebener gewesen war, jetzt besser dastand als er selbst. Wir kamen zu dem Fazit, dass seine Gefühle eine Mischung aus Bitterkeit und Neid waren.

Ich gab zu bedenken, dass diese Person und er vielleicht unterschiedliche Träume hatten; dass dieser junge Star möglicherweise ein Gehalt von mehreren Millionen anstrebte, er aber nicht. Ich sagte: »Lass für einen Moment alles andere außer Acht und konzentriere dich ganz auf die eine Frage: Welche Art von Leben wünschst du dir?«

Shawn schwieg einen Augenblick und ich konnte sehen, dass er die Frage ernst nahm. Schließlich sagte er: »Pat, wenn ich 150 000 US-Dollar im Jahr mache, klingt das für mich nach einem guten Leben. Ich möchte nebenher noch Zeit haben, mich als Trainer in der Little League zu engagieren. Ich will die großen Augenblicke meiner Kinder miterleben. Und um ehrlich zu sein: Ich will an manchen Tagen auch mal Zeit zum Schlafen haben. Vielleicht muss ich mir eingestehen, dass ich gar nicht so hoch hinauf will.«

Shawns aufrichtige Selbstreflexion gab ihm Orientierung. Er begriff, dass er sich nicht mit Kollegen oder Freunden zu vergleichen brauchte. Er musste nicht versuchen, der reichste Mensch im Büro zu werden. Sobald ihm klar geworden war, was ihn wirklich glücklich und zufrieden machte – ein Jahresgehalt von 150 000 US-Dollar und reichlich Zeit für Familie und Hobby –, nahm plötzlich alles Gestalt an.

Als wir darüber sprachen, fragte er: »Aber ist dieses Denken nicht zu klein?«

»Vielleicht für jemand anderen«, sagte ich. »Aber kannst du denn gut damit leben, dass du vielleicht niemals herausfinden wirst, wozu du im optimalen Fall beruflich fähig wärest, solange du komfortabel leben und ein phänomenaler Vater sein kannst?«

Shawn war wieder einen Augenblick still und ich ließ ihm Zeit zum Nachdenken. Er begann zu verstehen, dass es bei dieser Diskussion nicht um andere Menschen ging, sondern ausschließlich um ihn selbst. Er musste sich ehrlich eingestehen, wer er war und was er sich vom Leben erwartete. Vielleicht, um sich davon abzulenken, wie unbequem solche Selbsterforschung sein kann, fragte er mich, was ich anstrebte.

»Das hat nichts mit mir oder irgendwem sonst zu tun«, sagte ich. »Wenn du entschieden hast, wie dein bestes Leben aussieht, und diese Vision umsetzt, wirst du keinen Neid mehr verspüren.«

»Du könntest recht haben, Pat«, sagte er. »Aber mich würde dennoch interessieren, was du anstrebst.«

»Ich will das ganz große Ding drehen, aber das bin ich, nicht du. Für dich ist es zwecklos zu versuchen, wie ich zu sein. Und andersherum genauso. Das wäre das Schlechteste, was wir tun könnten.«

Shawn nickte erleichtert. Er hatte ein Ziel – das richtige Ziel. Er konnte darum herum eine langfristige Strategie entwickeln und keine Schnelllösung (Aufgabe seiner Stelle). Gemeinsam hatten wir diese Fragestellung durchdrungen und danach war er imstande, eine für ihn ideale Entscheidung zu treffen.

Entscheidend war, dass Shawn aufhörte, sich mit anderen zu vergleichen. Ihm war es wichtig, jeden Abend rechtzeitig zur Familienmahlzeit zu Hause zu sein. Und er konnte, während er Herz und Seele seinen Kindern widmete, dennoch problemlos seine 150 000 US-Dollar im Jahr verdienen, wie er es sich wünschte. Warum einem Jeff Bezos oder einem Richard Branson nacheifern, wenn Sie anders veranlagt sind und andere Ziele haben?

Das Studium des wichtigsten Ziels verlangt von Ihnen, in die Tiefe zu gehen. Wie viele andere Menschen hatte auch Shawn falsche Vorstellungen davon gehabt, was ihn motivierte. Er war nicht tief genug gegangen oder war nicht ehrlich genug mit sich selbst gewesen. Als er es schließlich war, wurde ihm klar, welche Entscheidungen er treffen musste, um Erfüllung zu finden. Bedenken Sie, dass da immer noch der Tag kommen kann, an dem er aufwacht und mehr geben will, um mehr zu erleben. Wie wir im Weiteren sehen werden, entwickeln sich Ihre Ziele mit der Zeit. Sollte Shawn merken, wie ihn erneut der Neid befällt, wäre das ein sicheres Zeichen, dass es wieder einmal an der Zeit ist, die eigenen Ziele zu überdenken.

■ ■ ■ ■ ■

In seinem aufschlussreichen Buch *Weltordnung im Wandel* schreibt Ray Dalio: »Ich habe gelernt, dass es so gut wie nichts gibt, was wir nicht haben können, solange wir nur hart und kreativ darauf hinarbeiten. Wir können nur nicht alles zugleich haben. Reife ist die Fähigkeit, auf gute Optionen im Interesse noch besserer Optionen zu verzichten.«

Indem Sie sich ehrlich eingestehen, wer Sie sind, hören Sie auf, alles zu wollen.

Neid ist ein Indikator, der uns warnt, wenn wir nicht ehrlich mit uns selbst sind. Wenn Sie auf jemanden blicken können, der etwas hat, das Sie nicht haben, und sagen: »Weißt du was – in Wahrheit will ich das gar nicht«, dann sind Sie in einer guten Lage. Wenn Sie behaupten, etwas nicht zu wollen, ohne es zu meinen, wird der Neid Sie auffressen. Er verrät Ihnen, dass Sie es in Wahrheit doch wollen, aber nur Angst haben, Ihr Tun danach auszurichten.

Seelenfrieden werden Sie finden, indem Sie ehrlich genug sind, sich einzugestehen, wer Sie sind, und zu tun, was nötig ist, um das Leben zu führen, das Sie sich wünschen. Sie werden wissen, dass Sie Ihr optimales Leben führen, wenn der Erfolg eines anderen, selbst wenn er Dinge besitzt, die Sie nicht Ihr Eigen nennen, Sie für ihn glücklich stimmt. Wenn Ihre Reaktion aber lediglich Neid ist, ist das ein Anzeichen dafür, dass Sie entweder sich selbst belügen bezüglich dessen, was Sie wollen, oder es Ihnen an der nötigen Disziplin fehlt, es umzusetzen.

Ich habe viele unzufriedene und unglückliche Menschen kennengelernt. Die gefährlichsten unzufriedenen Menschen unter ihnen waren jene, die sowohl extrem ehrgeizig als auch extrem faul waren. Diese Kombination erzeugt unweigerlich Neid – eine tödliche Sünde, die einem das Leben zur Hölle macht. Das sind Menschen, die groß denken und etwas Großes tun wollen, aber nicht bereit sind, die dafür erforderliche Arbeit zu investieren. Sie werden tricksen. Sie werden andere verraten. Sie suchen fortwährend nach Abkürzungen. Und wenn jemand etwas hat, was sie auch haben wollen, nagt das an ihrer Seele.

Wenn jemand auf einer höheren Ebene erfolgreicher ist als Sie, haben Sie die Wahl, Ihre Erwartungen herunterzuschrauben, um sie mit Ihrer Arbeitsethik in Deckung zu bringen, oder Ihre Arbeitsethik an Ihre Erwartungen anzupassen. Wenn Sie weder das eine noch das andere tun, sind Sie arm dran.

Letzten Endes ist Erfüllung und Zufriedenheit eine Frage der Stimmigkeit. Bedenken Sie Folgendes:

- Ihre Vision muss dazu passen, wer Sie sein wollen.
- Ihre Entscheidungen müssen auf Ihre Vision abgestimmt sein.
- Ihre Anstrengungen müssen sich der Größe Ihrer Vision anpassen.
- Ihr Verhalten muss mit Ihren Werten und Prinzipien in Einklang stehen.

Erkenntnis führt zu Akzeptanz und damit zu Macht

Es gibt nur einen Menschen, mit dem Sie jede Sekunde Ihres Lebens zusammen verbringen. Nicht Ihre Eltern. Nicht Ihr Partner oder Ihre Partnerin. Nicht Ihre Kinder. Nicht Ihre beste Freundin oder Ihr bester Freund. Sondern *Sie* selbst. In dem Augenblick, in dem Sie erkannt haben, mit wem Sie den Rest Ihres Lebens verbringen werden, und in welchem Sie das akzeptieren, entledigen Sie sich der Bürde der Selbstverurteilung. Das wiederum befähigt Sie, mutigere Schritte zu unternehmen. So hören Sie auf, alles ständig zu hinterfragen, und widmen sich vermehrt der Umsetzung.

Als ich *Die Ebenen des Bewusstseins* von David R. Hawkins las, war ich fasziniert von seiner Beschreibung der verschiedenen Bewusstseinsebenen. Vor der Lektüre des Buches hätte ich Mut an der Spitze vermutet. Erst nachdem ich alle meine inneren Aufgaben gemacht hatte, begann mir einzuleuchten, dass – wie Sie im Diagramm auf dieser Seite sehen können – Akzeptanz noch über dem Mut kommt.

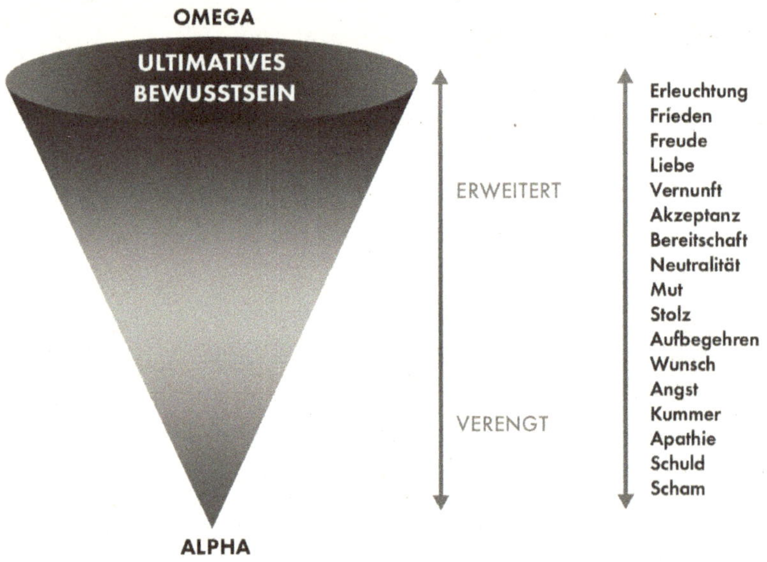

Ich weiß, warum Sie sich möglicherweise vor der Selbsterforschung fürchten. Es kann schmerzen, aus der Deckung zu gehen und sich den eigenen Schwächen zu stellen. All die Stunden der Selbstprüfung, der ich mich unterzog, haben viel über meine Person zutage gefördert. Manches davon war gut, anderes schlecht und wieder anderes furchtbar. Weil ich mich dieser harten Selbstprüfung unterzog, begann ich mich zu akzeptieren. Ich lernte auch, dass es in Ordnung ist, verletzbar zu sein und offen zu sagen, wer ich bin. Mein Freund Byron Udell, der von Chicago aus ein stattliches Unternehmen leitet, empfahl mir daraufhin das Buch *The Hypomanic Edge* von John D. Gartner. Es half mir zu sehen, dass ich mit meiner (Hypo-)Manie nicht allein war. Ich akzeptierte meine Verrücktheit und begann sie zu meinem Vorteil zu nutzen, anstatt in ihr ein Handicap zu sehen. So wurde mir auch bewusst, dass es mir von Natur aus gegeben war, große Dinge zu tun, und dass meine Persönlichkeit mir helfen würde, ein Unternehmen aufzubauen. So lernte ich schließlich, mich selbst mit allen meinen Eigenheiten und Makeln zu akzeptieren.

Vier Bereiche, die Sie anspornen

Als ich Fitnessstudio-Mitgliedschaften für Bally Total Fitness verkaufte, hatte ich einen Kollegen namens Stuart. Ungefähr zur gleichen Zeit hörten wir beide dort auf, um unsere jeweils eigene Versicherungsagentur zu gründen. Eines Tages trafen wir uns zum Mittagessen, sprachen über unsere Ziele und Stuart sagte: »Unsere Vision lautet, eine der größten Versicherungsagenturen in ganz Kalifornien zu werden. Wenn ich einige Jahre lang hart arbeite, wird das Geld sprudeln und ich kann ein gutes Leben führen.«

Ich sagte zu Stuart: »Wir werden eine halbe Million lizensierter Vertreter haben. Wir werden die größte Agentur der Vereinigten Staaten sein.« Er schaute mich an, als wäre ich verrückt geworden. Ich wiederum schaute ihn verwundert an und fragte mich, wie man so klein denken konnte, wenn das Marktpotenzial so groß war. Ich wollte es in die Geschichtsbücher schaffen; ihm ging es lediglich um ein angenehmes Leben.

Stuart ist getrieben von der Vorstellung finanzieller Freiheit. Er verdient eine halbe Million US-Dollar im Jahr und muss dafür kaum etwas tun. Er wusste, was er wollte, und er hat es bekommen. Er schaut vermutlich auf mein Leben und hat das Gefühl, gerade noch einmal davongekommen zu sein. Warum sollte er sich so einem Stress aussetzen und die 100-Stunden-Wochen und den ständigen Druck ertragen, wenn es ihm lediglich um finanzielle Freiheit geht?

Sehen Sie, worauf ich hinaus will? Sie müssen wissen, was *Sie* erreichen wollen. Das ist für jeden Menschen etwas anderes. Nachdem mir klar geworden war, was mich antreibt, brauchte ich keinen Wecker mehr. Deshalb bin ich auch heute, wo ich finanzielle Sicherheit genieße, motivierter denn je.

Und deshalb halte ich auch diese 100-Stunden-Wochen aus. Sobald ich auch nur eine Spur von Selbstmitleid verspüre, halte ich inne und sage zu mir selbst: Das ist es, wofür du dich entschieden hast, Patrick. Ich klinge schon wie jener alte Toyota-Werbespruch: *Ihr wolltet es, da habt ihr's.** Das Interessante ist, dass ich, wäre ich auf meiner ehemaligen Stelle geblieben, es problemlos auf ein Jahresgehalt von einer halben Million US-Dollar hätte bringen können. Und selbst wenn es so aussah, als könnte ich pleitegehen und verrückt werden (ja womöglich beides gleichzeitig), habe ich meine Entscheidung niemals bereut.

Warum? Weil ich mir die Zeit genommen hatte, die ich brauchte, um herauszufinden, was mich antreibt.

Jetzt sind Sie an der Reihe. Sie können beginnen, indem Sie das, was Sie antreibt, in vier Kategorien unterteilen: Aufstieg, Verrücktheit, Individualität und Sinn und Zweck.

AUFSTIEG

- Nächste Beförderung
- Erledigung einer Aufgabe
- Einhaltung einer Frist
- Als Team ein Ziel erreichen

INDIVIDUALITÄT

- Lebensstil
- Anerkennung
- Sicherheit

VERRÜCKTHEIT

- Opposition
- Rivalität
- Kontrolle
- Macht und Ruhm
- Andere widerlegen
- Peinlichkeit/Scham vermeiden
- Meisterschaft
- Der/die Beste sein (Rekorde brechen)

SINN UND ZWECK

- In die Geschichte eingehen
- Anderen helfen
- Wandel
- Wirkung/Einfluss
- Erleuchtung/Selbstverwirklichung

---

* Anm. d. Verlags: Übersetzung durch Übersetzer, im Original »You asked for it, you got it!«

Es ist normal, mehr als eine Motivation zu haben. Ebenso normal ist es, wenn sich Ihre Prioritäten im Lauf der Zeit wandeln. Schauen Sie sich die Liste oben sorgfältig an und überlegen Sie in aller Ruhe und Gründlichkeit, was Sie antreibt. Meistens bedarf es eines Katalysators, um herauszufinden, was einen motiviert. Es gibt vier Gründe, die Sie veranlassen könnten, sich neu zu überlegen, was Sie antreibt:

- Langeweile
- Nachlassende Ergebnisse
- Eine Stagnation
- Das Gefühl, dass Ihr Talent nachlässt

Wenn etwas davon auf Sie zutrifft, ist jetzt der perfekte Augenblick, um tiefer zu graben und festzustellen, was Sie wirklich antreibt.

Rücken Sie zu Ihrem nächsten Warum vor

Eine andere Möglichkeit, wie Sie sich Gedanken über Ihren Antrieb machen können, ist, dass Sie sich fragen: »Was ist mein Warum?« Wenn Ihnen jemand diese Frage stellt, könnten Sie sagen: »In Wahrheit kenne ich mein Warum nicht«, oder: »Ich denke, ich tue dies für meine Familie«, oder: »Ich will finanziell unabhängig sein.« Jeder hat ein Warum. Die Schwierigkeit liegt darin, dass die meisten Menschen niemals über ihr erstes Warum hinauskommen.

Vielleicht kennen Sie die Maslowsche Bedürfnishierarchie. Im Jahr 1943 beschrieb der Psychologe Abraham Maslow in einem Artikel im *Psychological Review* unter der Überschrift »Eine Theorie der menschlichen Motivation«, wie unsere Bedürfnisse aufeinander aufbauen. Solange wir den Tod fürchten müssen, lässt uns die Sinnfrage kalt. Solange wir Mühe haben, unsere Familie zu ernähren, machen wir uns keine Gedanken über unser Vermächtnis. Das leuchtet ein. Ebenso leuchtet ein, dass wir, sobald unsere Kernbedürfnisse befriedigt sind, die Pyramide weiter emporklettern und Bedürfnisse wie Zugehörigkeit, Wertschätzung und Wachstum entwickeln.

Ich sehe im Bedürfnis nach Wachstum den »Übergang zum nächsten Warum« und unterscheide hier vier Stufen:

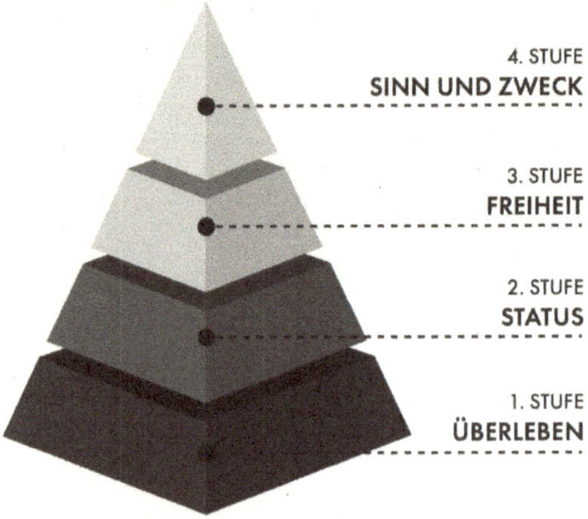

Die vier Stufen des Warum

1. Stufe: Überleben

Jeder, der einem bezahlten Job nachgeht, will zuerst einmal seine Rechnungen bezahlen können. Manche Menschen geben sich damit zufrieden.

2. Stufe: Status

Man hört Menschen Dinge sagen wie: »Also ich wünsche mir ein siebenstelliges Jahresgehalt.« Warum? Status. Vielleicht möchten Sie ein hübsches Auto oder Haus haben oder Ihre Kinder auf eine prestigeträchtige Schule geben. Sie möchten bei diesem oder jenem mitreden können. Hier geht es einfach darum, neben anderen gut dazustehen. Status ist immer noch Leichtgewicht, aber schon mehr als Überleben. Die meisten Menschen treten, sobald sie dieses Niveau erreicht haben, langsamer und machen es sich gemütlich.

3. Stufe: Freiheit

Manche Menschen sagen vielleicht: »Wisst ihr was? Ich habe die sechsstelligen Zahlen satt. Ich will frei sein. Ich will Geld von der Sorte verdienen, die mir Luft zum Atmen lässt, auf dass ich nicht mehr jeden Tag im Büro erscheinen muss.« Sie wollen in einer Gegend wohnen, wo die Kinder im Freien spielen können, ohne dass ständig jemand auf sie aufpassen muss. Oder sie wollen als digitale Nomaden die Möglichkeit haben, im Sommer zu surfen und im Winter Ski zu fahren.

Freiheit als Grund ist ein wenig eigennützig. Gegen den Wunsch nach Freiheit ist nichts zu sagen, aber sie fühlt sich möglicherweise leer an, sobald wir sie erreicht haben. Wenn das bei Ihnen der Fall ist und das Gefühl der Zufriedenheit in Frust umschlägt, sind Sie jetzt in der luxuriösen Situation, dass Sie tiefer gehen und sich auf die Aspekte des Lebens fokussieren können, die Ihnen ein wahres Gefühl der Erfüllung vermitteln.

4. Ebene: Sinn und Zweck

Um Ihren Sinn und Zweck zu definieren, müssen Sie sich fragen: Wie will ich erinnert werden? Welchen Einfluss will ich auf das Leben anderer ausüben? Hier geht es darum zu erkennen, warum Sie auf diese Erde gesetzt wurden, und die Grenzen der besten Version Ihrer selbst zu verschieben. Hier ist, was uns auf der höchsten Stufe der Pyramide antreibt:

- in die Geschichte eingehen
- anderen helfen
- Wandel
- Wirkung/Einfluss
- Erleuchtung/Selbstverwirklichung

Nur sehr wenige Menschen erreichen die Sinn- und Zweckstufe. Warum? Das könnte mit Ängsten zu tun haben. Oder damit, dass wir unser ganzes Leben im

Überlebensmodus verbringen, der uns keine Zeit zum Nachdenken lässt. Oder mit den vielen Ablenkungen und Zerstreuungen, die uns gefangen nehmen, wie soziale Medien, Sport oder Unterhaltung. In Wahrheit ist niemand wirklich gefangen in diesen Zerstreuungen. Wir entscheiden uns für sie, um der Realität zu entfliehen und uns vor der schwierigen Arbeit der Selbsterforschung zu drücken. Am Ende führt alles dazu, dass wir zu wenig Zeit damit verbringen, uns die richtigen Fragen zu stellen.

Wenn Sie eine große Wirkung entfalten wollen, gelingt Ihnen das nur, wenn Sie bereit sind, sich hinzusetzen und sich ein paar wichtige Fragen zum Leben zu stellen. Leider folgen so viele Menschen einfach immer nur dem täglichen Trott, ohne sich jemals die Fragen zu stellen, auf die es am meisten ankommt.

Mein Rat an Sie lautet: Werden Sie sich über Ihren Sinn und Zweck klar - auf welcher Stufe auch immer Sie sich in diesem Augenblick befinden.

Persönliche Identitätsprüfung

Von allen Tools, die ich Ihnen in diesem Buch präsentiere, ist die Persönliche Identitätsprüfung möglicherweise das wichtigste. Wir neigen zum inflationären Gebrauch des Ausdrucks: »Das wird Ihr Leben verändern.« In diesem Fall aber spreche ich aus Erfahrung, wenn ich sage, dass die Persönliche Identitätsprüfung (die Beantwortung einer Reihe von Fragen mit dem Ziel der Selbstfindung) mein Leben radikal und nachhaltig verändert hat.

Die Disruptoren, Gründer, Unternehmenslenker und Spitzensportler, die Sie bewundern, verdanken ihren Platz im Leben nicht dem Zufall. Für sie alle gab es einen Moment (oder viele Momente), wo sie brutal ehrlich zu sich selbst waren. Es ist ein privater Augenblick, in dem Sie sich Ihren Lastern, Ängsten und limitierenden Überzeugungen stellen, die Sie bislang zurückgehalten haben. Das geschieht in der Regel in Krisenmomenten.

In Wahrheit sind nur wenige Menschen bereit, sich im Leben eine Auszeit zu nehmen und einen Durchbruch zu erleben. Das Leben vollzieht sich heute schneller als jemals zuvor. Denken Sie nur an die vielen Apps auf Ihrem Smartphone, die Sie ständig im Blick haben müssen und um die Sie sich vor zehn Jahren noch keine Gedanken gemacht haben. Wie häufig schauen Sie bei Instagram, Facebook, Twitter, YouTube, LinkedIn, im Posteingang oder in den Nachrichten-Apps nach? Die Liste der Dinge, die wir fortlaufend überwachen und die nichts mit uns selbst zu tun haben, nimmt gar kein Ende.

Im August 2003 spürte ein kluger Freund von mir, dass ich in einer schwierigen Phase steckte. Mit 24 Jahren hatte ich erste Anzeichen von Talent und Beharrungsvermögen gezeigt. Ich konnte verkaufen und hatte einen ausgeprägten Wissensdurst. Ich war zudem wütend und verwirrt. Anstatt mir gute Ratschläge zu erteilen oder mich zu einem Seelenklempner zu schicken, überreichte mir dieser kluge Freund eine Liste von 38 Fragen. Seine einzige Anweisung lautete: »Suche dir einen ruhigen Ort, stelle dir in einem fort Fragen und gehe nicht, bevor du nicht die eine oder andere Antwort gefunden hast.«

Ich tat wie geheißen. Ich saß sieben oder acht Stunden lang allein am Strand und beantwortete diese Fragen. Ich war total emotional. Es war ein sehr intensives Erlebnis. Ich hatte Augenblicke des Frusts und der Enttäuschung. Ich fragte mich immerzu: »Warum sind so viele Menschen erfolgreich und ich nicht?« Allein, wie ich war, konnte ich tatsächlich sehen, was sich da abspielte, und ich begann, Trends und Muster zu erkennen. Irgendwann stellte sich ein Gefühl der Erleichterung ein, weil mir bewusst wurde, dass die Probleme und die Antworten darauf allesamt ihren Ort in mir selbst hatten. So wusste ich, dass ich es in der Hand hatte, eine Lösung darauf zu finden.

Diese Übung war so wertvoll, dass ich die wichtigsten Fragen zu dem verdichtet habe, was ich als die Persönliche Identitätsprüfung bezeichne.

Wenn Sie die wichtigste Person (Sie) studieren, werden Sie beginnen zu erkennen, wie Sie die wichtigste Person, die Sie zurückhält (Sie), besiegen können.

Diese Fragen – zusammen mit den Überlegungen, die sich aus ihnen ergaben – veränderten mein Leben von Grund auf. Sie machten aus einem Durchschnittsmenschen einen Menschen, der sich seines Potenzials im Leben bewusst war. Ich ging aus dieser Übung befreit hervor. Ich konnte jetzt meine Grenzen und Herausforderungen akzeptieren. Wenn ich heute Entrepreneure berate, bitte ich sie, die Persönliche Identitätsprüfung auszufüllen.

Entscheidend bei dieser Übung ist, dass Sie sie mit dem höchsten Respekt behandeln. Sie brauchen nicht zu hetzen und es geht um keine perfekte Note. Die einzig richtige Antwort ist die ehrliche Antwort. Das Ziel dabei ist, einen Durchbruch zu erzielen. Je emotionaler die Übung für Sie ist, desto größer ist die Wahrscheinlichkeit, dass der Durchbruch gelingt. Nachdem Sie das Audit absolviert haben, ermuntern Sie am besten andere, es ebenfalls für sich zu machen. Nichts tut so gut, wie selbst im Leben einen Durchbruch zu erzielen und andere anzustiften, es Ihnen gleichzutun.

Sie finden die Persönliche Identitätsprüfung im Anhang auf Seite 321.

Seit ich die Persönliche Identitätsprüfung auf meine Website gestellt habe, haben mehr als 200 000 Menschen aus 130 Ländern sie absolviert. Die Ergebnisse waren umwerfend. Lassen Sie sich bitte genug Zeit damit. Ich hoffe, dass das Erlebnis für Sie so eindrücklich sein wird wie für unzählige andere.

Die Vorteile der Selbstentdeckung und der Durchführung einer Persönlichen Identitätsprüfung

1. Sie werden sich dessen bewusst, dass Sie im Zentrum all Ihrer Probleme (und Lösungen) stehen.
2. Sie erkennen, dass Ihre Probleme lösbar sind.
3. Sie »knacken« Ihre limitierenden Überzeugungen.
4. Indem Sie Muster erkennen, können Sie hinderliche Gewohnheiten ablegen.
5. Ihre Wut auf andere verfliegt, sobald Sie sehen, dass Sie ganz allein Herr Ihres Schicksals sind.

Studieren Sie Ihre blinden Flecken, indem Sie aktiv nach ihnen suchen

So sehr Sie sich auch erforschen – es können immer noch blinde Flecken bleiben. Der erste Schritt zu ihrer Erkennung besteht darin, sie erkennen zu *wollen*. Dieser Wunsch erwächst aus dem Bewusstsein dafür, dass die Erkennung der eigenen blinden Flecken Sie am Ende besser macht. Das ist Ihr Warum für das Erkennen Ihrer blinden Flecken.

Ein ausgeprägtes Gespür für mich selbst ist mir nicht angeboren. Zu Beginn meines beruflichen Werdegangs war ich mir meiner selbst kaum bewusst. Als ich mein Versicherungsunternehmen gründete, wirkte ich in Meetings auf andere arrogant. Ich traf mich beispielsweise mit größeren Versicherungsträgern und verkündete zum Auftakt: »Wir werden eine halbe Million lizensierter Versicherungsagenten haben. Wir werden mehr Versicherungen abschließen als irgendwer in der Geschichte.«

In ihrem Buch *Immer erfolgreich – die Strategien der Topunternehmen* prägten Jim Collins und Jerry I. Porras 1994 den Begriff des großen haarigen kühnen Ziels – oder *big hairy audacious goal* (BHAG). Sie definierten es als »ein mutiges 10-bis-30-Jahre-Ziel in Richtung auf eine Zukunftsvision«.

Nachdem ich den Vertretern dieser großen Versicherungsträger mein BHAG erklärt hatte, fragten sie mich unweigerlich: »Wie lange sind Sie schon im Geschäft?«

Und ich erwiderte dann: »Zwei Wochen.«

Mein blinder Fleck war nicht, ein BHAG zu haben. Mein blinder Fleck war, dass ich mein Publikum nicht verstand. Ende 2008 brachen die Finanzmärkte zusammen. Der Schaden war so groß, dass AIG, der Branchenriese, beinahe dabei draufging. Die gesamte Branche hatte keine andere Wahl, als in den Verteidigungsmodus zu wechseln. Und da war ich 2009, ein 30-Jähriger aus dem Nahen Osten, der verkündete, er werde über kurz oder lang eine halbe Million Versicherungsvertreter haben. Das Letzte, worauf andere Versicherungsunternehmen hätten wetten wollen, war ein riskantes Start-up, während ihr eigener Fokus auf Überleben, der Einhaltung von Vorschriften und Risikomanagement lag.

Cathy Larson bekleidete eine führende Position bei der Allianz, einem 400-Millionen-US-Dollar-Unternehmen. Als ich ihr von meinem kühnen Plan erzählte, sagte sie: »Sie klingen absolut überzeugt. Wissen Sie, wie viele Menschen Ähnliches verkünden? Sammeln Sie erst einmal etwas mehr Erfahrung, bevor Sie so überkandidelte Ankündigungen machen.«

Ihr Rat zeigte Wirkung. So sicher ich mir meiner Zukunft war – in meinem Geist hatte ich sie bereits Wirklichkeit werden sehen –, so musste ich doch meinen

Ansatz besser auf die Bedürfnisse meines Publikums anpassen. Meine Zukunftsvision änderte sich nicht, aber mein Ansatz bedurfte einer gründlichen Überarbeitung.

Ich begann mir darüber Gedanken zu machen, wie ich meine Botschaft verändern konnte. Ich dachte tief nach, wer ich war. Mit einem verbesserten Gespür für mich selbst entwarf ich einen Plan, der widerspiegelte, was ich erreichen wollte. Ich lernte, mein BHAG in meine nächsten Schritte zu übersetzen. Vor allem aber lernte ich, die *Abfolge* dieser Schritte vor dem Hintergrund eines neuen Bewusstseins für mein Publikum zu verstehen.

Kenntnis der eigenen Person ist ein mühevoller Prozess, der selten in Form einer Erleuchtung daherkommt

Sie müssen verstehen, wer Sie sind, was Sie antreibt, wie viel Risiko Sie ertragen und welche Art von Familie Sie schaffen wollen. Das entscheidende Element hinter all den Geschichten und Übungen in diesem Schritt ist Ehrlichkeit. Der Blick in den Spiegel kann bisweilen schmerzlich sein. Ich verhehle Ihnen nicht, wie viel ich geweint habe, als ich die Persönliche Identitätsprüfung machte. Es war die Schmerzen wert.

Sobald Sie sich über Ihr wichtigstes Produkt (Sie) klar geworden sind, werden Ihre Entscheidungen natürlich fließen und Sie zur Erfüllung Ihrer Ziele geleiten.

3

Ihr Weg zu Reichtum und Wohlstand: Intrapreneur oder Entrepreneur

Geld ist nur Mittel zum Zweck. Es trägt Sie, wohin Sie wollen, aber es wird Sie nicht als Fahrer ersetzen.

Ayn Rand

Eric Drache war einer der talentiertesten Pokerspieler der Welt. Über einen Zeitraum von 36 Jahren – von 1973 bis 2009 – wurde er dreimal Zweiter in der World Series of Poker Stud-Events. Viele sehen in Drache den siebtbesten Pokerspieler der Welt. Es ging der Witz um, er spiele eben nur gegen die besten sechs. Trotz seines Talents war er häufig mittellos. Nehmen Sie sich ihn zum Beispiel, wie Sie es *nicht* machen sollten!

Wählen Sie einen Pfad, der Ihnen gute Gewinnaussichten verspricht. Im Poker spricht man von der Spielauswahl. Ob Sie in einem Spiel (oder einem Geschäft) gewinnen, hängt nicht davon ab, wie gut Sie sind. Entscheidend ist, wie gut Sie im Vergleich zu Ihrer Konkurrenz sind. Deshalb ist es so wichtig, die eigenen Stärken und Schwächen zu kennen und sich einen Markt zu suchen, in dem Sie einen inhärenten Vorteil besitzen.

Die ersten zwei Kapitel dieses Buches handelten von der Eigenwahrnehmung. Nachdem Sie jetzt definiert haben, wer Sie sein wollen, und das wichtigste Produkt (Sie) studiert haben, ist es Zeit, konkreter zu werden bezüglich der Wahl einer Karriere, die mit Ihrer Vision in Einklang steht.

Ich denke nicht, dass jeder das nächste Apple-Unternehmen zu gründen beabsichtigt. Ich denke nicht, dass jeder scharf darauf ist, mehr als 20 Jahre lang jede Woche 80 bis 100 Arbeitsstunden in den Aufbau eines Imperiums zu investieren. Manche Menschen wollen einfach nur ein kleines Geschäft auf die Beine stellen, das ihnen die Kontrolle über ihr Leben gewährt, ohne sich mit der Tagespolitik eines Fortune-500-Unternehmens herumschlagen zu müssen. Andere wollen ein Online-Geschäft gründen, das sie von überall auf der Welt betreiben können.

Ein hinreichendes Bewusstsein für die eigene Person ist entscheidend für die Wahl des richtigen beruflichen Weges. Wenn Sie ehrlich mit sich sind, wird Ihnen vielleicht bewusst, dass das Dasein als Entrepreneur nicht das Richtige für Sie ist. In diesem Fall gibt es, wie Sie in diesem Kapitel sehen werden, noch viele weitere Optionen, wie Sie ein erfüllendes und lukratives Leben führen können.

Nehmen Sie Ihr Leben in die Hand, indem Sie Ihre eigene Leiter erklimmen

Wann immer ich einen Vortrag halte, frage ich die Anwesenden im Saal: Wer ist der reichste Mensch, den Sie persönlich kennen?

Die meisten Menschen können auf diese Frage ohne Nachdenken antworten. Wir alle kennen einen Onkel, einen Cousin oder einen Familienfreund, der die Großfamilie zum Erntedankfest in sein großes Haus einlädt oder der unentwegt Bilder von exotischen Orten postet.

Die zweite Frage an das Publikum lautet: Hat diese Person all ihren Reichtum als Angestellter oder als Eigentümer angehäuft?

Wenn ich diese zweite Frage stelle, geht ein Licht des Verstehens durch den Raum. Ich sehe es an ihren Gesichtern: »Heiliger Strohsack!«

Und dennoch werden wir von frühester Kindheit an darauf getrimmt, die Leitern anderer zu erklimmen. Zuerst erklimmen wir die Schul-Leiter: Erwirb gute Noten, schaffe es in ein gutes College und versuche anschließend, zu einer noch besseren juristischen, wirtschaftswissenschaftlichen oder medizinischen Hochschule zugelassen zu werden. Wenn Sie die Schul-Leiter erfolgreich erklommen haben, ist als Nächstes die Unternehmens-Leiter an der Reihe: Arbeite für ein komfortables Gehalt, mache etwas, das dir persönlich nichts bedeutet, um dich so bis zur mittleren Managementebene hochzuarbeiten. Dann hast du »Sicherheit« erreicht.

Das ist eine Lüge, wie Ihnen jeder bestätigen kann, der die Leiter schon erklommen hat. In seinem Buch *Rich Dad Poor Dad – Was die Reichen ihren Kindern über Geld beibringen* räumt Robert Kiyosaki mit dem Mythos auf, Bildung sei der Weg zum Reichtum. Wohlstand und Erfolg warten für die meisten von uns nicht an der Spitze von irgendeines anderen Leiter. Ein – finanziell, emotional, intellektuell – reicheres Leben ist nur möglich, wenn Sie selbst die Verantwortung für Ihren Erfolg übernehmen.

Es gibt mehr als eine Möglichkeit, die Verantwortung für den eigenen Erfolg zu übernehmen: Sie können in Kommission für ein Unternehmen arbeiten; oder Sie können, wie Sie gleich sehen werden, sich eine Rolle als Intrapreneur innerhalb eines großen Unternehmens schmieden.

Was ich Ihnen aber mit Sicherheit sagen kann, ist, dass Geld nicht die Motivation sein kann, um ein Entrepreneur zu werden. Ich weiß, dass das seltsam klingt, solange Ihr Fokus darauf liegt, ein Millionär oder Milliardär zu werden. Wenn Geld Ihre einzige Motivation ist, werden Sie früher oder später stecken bleiben. Sie werden träge oder selbstgefällig. Wenn Sie ein Entrepreneur werden wollen, muss der Grund über den Wohlstand hinausreichen.

Der Schmerz, für ein Unternehmen verantwortlich zu sein, ist zu groß, als dass Geld eine angemessene Entschädigung wäre. Ich kann nicht bestreiten, dass Eitelkeit für viele Menschen eine wichtige Triebfeder darstellt. Anerkennung, Macht, Ruhm, Prestige und Respekt (zum Beweis, dass Ihre Hasser falschlagen) geben häufig den Ausschlag für die Wahl dieses Weges. Aber nur wer von etwas viel Größerem als Geld angetrieben wird, hält den Kampf auf Dauer durch.

Es gibt wie gesagt viele Möglichkeiten, Reichtum anzuhäufen und ein erfüllendes Leben zu führen. Entrepreneurship lockt vielleicht mit den größten finanziellen Belohnungen, geht aber auch mit den größten Risiken einher. Ich werde Ihnen verschiedene Sichtweisen präsentieren und die Wege diverser Menschen aufzeigen, um Ihnen die Möglichkeit zu geben, sich selbst besser kennenzulernen.

59,1 Milliarden Gründe, ein Intrapreneur zu sein

Ich habe auf LinkedIn eine Nachricht von einem IBM-Manager erhalten, der schrieb: »Pat, ich bin nun schon eine Weile bei IBM und verfolge Ihre Beiträge seit mehreren Jahren. Ich verdiene gutes Geld, aber in Wirklichkeit möchte ich ein Entrepreneur sein. Jedoch habe ich eine Frau und drei Kinder und ich mache mir Sorgen ihretwegen. Was soll ich tun?«

Wir tauschten eine Weile E-Mails aus und ich stellte ihm Fragen dazu, wer er sein wollte. Allmählich wurde ihm klar, dass Intrapreneurship wie die ideale Wahl für ihn aussah. Es bedeutet, dass Sie Teil eines Unternehmens sind und eine neue Geschäftseinheit gründen, eine neue Initiative leiten oder Anreize schaffen, die Wachstum und Innovation belohnen. In manchen Fällen kann das bedeuten, dass Sie sich so unverzichtbar machen, dass das Unternehmen Ihnen Firmenanteile anbieten muss, nur um Sie zu halten.

Die durchschnittliche Amtszeit eines CFO oder CTO beträgt weniger als drei Jahre. Sie bleiben in der Regel lange genug, um ihr Eigenkapital zu erhalten. Manche bleiben jedoch dank neuer Möglichkeiten länger beim Unternehmen. Sie verdienen nicht nur ein solides Gehalt, sondern genießen auch einen größeren Vorteil. Man könnte sagen: Sie bekommen ihren Kuchen und essen ihn auch.

Im März 2020 betrug das Reinvermögen des reichsten Intrapreneurs der Welt 59,1 Milliarden US-Dollar. Steve Ballmer hatte 1980 sein MBA-Studium in Stanford abgebrochen, um Microsofts 30. Angestellter zu werden. Nachdem er 20 Jahre lang wie ein Intrapreneur gedacht und gehandelt hatte, wurde er 2000 CEO und blieb es bis 2013. Über Aktien und Boni häufte er ein Vermögen an. Als die Los Angeles Clippers von der NBA 2014 zum Verkauf standen, konnte er seine Mitbewerber mühelos überbieten. Sein Erfolg als Intrapreneur ließen das Zwei-Milliarden-US-Dollar-Preisschild winzig erscheinen.

Wir alle erinnern uns daran, wie Steve Jobs 1976 Apple gründete, aber manche vergessen, dass er 1985 vor die Tür gesetzt wurde. Erst nachdem er NeXT und Pixar Animation Studios gegründet hatte, kehrte er 1997 als CEO zu Apple zurück. Er handelte mit dem Unternehmen aus, dass er 5,5 Millionen Aktien erhielt, die mit der Zeit natürlich einen Milliardenwert erreichten. Was ist die Moral von der Geschichte? Dass selbst Jobs zum Intrapreneur wurde.

Was sind die Qualitäten eines Intrapreneurs? Und woran erkennen Sie ein Unternehmen, das Intrapreneure anzieht und fördert? Beginnen wir mit der Beantwortung der ersten Frage.

Fünf Eigenschaften eines erfolgreichen Intrapreneurs

1. Ein Intrapreneur denkt wie ein Entrepreneur.
2. Ein Intrapreneur arbeitet wie ein Entrepreneur.
3. Ein Intrapreneur besitzt den Drang eines Entrepreneurs.
4. Ein Intrapreneur betreibt Innovation wie ein Entrepreneur.
5. Ein Intrapreneur schützt die Marke (und das Geld) wie ein Entrepreneur.

Diese Liste unterstreicht die Tatsache, dass Intrapreneure nicht wie normale Beschäftigte handeln oder denken; sie handeln und denken wie Inhaber. Sie arbeiten nicht für den Gehaltsscheck; sie arbeiten, um etwas aufzubauen, das ihnen Stolz und Erfüllung bringt. Es geht ihnen um Anerkennung, Autonomie, Ressourcen und Zuständigkeit.

Intrapreneure und Entrepreneure unterscheiden sich beispielsweise darin, dass erstere typischerweise ehrerbietig sind und letztere aufsässig. Intrapreneure haben den Respekt zu sagen: »Schauen Sie, ich denke wie Sie, ich arbeite wie Sie, ich bin wie Sie, aber Sie steuern das Geld bei. Sie haben die Vision entworfen und Sie tragen das Risiko.« Intrapreneure operieren innerhalb des Systems, wo sie jedoch Möglichkeiten finden, sich und zugleich auch das Unternehmen zu verbessern. Wenn Sie nicht diesen Grad von Respekt für den Gründer oder den gegenwärtigen CEO aufbringen, sind Sie nicht in der richtigen Position, ein Unternehmen innerhalb eines Unternehmens aufzubauen.

Wie Unternehmen Intrapreneure fördern

Google holte kreative Menschen ins Boot und entwickelte zwecks Nutzung ihrer Fähigkeiten eine Strategie der Intrapreneurship-Förderung. In ihrem *IPO Letter* (»Börsengang-Brief«) beschrieben die Google-Gründer Larry Page und Sergey Brin ihre »20-Prozent«-Idee:

> *Wir ermuntern unsere Beschäftigten, neben ihren normalen Projekten 20 Prozent ihrer Zeit für Dinge zu verwenden, von denen sie denken, dass sie für Google von größtem Nutzen wären. Viele unserer bedeutendsten Fortschritte wurden auf diese Art erzielt.*

Zu den Produkten, die in diesen 20 Prozent der Zeit geschaffen wurden, gehören Google News, Gmail und AdSense.

Unternehmen, die Intrapreneure anziehen und fördern, tun dies, indem sie auf eine Art und Weise kommunizieren, die Innovatoren und Stars anspricht, die sich möglicherweise wohler fühlen, wenn sie in einem »Unternehmensumfeld« arbeiten können. Diese Unternehmen pflegen eine Vision, wonach jeder Beschäftigte die Ränge durchlaufen kann – ohne sein Erspartes opfern und seine geistige Gesundheit oder seinen Nachtschlaf aufs Spiel setzen zu müssen – und dennoch die Freiheit hat, innovative Ideen zu entwickeln und umzusetzen und an ihnen zu verdienen.

In meinen Zwanzigern brachte ich einem Versicherungsunternehmen viel Geld ein. Meine Idee war, CEO zu werden, um so meinen Reichtum zu steigern. Ich dachte nicht, dass ich kündigen müsste, um Einfluss und das damit einhergehende Vermögen zu gewinnen. Eines Tages ließ ich mich unmittelbar von dem Film *Jerry Maguire* inspirieren und schickte einen 16-Seiten-Brief an meine Vorgesetzten, in welchem ich ihnen meine Vision erklärte. Niemand antwortete mir. Dann schickte ich ihn an das Mutterunternehmen. Nach nur 30 Minuten antwortete ein Mann namens Jack und setzte ein Meeting an. Ich berichtete mehreren Managern von meinen Ideen und sie versuchten, einiges davon umzusetzen, aber eine Frau namens Katie setzte der ganzen Sache ein Ende.

Es war das Gegenteil der Google-Kultur. Das Unternehmen ließ mich wissen, dass es sich keine innovativen Beschäftigten wünschte. Ähnlich wie die Journalistin Laura Ingraham, die LeBron James sagte, er möge »den Mund halten und dribbeln«, sagte mir dieses Unternehmen im Prinzip: »Halte den Mund und verkaufe.«

Katie war das perfekte Beispiel einer Aristokratin und Bürokratin. In seinem Buch *Die sieben Leben des Managers. Vom jungen Wilden zur grauen Eminenz. Mit welchen Typen Sie fertig werden müssen* beschreibt Lawrence M. Miller, wie Unternehmen diverse Zustände durchlaufen – Prophet, Barbar, Erbauer, Forscher, Administrator, Bürokrat und Aristokrat – und von Zeit zu Zeit schaut ein Synergist vorbei, um das Unternehmen vor der Pleite zu retten. Damals waren viele Klagen gegen das Versicherungsunternehmen anhängig, ganz zu schweigen von einer Reputation für unethische Praktiken, die seine Marke schädigten.

Weil Katie stur und veränderungsresistent war, kostete sie das Unternehmen alles in allem mehrere Hundert Millionen US-Dollar. Das ist keine kleine Zahl. Sie war arrogant. Sie war aufgeblasen. Sie erinnerte mich an Cersei Lannister von *Game of Thrones* – die Schurkin, die denkt, sie stünde über allen anderen. Was vielleicht noch schlimmer war, war der Umstand, dass das Unternehmen Katies Verhalten duldete. Das ist ein übliches Phänomen, wenn der ursprüngliche Prophet abtritt und die bestehenden Erbauer und Forscher jemandem, der es nicht verdient, zu viel Macht geben.

Katie brachte mich in Zugzwang. Sie trieb mich in die Enge. Ich sah meinen nächsten Schritt nicht darin, alle meine Ersparnisse zu investieren, um ein Entrepreneur zu werden. Vor einer Entscheidung arrangierte ich ein Meeting mit Katie, dem Führungsteam und ihren Anwälten. Es befanden sich mehrere Personen im Raum, die ich ungemein schätzte. Ich ging hin, um meine nächsten fünf Schritte vorzustellen und zu sehen, was die Anwesenden zu sagen hätten.

Sie sagten damals wenig. Erst später erfuhr ich, dass sie dachten, es wäre alles ein Trick. Sie nahmen an, ich drohe mit meiner Kündigung, damit sie mir Geld gäben, um mich zum Bleiben zu bewegen. Der Präsident des Unternehmens war ein Mann, den ich wirklich achtete und schätzte. Er sagte zu mir: »Patrick, das ist sehr üblich in dieser Branche. Ein wichtiger Akteur wie Sie droht zu gehen, wenn er nicht mehr Geld bekommt. Dieses Unternehmen aber ist nicht bereit, auf dieses Spielchen einzugehen.«

Ich kann Ihnen versichern, dass niemand an jenem Tisch auch nur die geringsten Chancen auf einen Sieg in der World Series of Poker gehabt hätte. Sie schätzten die Situationen vollkommen falsch ein. Ich meinte es 100-prozentig ernst. Anstatt meine Vorschläge als Chance zu begreifen, um zu wachsen, gingen sie in Abwehrstellung und versuchten, den Status quo zu verteidigen, indem Sie behaupteten, es wäre meine Absicht, sie zu erpressen.

Wohlgemerkt – weder sehe ich mich in dieser Geschichte keineswegs als Opfer noch unterstelle ich meinen Gesprächspartnern Rachegelüste. Ich denke schlicht, dass ihre Unternehmenskultur Menschen den Vorzug gab, denen Ego und Selbstbild wichtiger waren als Profitabilität und Effektivität. Es war an mir, den nächsten Schritt zu tun.

An diesem Punkt meines Lebens verspürte ich nicht den Wunsch, verklagt zu werden, zehn Jahre lang 100-Stunden-Wochen zu schieben oder mit IT, HR, CRM und Dutzenden weiterer Akronyme zu hantieren, die ich noch nicht kannte. Wenn Katie es verstanden hätte, mit Löwen zu sprechen (mehr dazu im 9. Kapitel), wäre ich geblieben. Aber weil sie nicht wusste, wie man Intrapreneure umhegt, nahm ich meinen Hut.

Es lohnt sich, ein zweites Mal zu erwähnen, dass ich mich in dieser Geschichte nicht als Opfer sehe. In der Welt des Business werden Dinge geschehen, auf die Sie keinen Einfluss haben. Ob Sie ein Meister Ihrer Kunst werden, hängt davon ab, wie Sie auf diese Dinge reagieren werden.

Manchmal werden Sie sich gezwungen sehen, Ihren nächsten Schritt früher auszuführen, als Sie es ursprünglich beabsichtigten. Ich wusste genau, was für mich nicht verhandelbar war, und als ich damit nicht durchkam, musste ich an das Schachbrett meiner Karriere zurückkehren und einen neuen Angriffsplan entwickeln.

Merkmale von Unternehmen, die Intrapreneure anziehen

1. Ihre Manager fühlen sich wohl damit, kalkulierte Risiken einzugehen und zur Kreativität anzuspornen.

2. Ihr Vergütungsplan setzt Innovationsanreize und belohnt Spitzenleistung.
3. Ihre Manager spielen im Angriff (Verbesserungen) und nicht nur in der Verteidigung (den eigenen Arsch retten).
4. Ihre Manager fördern potenzielle Stars, anstatt sie auszubremsen.
5. Ihre Manager suchen auf allen Ebenen der Organisation nach Ideen.
6. Ihre Manager suchen aktiv nach jungen Talenten, um das Unternehmen lebendig und innovativ zu halten.

Lassen Sie mich klar sagen, für wen diese Botschaft ist. Ich spreche zu Ihnen, sofern Sie noch überlegen, welchen Weg Sie einschlagen wollen, oder in Erwägung ziehen, Ihren Job an den Nagel zu hängen und selbst ein Unternehmen zu gründen. Ich möchte, dass Sie sich bewusst machen: Innerhalb des richtigen Unternehmens ist Intrapreneurship möglicherweise eine gute Wahl. Ich spreche auch zu Ihnen, wenn Sie ein Unternehmen führen. Wenn Sie wissen, wie Sie Intrapreneure anziehen und belohnen, wird das Ihren Wachstumschancen massiv zugutekommen.

Eine letzte Geschichte zu Intrapreneurship: Vor Kurzem verhandelte ich mit einem Versicherungsträger. Die Beschäftigten zögerten nicht, ihren Frust ihrem Vorgesetzten und mir gegenüber zum Ausdruck zu bringen. Weil ihre Ideen regelmäßig verworfen wurden, spielten sie ständig in der Verteidigung. Die Unternehmenskultur – angefangen von der Person an der Spitze, die risikoscheu war – zwang sie, in ihrer Spur zu bleiben und den Status quo zu erhalten. Ist es da verwunderlich, wenn die Umsatzkurve flach war und die ambitioniertesten Beschäftigten das Weite suchten? Wohlgemerkt ist kein Schritt auch ein Schritt. Zeit, die Sie ungenutzt verstreichen lassen, rächt sich – ob im Schachspiel oder in der Welt des Business.

Unternehmen müssen ihre Vergütungsstruktur so einrichten, dass Ideen und Innovationen belohnt werden. Intrapreneure wollen sehen, dass sie, wenn sie arbeiten, handeln und innovativ sind, von ihrem Unternehmen wie Entrepreneure belohnt werden – mit Boni, Aktienoptionen oder was auch immer. Wenn Sie ein aufstrebender Stern einer Organisation sind und innerhalb derselben einen Weg zum Reichtum sehen, werden Sie vermutlich bleiben. Wenn nicht, werden Sie gehen. Genauso verhielt es sich mit mir.

Wie der IBM-Manager, der mich um Rat fragte, sind Sie möglicherweise ambitioniert und talentiert und haben dennoch gute Gründe, nicht ihr eigenes Unternehmen zu gründen. Die Arbeit *in* einem Unternehmen (nicht *für* dasselbe), das Intrapreneure fördert, ist eine sehr gute Option.

Beurteilen Sie einen Entrepreneur nicht nach dem Endprodukt

Egal, wie perfekt jemandes Leben aussieht – an irgendeinem Punkt seiner Karriere hatte er schwer zu kämpfen.

Der folgende Tweet ist ein perfektes Beispiel für die Diskrepanz zwischen dem, wie Entrepreneure wahrgenommen werden, und ihrer Realität.

> **Eric Diepeveen**
> @EricDiepeveen
>
> **Wenn man @elonmusk auf Instagram folgt, sieht das nach einem faszinierenden Leben aus. Ich frage mich: Stehen die Aufs und das Ab [sic] für ein erfüllteres Leben?**
>
> **Elon Musk**
> @ElonMusk
>
> **@EricDiepeveen Die Realität besteht aus großartigen Höhen, schrecklichen Tiefen und unablässigem Stress. Von den letzten beiden will niemand etwas hören.**

Zu viele Menschen beurteilen Entrepreneure danach, wer sie heute sind, nicht aber danach, wer sie zuvor waren. Sie sehen auch nicht den Druck, der mit dem Erfolg kommt (oder wollen ihn nicht sehen). Dieser Fehlglaube ist ein blinder Fleck, der Sie dazu verleiten kann, den falschen Schritt zu tun.

Wenn ich erfolgreiche Entrepreneure treffe, will ich von der Zeit hören, als es sich für sie wie die Hölle anfühlte. Ich stelle Fragen wie: Wie sah Ihr Kalender aus, als Sie nicht sicher waren, ob Sie die Hypothekenzinsen werden bezahlen können? Haben Sie sich in den Schlaf geweint oder sind Sie starr vor Furcht die Nacht über wach geblieben? Erzählen Sie mir das Härteste, was Sie durchgemacht haben. Erzählen Sie mir, was Sie in Angst und Schrecken versetzte. Erzählen Sie mir, was Ihnen schließlich geholfen hat, Furcht und Ungewissheit zu überwinden.

Genauso ist es, wenn ich Persönlichkeiten und Berühmtheiten für meinem YouTube-Kanal *Valuetainment* interviewe. Ich stelle nicht die klischeehaften Fragen, die alle anderen stellen, ich verherrliche nicht den hohen Bekanntheitsgrad und mich interessiert erst recht nicht der glamouröse Aspekt der CEO-Rolle. Ich will das Gespräch auf eine tiefere Ebene lenken, weil dort der wahre Wert einer menschlichen Story verborgen liegt.

■ ■ ■ ■ ■

Im Jahr 2015 nahm ich eine Reihe meiner Kollegen mit auf eine Reise nach Dubai – darunter Sheena und Matt Sapaula, ein frisch verheiratetes Paar. Nach der Ankunft fanden sich Sheena und Matt mit einigen meiner Freunde in einem Fahrstuhl wieder, ohne dass sie sich jedoch kannten. Während der Fahrstuhlfahrt gerieten Sheena und Matt in eine heftige Auseinandersetzung. Sie spürten beide das Gewicht enormen Stresses – vor allem, weil sie weniger als 1000 US-Dollar auf ihrem Konto hatten.

Im Verlauf des Abends rief ich alle diese Leute zum Abendessen zusammen und stellte Sheena und Matt einigen ihrer Tischnachbarn vor. Ich sagte: »Diese beiden sind so ein Power-Paar. Sie werden die ganz große Nummer abziehen.« Sheena und Matt erröteten auf der Stelle, und einige der anderen Gäste schmunzelten und lachten und schienen etwas lustig zu finden. Ich hatte keine Ahnung, was sie so amüsierte.

Nach dem Essen waren wir auf einer Jacht. Alle hatten ein paar Drinks genossen und Matt sagte: »Pat, sie [die Kollegen, mit denen wir gemeinsam zu

Abend aßen] hatten zuvor Sheena und mich im Fahrstuhl furchtbar aneinander rasseln sehen.«

Ihnen beiden war das peinlich, aber dann kamen wir auf ihre Hochzeit zu sprechen und sie begannen, mich nach der meinigen zu fragen.

»Ich will euch was erzählen«, sagte ich. »Meine Frau und ich haben ganz schreckliche Auseinandersetzungen. So auch letzte Woche. Wenn ihr da hättet lauschen können, hättet ihr gedacht, wir wären zehn Sekunden vor dem Scheidungsantrag. Aber dann lösen wir das Problem und alles geht wieder seinen Gang.

»Wir steigern uns schnell in etwas hinein, weil wir so viele Eisen im Feuer haben. Wir haben zwei kleine Kinder. [2015 war mein Jüngstes noch nicht geboren.] Wir haben jeweils unsere familiäre Herkunft und das Gepäck, was damit einhergeht. Wir führen ein Unternehmen. Wir versuchen, Sport zu treiben und in Form zu bleiben. Und ich könnte mit einer Liste von Herausforderungen fortfahren, bei der euch schwindlig würde.«

Meine Frau und ich machen vielleicht den Eindruck, als führten wir die perfekte Ehe, in der wir stets sanft und liebevoll miteinander umgehen, aber der Arbeits- und Lebensstress macht jede Perfektion unmöglich. Fragen Sie beliebige Ehepaare, die 20 oder 30 Jahre verheiratet sind, ob sie schon einmal drauf und dran waren, einander den Laufpass zu geben. Ich wette mit Ihnen, dass die Mehrheit diese Frage bejahen wird.

Das Interessante an dieser Geschichte ist, dass Sheena und Matt erst 2015 zum Unternehmen gekommen waren. Vier Jahre später verdienten sie zusammen mehr als 1,5 Millionen US-Dollar im Jahr. Jeder sieht ihren Erfolg. Nur wenige waren Zeuge dessen, was sie durchgemacht haben, um es so weit zu bringen.

Anstatt einen Entrepreneur nach dem Endprodukt zu beurteilen, sollten Sie auf das Produkt in der Entwicklung schauen. Akzeptieren Sie die Realität der damit verbundenen Schwierigkeiten und machen Sie sich nichts vor: Es wird hart werden. Wenn das beängstigend klingt, habe ich mein Ziel erreicht! Ich bin hier, um Ihnen zu sagen, wie es ist. Und ich sage es noch einmal: Es kann gut sein, dass Sie feststellen, dass Entrepreneurship nichts für Sie ist, während vielleicht andere deutlicher als je zuvor das Gefühl haben, dass dies der Weg ist, den sie gehen müssen.

Finden Sie Ihren »blauen Ozean«

Ich will hier nicht in die Details gehen, wie man diese oder jene Art von Geschäftstätigkeit beginnt. Es gibt viele Bücher und Online-Quellen, die Ihnen erzählen, wie Sie ein Franchise-Restaurant eröffnen oder eine App entwickeln. Ich möchte vielmehr, dass Sie sich sehr viel grundsätzlicher überlegen, wie Sie ein Spiel finden, in dem Sie gewinnen können.

Im Jahr 2004 erschien die englische Originalausgabe des Buches *Der blaue Ozean als Strategie – wie man neue Märkte schafft, wo es keine Konkurrenz gibt* von W. Chan Kim und Renée Mauborgne, Professoren am INSEAD in Fontainebleau, Frankreich. Dieses Buch war die entscheidende Quelle, die mir half, ein Spiel zu finden, das ich gewinnen konnte. Die Hauptthese des Buches lautet: Anstatt uns in einen Wettkampf zu stürzen, in dem wir nur im Mittelfeld mitschwimmen, sollten wir uns neue Märkte suchen, in denen wir gewinnen und uns so dem Wettbewerb komplett entziehen können.

Ende der 1950er-Jahre erkannte die Haloid Company, dass sie mit den größeren Wettbewerbern nicht mithalten konnte, und verlegte daraufhin ihren Fokus auf ein Gebiet, in welchem sie für sich einen blauen Ozean erblickte: Fotokopierer. Im Jahr 1958 änderte sie sogar ihren Namen in Haloid Xerox. Am 1. September 1959 wurde der Xerox 914 im Fernsehen beworben. Das Produkt wurde so erfolgreich, dass das Unternehmen 1961 seinen Namen erneut in Xerox Corporation änderte.

Unternehmen benötigen ein Alleinstellungsmerkmal. Um einen Markt zu finden, in dem Sie gewinnen können, müssen Sie zuerst einmal wissen, wer Sie sind. Schauen Sie sich die Wettbewerbslandschaft an: Glauben Sie, dass Sie in Anbetracht der bestehenden Wettbewerber gute Aussichten haben? Verfügen Sie über die erforderlichen Ressourcen, um im Wettbewerb zu bestehen? Müssen Sie bestimmte Ressourcen zusätzlich erwerben, um konkurrieren zu können?

In der Vergangenheit trat ich gegen staatlich gestützte Unternehmen an, denen gegenüber ich stets im Nachteil war. Um so ein Spiel zu gewinnen, müssen Sie Insiderbeziehungen zur Politik unterhalten. Und wie ich schmerzlich erfahren musste, ist jeder, der kein Insider ist, ein Außenseiter. Weil diese Unternehmen über Einfluss und andere Ressourcen verfügen, die mir fehlten, hatte ich keine Chance, so hart ich auch arbeitete.

Haben Sie sich ein umfassendes Bild von Ihrer Konkurrenz gemacht? Kann Ihr Wettbewerber etwas bieten, das Sie nicht schlagen können, so sehr Sie sich auch anstrengen? Wenn ja, dann sind Sie in der falschen Nische. Beschweren Sie sich nicht über Unfairness. Suchen Sie sich stattdessen ein Spiel, bei dem Sie einen anderen Vorteil haben.

In *Der blaue Ozean als Strategie* warnen die Autoren vor dem Versuch, Wettbewerber bei ihren Stärken zu schlagen. Sie betonen die Aussichtslosigkeit dieses Versuchs und belegen dies mit unzähligen Beispielen. Sie reden stattdessen einem Blue-Ocean-Marketing das Wort, bei dem wir uns Gebiete suchen, die vergleichsweise frisch und offen für überlegenes Wachstum sind.

Gehen wir zurück ins Jahr 2007. Als frisch gewählter Senator errichtete Barack Obama mittels der sozialen Medien seine Plattform und wurde der heiße Präsidentschaftskandidat. Unterdessen sammelte der 72-jährige Ron Paul an einem einzigen Tag online 6,2 Millionen US-Dollar (55 000 Spenden von mehr als 24 000 Spendern). Das alte Establishment fand nichts dabei. Wie hätte es auch die Bedeutung dieser Aktion begreifen können, wo es doch von den sozialen Medien keinen Gebrauch machte?

Ich war 29 und hatte keine Ivy-League-Rolodex, ganz zu schweigen von einem College-Abschluss. Ich war ein Immigrant aus dem Iran und Außenseiter in einer Branche, in welcher der durchschnittliche Versicherungsvertreter ein weißer Mann von 57 Jahren war.

Wenn Sie daraufhin nun denken, ich wäre in einer nachteiligen Position gewesen, gehören Sie vermutlich zu jenem Menschentyp, der ein besseres Auge für Gefahren als für Chancen hat. Vielleicht nutzen Sie Ihren Mangel an Bildung als Entschuldigung dafür, dass Sie nicht mit Macht vorwärts streben. Ich möchte, dass Sie sehen, wie Sie damit, dass Sie Ihre einzigartigen Fähigkeiten und die Wettbewerbslandschaft unter die Lupe nehmen, den Weg zu blauen Ozeanen finden können.

Überlegen Sie einmal, was einem weißen 57-Jährigen in der Regel fehlt. Erstens spricht er höchstwahrscheinlich kein Spanisch. Zweitens kennt er sich zu wenig mit den sozialen Medien aus, um sie als Marketinginstrument verwenden zu können. Und drittens haben Babyboomer häufig Schwierigkeiten zu verstehen, wie Millennials die Welt heute sehen, sodass sie auch geschäftlich mit ihnen nicht warm werden.

Im Jahr 2007 war der typische Versicherungsagent tatsächlich ein älterer weißer Herr. Zur gleichen Zeit aber glichen die Vereinigten Staaten nicht länger *Unserer kleinen Farm.* Die Vereinigten Staaten waren Los Angeles, Chicago, Miami und New York. Sie waren vielfältig. Ich sah darin eine Chance. Die Babyboomer waren nicht länger die größte Generation aller Zeiten. An ihre Stelle waren die Millennials getreten, die ständig einen Computer (sprich: ein Smartphone) mit sich herumtrugen.

Der Vermarktungsansatz der Finanzbranche – ähnlich dem der alten Politikergarde – war veraltet. Die Branche musste erst noch auf den Geschmack der sozialen Medien kommen. Gleichzeitig hatten sich jedoch die Regeln verändert. Die Babyboomer hatten ihre Finanzdienstleistungen über Kaltanrufe an die Kunden gebracht. Mit der Einführung der National Do-Not-Call Registry wurden jedoch Kaltanrufe in den Vereinigten Staaten strafbar. Die alte Garde wusste folglich nicht mehr, wie sie neue Kunden erreichen sollte.

Gleichzeitig gab es jedoch Technikfreaks, die überzeugt waren, dass sich Lebensversicherungen online verkaufen ließen. Auch hier schien ich wieder im Hintertreffen zu sein. Ich konnte kaum das Wort »Algorithmus« aussprechen, geschweige denn eine Plattform aufbauen, um Versicherungen über das Internet zu verkaufen. Aber auch hier sah ich einen Vorteil. Ich wusste, dass die Menschen Lebensversicherungen im Unterschied zu Autoversicherungen nicht *kaufen.* Man musste sie ihnen *verkaufen*, und zwar von Angesicht zu Angesicht. Und was noch mehr zu unseren Gunsten sprach: Google fand heraus, wie wertvoll Versicherungsempfehlungen waren, und versah das Schlagwort *»insurance«* (Versicherung) deshalb mit dem höchsten Preisschild (54,91 US-Dollar) – weit vor den nächsten dreien: *»mortgage* (Hypothek) für 47,91 US-Dollar, *»attorney«* (Anwalt) für 47,07 US-Dollar und *»loan«* (Kredit) für 44,28 US-Dollar.

Die Arbeitslandschaft hatte sich verändert. Mittlerweile trafen häufig Frauen die finanziellen Entscheidungen für ihre Familien. Die Latino-Bevölkerung überstieg 2007 die 45 Millionen und es wurde bis 2025 mit einem Anstieg auf mehr als 90 Millionen gerechnet. Gleichzeitig machte die Konkurrenz keine Anstalten, Frauen oder Latinos einzustellen.

Ein anderer Trend war, dass Finanzdienstleister versuchten, alles gleichzeitig zu sein. Es gab eine Bewegung hin zum Generalanbieter, der alles im Programm hatte – von der Lebensversicherung über Anlagefonds bis zu Krediten und mehr. Die Beschäftigten mussten dementsprechend mehr Prüfungen bestehen und länger ausgebildet werden, bevor sie Geld verdienen konnten. Meine Reaktion darauf war, nach dem blauen Ozean zu suchen. Anstatt in die Breite zu gehen, spezialisierte ich mich. Ich richtete es so ein, dass neue Vertreter nicht mehr vier oder fünf verschiedene Zulassungen benötigten, sondern nur eine. So verschlankte ich den Ausbildungsprozess und vermied unnötige Nachforschungen der Börsenaufsicht SEC und anderer Regulierungsbehörden.

Im Jahr 2008 wurde der Afroamerikaner Barack Obama zum Präsidenten der Vereinigten Staaten gewählt, nachdem er die sozialen Medien zu einer zentralen Komponente seiner Wahlkampfstrategie gemacht hatte. Er schlug in den Vorwahlen Hillary Clinton, die Kandidatin des Establishments, und in der eigentlichen Wahl John McCain. Die Versicherungsbranche alten Schlages machte unterdessen weiter wie eh und je. Und so fand ich meinen blauen Ozean. Das verschaffte mir die Gewissheit, dass die Strategie der Fokussierung auf Frauen und Minderheiten, gekoppelt mit einer starken Präsenz in den sozialen Medien, uns den entscheidenden Vorteil verschaffen würde.

Ich möchte, dass Sie nach dem Vorbild des gerade geschilderten Beispiels auch Ihre Nische in dem Geschäftsfeld suchen, wo Sie sich bewegen, indem Sie von Ihren einzigartigen Talenten Gebrauch machen.

Solange Sie gegen Wettbewerber antreten, die Ihnen in Wissen und Fähigkeiten unterlegen sind, stehen Ihre Erfolgschancen gut. Keine Geschäftstätigkeit ist ohne Risiken, aber Sie können die Risiken minimieren, indem Sie sich ein Spiel suchen, in dem Sie die größeren Chancen haben. Mut und die Überzeugung, alle Wettbewerber in Ihrer Branche schlagen zu können, sind eine gute Sache, aber es wäre töricht zu glauben, Sie könnten im Spiel eines anderen erfolgreich sein.

SCHRITT 1

PERFEKTIONIEREN SIE IHRE SELBSTWAHRNEHMUNG

WER WOLLEN SIE SEIN?

1. Ob für sich allein, im Gespräch mit einem Mentor oder anhand der Fragen, über die wir im 1. Kapitel sprachen: Nehmen Sie sich Zeit, um sich darüber klar zu werden, wer Sie sein wollen. Es wird Ihnen helfen, sich auf Ihren Schmerz zu besinnen. Schaffen Sie eine bildliche Vorstellung im Kopf, die Sie fortan immerzu an Ihre »zukünftige Wahrheit« erinnern wird.

STUDIEREN SIE IHR WICHTIGSTES PRODUKT: SIE SELBST

2. Warten Sie nicht auf eine Krise, um sich ein Bild von der wichtigsten Person (Sie) zu machen. Nehmen Sie sich jetzt die Zeit, sich selbst zu inspizieren. Machen Sie sich damit vertraut, sich selbst harte Fragen zu stellen, und werden Sie sich darüber klar, was Sie antreibt. Die Persönliche Identitätsprüfung ist ein perfekter Ausgangspunkt.

IHR WEG ZU REICHTUM UND WOHLSTAND: INTRAPRENEUR ODER ENTREPRENEUR?

3. Finden Sie einen Pfad, der es Ihnen erlaubt, Ihre einzigartigen Talente dort einzusetzen, wo sie die höchste Rendite versprechen, und der Sie anspornt. Ob Sie ein Entrepreneur oder ein Intrapreneur sein wollen oder eine andere Position anstreben – gehen Sie beim Aufbau Ihres Reichtums strategisch vor. Identifizieren Sie Ihren Wettbewerbsvorteil, der Sie von anderen abhebt und es Ihnen erlaubt, Ihren blauen Ozean zu finden.

SCHRITT 2

Perfektionieren Sie Ihr Denken

4

Die nicht zu überschätzende Bedeutung der Durchdringung und Verarbeitung von Problemen

Du hast nur Macht über deinen Geist, aber nicht über das äußere Geschehen. Wenn du dir das klarmachst, wirst du Stärke finden.

Mark Aurel, *Meditationen*

Tagaus tagein sehen wir uns mit Problemen konfrontiert. Unser bester Kunde droht damit, sich einen anderen Anbieter zu suchen, wenn wir ihm nicht im Preis entgegenkommen. Unsere beste Mitarbeiterin sagt, sie würde gehen, wenn wir ihr nicht eine Beteiligung gäben. Eine Pandemie lässt den Markt binnen eines Monats um 40 Prozent einbrechen. Ein größerer Wettbewerber drangsaliert uns und versucht, uns aus dem Markt zu kippen. Unser Kind gerät in der Schule in eine Rauferei. Die Probleme hören niemals auf.

Ständig hören wir jemanden irgendwelche Erfolgsrezepte verkünden. Es scheint das Lieblingsthema von Amateur-Podcastern zu sein – vermutlich, weil es sicher und einfach ist. Wir hören Antworten, die von »heirate die richtige Person« über »achte auf deine Gesundheit«, »arbeite hart« bis zu »habe Vertrauen« und anderem reichen.

Sie werden Momente haben, in denen Ihr Gefühl Ihnen sagt, dass das Ende der Welt nah ist. Ein Amateur gerät in Panik, nicht aber ein Großmeister. Bevor er zu irgendwelchen Maßnahmen greift, »durchdringt« er das Geschehen, ohne sich aus der Ruhe bringen zu lassen. Deshalb ist Stoizismus so wichtig und zugleich so schwierig – und deshalb sind Mark Aurel und Seneca Weise, die den Test der Zeit bestanden haben. Gefühle können jeden von uns überwältigen und unser Urteil trüben. Leider habe ich diese Lektion viele Male auf die harte Tour lernen müssen. Deshalb lautet meine Antwort auf die Frage nach dem Schlüssel zum Erfolg für alle Menschen auf sämtlichen geschäftlichen Ebenen: »**Lerne, Probleme zu durchdringen.**« Das Leben spielt, wie es spielt, aber unsere Reaktion darauf hängt davon ab, wie wir Probleme verstehen und durchdringen.

Die meisten Entrepreneure scheitern nicht wegen eines fehlerhaften Geschäftsmodells oder weil ein Investor abspringt. Sie scheitern, weil sie sich weigern, ihre vorgefassten Meinungen zu Arbeit und Leben aufzugeben. Sie weigern sich, Probleme aller Art zu lösen (und aus ihnen zu lernen), sobald sie auftauchen.

Manche Menschen sagen, gesunder Menschenverstand könne nicht gelehrt werden. Aber ich kann Ihnen versichern: Man kann ihn lehren und lernen, denn sobald wir gelernt haben, strategischer zu denken, scheint es zu unserer zweiten Natur zu werden, wichtige Entscheidungen zu treffen. Noch bis vor Kurzem war ich ein nervöser und launischer CEO. Im Jahr 2013 hatte ich eine Panikattacke, die mich ins Krankenhaus brachte – und sich 18 Monate lang täglich wiederholte. Der Hauptgrund für diese Panikattacken war Unschlüssigkeit. Was mich nachts wach liegen und mein Herz schneller schlagen ließ, war nicht meine Arbeitslast, die ich durchaus bewältigen konnte. Das Problem war, dass ich ohne Ende Probleme wälzte. Ich spielte jede Entscheidung und jedes Gespräch in meinem Kopf wieder und wieder durch. Das zerfraß mich und schadete meinem beruflichen und privaten Leben gleichermaßen.

Ich fand keinen Seelenfrieden, weil ich solche Angst hatte, ich könnte eine falsche Entscheidung treffen.

Ich wusste, wie es ist, 18 Stunden am Tag zu arbeiten und dennoch kein Land zu sehen. Wie die meisten von uns verbrachte ich den frühen Teil meiner Karriere mit der Jagd nach Gewissheit: Ich behandelte alle Themen, als gäbe es nur schwarz oder weiß und als hätte jedes Problem eine einzig richtige Lösung – wenn ich nur herausfinden könnte, welche es war. Das war ebenso unproduktiv wie anstrengend.

Wenn ich lernen konnte, wie man Probleme verarbeitet, dann können Sie das auch. Ich werde Ihnen zeigen, wie Sie jedes Problem ruhig und effektiv lösen können, was auch immer auf dem Spiel steht. Der Aufbau eines Unternehmens erfordert es, viele Drachen zu erlegen. Probleme sind unvermeidlich; Sie sollten tunlichst wissen, wie Sie sie lösen können. Dazu müssen Sie unablässig Probleme »verarbeiten«.

1. Verarbeitung ist die Fähigkeit, auf der Basis der verfügbaren Informationen effektive Entscheidungen zu treffen, die aller Wahrscheinlichkeit das größte Erfolgspotenzial aufweisen.
2. Verarbeitung heißt, jede schwierige Entscheidung, jedes Problem und jede Chance, die sich zeigt, einer rigorosen mentalen Analyse zu unterziehen.
3. Verarbeitung heißt, Strategien durchzuspielen, verborgene Konsequenzen zu erkennen und eine Reihe von Schritten zusammenzustellen, mit denen sich die Probleme dauerhaft lösen lassen.

Die wichtigste Voraussetzung für eine effektive Verarbeitung ist die Bereitschaft, Verantwortung zu übernehmen

Erfolgreiche Verarbeiter von Problemen sprechen in der ersten Person Singular und stehen zu ihrer Rolle in dem Problem, wie es sich stellt. Sie stellen Fragen wie: »Welchen Anteil habe ich daran, dass es zu diesem Problem gekommen ist? Wie habe ich zur Entstehung dieser Situation beigetragen? Was kann ich besser machen, damit ich für ähnliche Vorkommnisse in der Zukunft besser gewappnet bin?«

Schlechte Verarbeiter gerieren sich als Opfer und geben ausschließlich anderen Personen und den äußeren Geschehnissen die Schuld an der Situation. Einen schlechten Verarbeiter erkennen Sie daran, dass er nicht in der ersten Person Singular spricht. Sie hören ihn Dinge sagen wie: »Alle Millennials sind faul. Diese Kinder haben keine Arbeitsmoral. *Sie* schaden meinem Geschäft.«

Erfahrene Verarbeiter ersetzen das Wort »sie« (oder »Sie«, »ihr«, »du« oder »es«) durch das Wort »ich«.

Ein erfahrener Verarbeiter, der es mit demselben Problem zu tun hätte, würde sagen: »Ich tue mich schwer mit dem richtigen Umgang mit den Millennials. Ich muss lernen, meine blinden Flecken zu sehen. Ich muss die Millennials besser kennenlernen, um zu wissen, was sie motiviert. Oder ich muss Mitarbeiter anderer Altersklassen einstellen. Wie auch immer – es ist meine Aufgabe, dieses Problem zu lösen.«

Der Unterschied zwischen mittelmäßigen und außergewöhnlichen Personen besteht darin, wie tief sie Probleme durchdringen. Die meisten Menschen sind oberflächliche Verarbeiter, aber die Besten der Besten gehen sehr viel tiefer. Langfristiges Denken zeichnet Großmeister gegenüber Amateuren aus, die tendenziell eher kurzfristig denken. Oberflächliche Verarbeiter suchen nach der schnellen Patentlösung. Sie denken nur einen Schritt voraus und ihr Ziel besteht darin, das Problem von der Bildfläche verschwinden zu lassen. Gründlichere Verarbeiter suchen nach den tieferliegenden Ursachen. Sie denken mehrere Schritte voraus und planen eine ganze Reihe von Schritten, um sicherzustellen, dass das Problem nicht erneut auftritt.

Es ist wichtig, sich bewusst zu machen, wie die meisten Menschen an Probleme herangehen. Die häufigsten Reaktionen sind, die Schuld an anderer Stelle zu suchen und sich aus der Verantwortung zu stehlen. Vielleicht reagieren auch Sie im ersten Moment nicht anders. Das wäre nur allzu verständlich. Wir sind schließlich alle nur Menschen. Machen Sie sich anhand der folgenden Liste klar, wie Sie bevorzugt reagieren.

Drei Ansätze für den Umgang mit einem Problem

1. Wir überlegen, wem wir die **Schuld** geben können. Es ist viel leichter, das Problem andernorts zu verorten, als uns ihm zu stellen. Wenn wir niemanden finden, bleibt uns nur, allen unseren Kontakten eine E-Mail mit einer Reihe von Mittelfinger-Emojis zu schicken.
2. Wir gehen an einem sicheren Ort in **Deckung**. Wir suchen Zerstreuung. Wir schauen uns die neuesten Posts auf Instagram an, schalten die Nachrichten an, ESPN, or TMZ. Wir gerieren uns als Multitaskingkünstler, indem wir nebenher unser Postfach sichten. Oder, noch bes-

ser, wir machen für heute Schluss und gehen nach Hause, um uns in unser warmes Bett zu verkriechen.

3. Wir suchen nach einer Möglichkeit, **das Problem zu verarbeiten, indem wir zu unserer Verantwortung stehen**. Wir atmen tief durch und gemahnen uns daran, dass es solche Momente sind, in denen sich die Gewinner von den Verlierern trennen.

Die Besten stehen zu ihrer Rolle

»Mein Fehler.«

Das sind zwei einfache Wörter, die die Großartigen ständig verwenden. Gewinner sagen auch Dinge wie: »Das geht auf meine Kappe«, oder: »Da können wir uns nur an die eigene Nase fassen.«

Wie verhalten sich Opfer? Sie geben der Software die Schuld. Oder dem Markt, ihren Teamkollegen, ihren Kunden oder ihren Vorgesetzten. Sie zeigen mit dem Finger auf jeden, nur nicht auf sich selbst. Folglich machen sie immer wieder dieselben Fehler und verlieren ein ums andere Mal.

Ich wette, dass Sie einige dieser Leute kennen. Ständig erzählen sie Ihnen, dass jemand anderes die Schuld trägt. Es ist eine ununterbrochene Opfer-Story und ein Meer von Klagen. Indem sie die Schuld bei anderen suchen, sehen sie nicht, dass sie selbst der gemeinsame Nenner aller ihrer Interaktionen sind. Der Autor und Beziehungscoach Mark Manson schreibt: »Ich sage den Männern immer: Wenn jede Frau, mit der ihr eine Beziehung beginnt, unberechenbar und unvernünftig ist, spiegelt das nur *euer* emotionales Reifestadium wider. Es spiegelt *euer* Selbstbewusstsein oder *euren* Mangel an selbigem wider. Es spiegelt *eure* Bedürftigkeit wider.«

Schauen wir uns stattdessen die Gewinner an. Sie sind leicht daran zu erkennen, dass sie sich Probleme zu eigen machen.

Kinder sagen in der Regel: »Es ist kaputtgegangen.« Reife, verantwortungsbewusste Erwachsene sagen: »Ich habe es kaputt gemacht.«

Joe Rogan ist ein perfektes Beispiel für eine Führungskraft, die zu ihrer Verantwortung steht. Rogan blickt auf eine erfolgreiche Karriere als Stand-up-Comedian, Schauspieler, Kampfsportler, UFC-Kommentator und Podcast-Produzent zurück. Ich sehe den Schlüssel zu seinem Erfolg in seiner Fähigkeit, Probleme zu verarbeiten und Verantwortung zu akzeptieren. Er hält mit seinen Ansichten und Gedanken nicht hinterm Berg. Er spricht aus, was in seinem Kopf vor sich geht, und lässt uns so einen Blick davon erhaschen, wie er Probleme verarbeitet.

In einem seiner Podcasts sprach er davon, wie ein Typ, mit dem er sich zusammengetan hatte, um Kaffee zu verkaufen, seine Plattform auf eine Art und Weise nutzte, die Rogan nicht gefiel. Man hörte seiner Stimme die Verärgerung an. Anstatt aber den anderen zu beschuldigen, erklärte sich Rogan für verantwortlich. Und anstatt sich als Opfer aufzuspielen, stand er zu seiner Rolle in dem, was vorgefallen war. Seine Worte lauteten: »Ich habe es ihm verdammt noch mal abgekauft. Ich habe zugelassen, dass es zu diesem Problem kommen konnte.«

Er hatte allen Grund, wütend zu sein. Die meisten Menschen hätten in erster Linie auf das geschaut, was die andere Person getan hat. Anstatt zu sagen, dass er hintergangen wurde (und somit das Opfer war, das übervorteilt wurde), stand Rogan dazu, dass er mitgespielt (und somit das Problem als Komplize mitverursacht) hatte. Wenn Sie Probleme verarbeiten und zu Ihrer Verantwortung stehen, hören Sie auf, die Schuld bei anderen zu suchen. Gewiss, anfangs klang Rogan wütend, aber als er tiefer in das Problem eindrang, sagte er: »Es macht mich betroffen, denn ich mag den Kerl. … Ich glaube nicht einmal, dass es Absicht war.« Mit anderen Worten: Er brauchte nicht lang, um zu erkennen, dass die Wurzel seines Frustes sein eigenes Verhalten war.

Ein Profi, der seit Jahrzehnten Probleme verarbeitet, weiß, dass ihm niemand etwas antut, ohne dass er selbst es zulässt. Erfolgsmenschen verbittern nicht, sondern nutzen Widrigkeiten als Hebel, um besser zu werden. In diesem Fall nutzte Rogan seinen Frust als Gewähr dafür, dass er denselben Fehler nicht noch einmal beging. Wo die meisten Menschen auf den sozialen Medien Gift und Galle gespuckt oder mit einer Klage gedroht hätten, arbeitete Rogan an seiner Bildung: »Ich habe in den letzten drei Wochen mehr über Kaffee gelesen, als ich jemals lesen wollte oder glaubte, lesen zu müssen.«

Verarbeitungsschritte für den Fall, dass jemand Sie ärgert

1. Stehen Sie zu Ihrer Verantwortung für das, was geschehen ist.
2. Benennen Sie konkret, was Sie zur Entstehung des Problems beigetragen haben.
3. Nutzen Sie Ihren Frust, um besser zu werden und ähnliche Probleme für die Zukunft zu vermeiden.

Das ist erfolgreiche Verarbeitung in Aktion – ein effektiver Ansatz von jemandem, der es sich zur Gewohnheit gemacht hat, Probleme direkt anzugehen und zu nutzen, um aus ihnen zu lernen und an ihnen zu wachsen. Das ist nichts, was die Natur uns geschenkt hat oder nicht geschenkt hat, und es ist nichts, was wir über Nacht lernen. Lernbar ist es jedoch auf jeden Fall.

Und es ist auch lehrbar. Wenn Sie in einer Führungsposition sind, reicht es nicht, wenn Sie Probleme für sich selbst verarbeiten. Sie müssen diese Fähigkeit an Ihre Vorgesetzten und Ihre Mitarbeiter weitergeben. Am besten gehen Sie dazu mit gutem Beispiel voran. Haben Sie erst einmal gelernt, Probleme wirklich zu durchdringen, zeigen Sie mit Ihrem Vorbild anderen, wie auch sie mit Problemen umgehen können. Das ist eine entscheidende Voraussetzung für die Skalierbarkeit Ihres Unternehmens.

Die Fähigkeit, Probleme zu durchdringen und zu verarbeiten, ist deshalb so wichtig, weil Sie sie für den Rest Ihres Lebens täglich werden brauchen können. Wenn Sie nicht länger die Schuld bei anderen suchen, sondern zu Ihrer eigenen Verantwortung stehen, verändert sich damit alles. Sie sind dann nicht länger Opfer der Umstände, sondern schaffen sich Ihre eigene Realität.

Wie Sie am besten mit einer Krise umgehen

Mir liegt viel daran, dass Sie Verantwortung übernehmen und sich Ihrer Rolle in dem, was passiert, bewusst werden. Sich wie ein Opfer zu verhalten, ist das Gegenteil von dem, was ein Großmeister tut. Gleichzeitig lässt sich natürlich nicht leugnen, dass es Dinge gibt, die außerhalb unseres Einflusses liegen. Wie wir aus der

Pandemie gelernt haben, die Anfang 2020 ihren Anfang nahm, müssen wir mit äußeren Einwirkungen leben, die nichts mit unseren Entscheidungen zu tun haben.

Es gibt vieles, was wir nicht zu verantworten haben.

Es passieren negative Dinge, auf die wir keinen Einfluss haben.

10 Typen von Krisen

1. Gesundheit
2. Technik/Digitales
3. Organisatorisches
4. Gewalt
5. Rache ehemaliger Mitarbeiter
6. Rufmord
7. Finanzielles (individuell oder eine Marktkorrektur)
8. Schwarzer Schwan
9. Persönliches
10. Umwelt

Krisen haben unterschiedliche Lebensspannen. Manche dauern eine Stunde und andere ein Quartal oder gar ein Jahr. Ebenso wenig wie Börsen vertragen Unternehmen Ungewissheit. Das Unbekannte erzeugt Angst. Wenn eine Krise eintritt, wächst die Verantwortung eines Unternehmensführers um ein Vielfaches. Während der erhöhten Ungewissheit machen viel zu viele Unternehmensführer den Fehler, sich in Schweigen zu hüllen. In Ermangelung eines Planes haben sie das Gefühl, es wäre besser, sich nicht zu äußern, als womöglich das Falsche zu sagen.

In einer Krise zu schweigen, ist ein Beispiel für eine Entscheidung für den einfachen statt für den effektiven Weg. Die Bedeutung einer regelmäßigen und guten Kommunikation ist in einer Krise sogar noch größer als sonst schon. Wenn alle die Nerven verlieren, obliegt es Ihnen als Führungskraft, der Fels in der Brandung zu sein. Entschlossenheit, Widerstandskraft und die ruhige Durchdringung und Verarbeitung von Problemen sind in solchen Zeiten besonders wichtig.

Mit der Art, wie Sie reagieren, bewirken Sie eine Verkürzung oder Verlängerung der Krise. Lassen Sie uns jede Krise auf einer Skala von 1 bis 10 bewerten.

Was die Lebensspanne einer Krise verkürzt oder verlängert:

1. Ihre Strategien
2. Ihr Grad der Ausgeglichenheit
3. Ihre Überbewertung einer Krise – wenn Sie aus einer 3 eine 9 machen
4. Ihre Unterschätzung einer Krise – wenn Sie aus einer 9 eine 3 machen
5. Ihre Fähigkeit, fünf Schritte vorauszudenken.

Es gibt keinen Grund, warum Sie sich die Schuld für einen Unfall oder eine Pandemie geben sollten. Sie haben die Krise nicht verursacht. Entscheidend für Leben oder Tod Ihres Unternehmens ist Ihre Reaktion auf die Krise.

Nutzen Sie die Mathematik und verwenden Sie die Formel »Investition Zeit Rendite« (IZR)

Wenn Sie denken, meine Betonung der Notwendigkeit, zur eigenen Verantwortung zu stehen, schieße übers Ziel hinaus, bekenne ich mich uneingeschränkt schuldig. Verarbeitung hat sehr viel mit Perspektive zu tun. Anstatt die Schuld bei externen Ereignissen zu suchen, müssen Sie sich sowohl als Verursacher eines Problems als auch als dessen »Verarbeiter« verstehen. Das ist beileibe keine »weiche« Fähigkeit und zudem eine, die ich nicht genug betonen kann. Ebenso wenig kann ich genug betonen, dass erfahrene Verarbeiter sowohl über emotionale als auch über analytische Werkzeuge verfügen. Lassen Sie uns jetzt diese analytischen Muskeln einsetzen.

Die meisten Probleme haben mit Zeit und Geld zu tun. Wir treffen schlechte Entscheidungen, wenn wir nicht beides bei unserer Verarbeitung berücksichtigen. Amateure reagieren als Erstes und schalten erst dann den Kopf ein. Sie entscheiden emotional und rechtfertigen ihre Entscheidung anschließend logisch: »Oh, ich werde nicht jetzt sofort Geld für neue Mitarbeiter ausgeben, solange die Dinge noch so unsicher sind.« Oder sie sagen vielleicht: »Diese neue Software ist cool! Wir müssen sie unbedingt schon morgen haben.«

Was Sie in diesen Äußerungen hören, sind Emotionen. Ein Stoiker würde Ihnen raten, bedachtsamer vorzugehen. Die Software ist vielleicht cool, aber haben Sie durchgerechnet, wie lange Sie brauchen werden, bis sich die Investition bezahlt gemacht hat? Haben Sie sich die Zeit genommen, die wahren Kosten einer Neueinstellung zu ermitteln (Gehalt und Zulagen sind nur ein Teil der Gleichung) sowie das Umsatzplus, das diese Person Ihnen bringen wird?

Sie können keine Entscheidungen treffen, ohne sie sorgfältig zu analysieren und mehrere Schritte vorauszudenken. Ich habe vermutlich eine Million Mal »IZR« zu meinen Mitarbeitern gesagt. Vielleicht hängt es ihnen schon zu den Ohren heraus, aber sie wissen, wie wertvoll es ist. Hier ist die IZR-Formel:

I	Investition **Wie viel Geld wird es uns kosten oder einsparen?**
Z	Zeit **Wie viel Zeit wird es uns kosten oder einsparen?**
R	Rendite **Berücksichtigen Sie die finanzielle und zeitliche Rendite bei Ihrer Entscheidung.**

Beginnen Sie, bevor Sie eine Entscheidung treffen, mit der »Dreierregel«, indem Sie drei unterschiedliche Ansätze für den Umgang mit dem Problem entwickeln – jeder mit einem anderen Preisschild. Wenn jemand noch nicht weiß, wie ich arbeite, kommt er vielleicht mit einer Idee zu mir und sagt: »So viel wird es kosten.«

Ich bitte die betreffende Person dann um zwei weitere Vorschläge. Drei unterschiedliche Vorschläge/Kostenprognosen zu haben, hilft, mehr aus dem verfügbaren Geld herauszuholen. Drei Vorschläge zu haben, gibt Ihnen die Chance, den Wert der von Ihnen ergriffenen Maßnahmen zu maximieren. Und erzählen Sie mir nicht, dass Sie nur eine Option hätten. Wenn Sie das denken, machen Sie eher weniger als mehr aus Ihrem Geld.

Ermitteln Sie als Nächstes Ihren Zeitrahmen. Angenommen, Sie können etwas in sechs Monaten schaffen, wenn Sie 100 000 Dollar investieren, und in drei

Monaten, wenn Sie 200 000 Dollar springen lassen. Dann können Sie sich fragen: Lohnt es sich, doppelt so viel Geld auszugeben, um das Projekt in der halben Zeit fertigzustellen?

Diese Entscheidung ist eine Kombination aus Cashflow und Dringlichkeit des Projekts. Wenn es absolut eilt, tun Sie gut daran, das zusätzliche Geld zu investieren. Wenn Sie dazu allerdings Geld aufnehmen müssen, sollten Sie natürlich auch die Kapitalbeschaffungskosten mit berücksichtigen.

Nachdem Sie Kosten und Zeit berechnet haben, ermitteln Sie die Rendite. Angenommen, ein Projekt, das Sie 200 000 Dollar kostet und ein Jahr in Anspruch nimmt, verringert Ihr Risiko, Kunden zu verlieren, um 8 Prozent. Gegenwärtig gehen bei Ihnen 30 000 Bestellungen pro Jahr ein.

8 Prozent von diesen 30 000 Aufträgen entsprechen 2400 Aufträgen. Wenn jeder Auftrag 200 Dollar wert ist, beträgt die Gesamtrendite 480 000 Euro.

Aufträge	Gehaltene Kunden	Auftragswert		Einsparungen
30 000	8 Prozent	200 Dollar	=	480 000 Dollar

Sie brauchen kein Mathegenie zu sein, um zu erkennen, dass sich diese Investition lohnt. Aber Sie müssen etwas tiefer in die Zahlen einsteigen. Erstellen Sie eine Liste der blinden Flecken und der Dinge, die bei dieser Entscheidung schieflaufen können. Man kommt leicht darauf, was gut gehen kann, aber es ist wichtig, die Kehrseite der Medaille im Blick zu behalten.

Knöpfen Sie sich eine Seite aus Dale Carnegies Buch *Sorge dich nicht – lebe!* vor und betrachten Sie das Worst-Case-Szenario. In dieser Situation ist das Schlimmste, was passieren kann, dass Sie Ihre 200 000 Euro verlieren. Können Sie damit leben? Wird es Sie in den Ruin treiben? Sie sollten Ihre Entscheidung auf die Kenntnis Ihres Gesamtrisikos gründen, anstatt nur auf das positive Potenzial zu schauen.

Die Menschen neigen dazu, ihre Entscheidungen mit Zahlen zu rechtfertigen, die sich auf den optimalen Fall beziehen. Sie müssen jedoch mit Ihren Annahmen realistisch bleiben. Selbst wenn die Investition Ihnen lediglich hilft, 4 Prozent

Ihrer Policen zu sichern, blicken Sie immer noch auf ein Ertragsplus von 240 000 Euro. Selbst wenn Sie auf die benötigten Mittel 12 Prozent Zinsen zahlen müssen (wodurch Ihre wahren Kosten auf 224 000 Euro steigen), lohnt es sich noch. Überhaupt ist es bei jedem Projekt eine gute Idee, den Break-even-Punkt zu ermitteln, bevor Sie sich darauf einlassen.

Aufträge	Gehaltene Kunden	Auftragswert		Einsparungen
30 000	4 Prozent	200 Dollar	=	240 000 Dollar

Das erfordert keine höhere Mathematik. Sie müssen einfach nur die IZR-Formel auf der Basis vernünftiger Vorhersagen berechnen. Das heißt nicht, dass Sie einen höheren Abschluss im Rechnen vorweisen müssen. Es heißt lediglich, dass Sie bei den Zahlen nicht pfuschen und mehrere Ausgänge berücksichtigen – wie Sie es im Übrigen grundsätzlich tun sollten. IZR ist eine entscheidende Fähigkeit und eine, die Sie regelmäßig benötigen werden.

Hervorragende Verarbeiter machen selten ein und denselben Fehler mehrmals

Vor Jahren hatte ich die Chance, in ein Bekleidungsunternehmen zu investieren. Ich habe ein Faible für Mode und war sowohl vom Produkt als auch von der Persönlichkeit des Firmenchefs Ray beeindruckt. Und ich vermeinte eine Gelegenheit zu erblicken, als Ray die Absicht äußerte, 60 Prozent seines Unternehmens für nicht mehr als 100 Riesen zu veräußern.

Mein Unternehmen lief damals wie geschmiert. Ich beglückwünschte mich selbst dafür, dass ich genug Bargeld hatte, um einen großen Anteil an diesem Unternehmen zu kaufen. Warum sollte ich mich noch groß mit Analysen abgeben, wenn Ray doch so ein aufrichtiger und talentierter Mensch war?

Kurz nach der Vertragsunterzeichnung stieg mein Beliebtheitsgrad deutlich. Mein Telefon stand gar nicht mehr still. Sobald Rays Kreditgeber Wind davon bekamen, dass er einen Investor mit tiefen Taschen hatte, standen sie Schlange, um ihr Geld zurückzubekommen. Ich wehrte mich und stellte auf stur. Am Ende vergeudete ich viel zu viele Stunden – Stunden, die mir für mein Kerngeschäft fehlten –, um diesen Leuten Paroli zu bieten. Ich schimpfte auf die Kreditgeber. Ich schimpfte auf Ray. Ich schimpfte auf jeden, der nicht Patrick hieß. Und ich grub mir damit nur eine immer tiefere Grube.

Es gibt einen klugen Spruch, der hier bestens passt: Wenn du in einer Grube sitzt, solltest du aufhören zu graben. Das Problem ist, dass wir, wenn wir in dieser Grube sitzen, häufig viel zu aufgebracht und emotional sind, um etwas anderes zu tun, als um unser Leben zu kämpfen. In solchen Augenblicken ist es wichtig, dass wir kluge Menschen um uns haben, die sich nicht scheuen, uns aus der Grube zu ziehen. Mit ein wenig Nachhilfe von meinen nächsten Freunden gab ich schließlich nach, akzeptierte den Verlust und wandte mich wieder meiner Arbeit in meinem primären Geschäftsfeld zu.

Ich war wütender über meinen Entscheidungsfindungsprozess als über das verlorene Geld an sich. Ich hatte gegen meine eigenen Kernregeln verstoßen. Ich hatte in eine Branche investiert, über die ich nichts wusste, den persönlichen Problemen eines charismatischen Gründers keine weitere Beachtung geschenkt und versucht, in die Breite statt in die Tiefe zu gehen – und am Ende musste ich dafür bezahlen. Mein Bauchgefühl hatte mir von Anfang an geraten, mich nicht darauf einzulassen, aber ich hatte es versäumt, mehr als einen Schritt vorauszudenken. Ich blieb mit meiner Verarbeitung an der Oberfläche – und zahlte den Preis dafür.

Als ich schließlich zu meiner Verantwortung stand, wurde mir meine Mitschuld am Desaster bewusst. Ich ging noch einmal alle Fehler durch, die ich gemacht hatte. Ich hatte keine ausreichenden Untersuchungen angestellt und keine Sorgfaltsprüfung vorgenommen. Ich hatte in ein Unternehmen außerhalb meines Kompetenzbereichs investiert. Ich hatte einige einfache Grundregel missachtet: Wenn etwas zu schön erscheint, um wahr zu sein, ist es das höchstwahrscheinlich auch.

Sobald ich zu meinen Fehlern stand, verblieb ich mit einem Schrank voller Klamotten, die mich an einen 100 000-US-Dollar-Fehler erinnerten, ganz zu schweigen von der vergeudeten Zeit. Wenn Sie schon verlieren, dann sollten Sie sich zumindest die Lehre daraus nicht entgehen lassen. Erfahrungen machen uns bekanntlich entweder bitter oder besser. Um besser zu werden, müssen wir uns unsere Fehler bewusst machen. Ich fühlte mich an Magnus Carlsen erinnert, der nach jedem verlorenen Spiel jede seiner getroffenen Entscheidungen analysiert, um herauszufinden, wo genau etwas schiefgelaufen ist. *Jeder Meister, ob im Schach oder in der Welt des Business, lernt mehr aus dem Studium der Schritte, die ihm Niederlagen einbrachten, als aus dem Studium der Schritte, die ihn zum Sieg führten.*

Die acht Eigenschaften hervorragender Verarbeiter

Die erfahrenen Verarbeiter, die ich kenne, haben sehr unterschiedliche Persönlichkeiten und Geschäftsstrategien, aber was sie verbindet, sind die folgenden acht Eigenschaften:

1. Sie stellen viele Fragen. Mehr Daten führen zu besseren Annahmen. Was hat uns in diese Lage gebracht? Wie kommen wir da wieder heraus? Wie können wir verhindern, dass wir erneut in diese Lage geraten?
2. Es interessiert sie nicht, ob sie recht haben oder nicht. Sie interessieren sich nur für die Wahrheit. Wenn ein anderer eine bessere Idee hat, dann nur zu! Ihr Ego hindert sie nicht daran, die richtige Entscheidung zu treffen.
3. Sie versuchen sich nicht in nachträglichen Rechtfertigungen. Zeit und Mühe zu investieren, um Entschuldigungen zu finden, warum etwas schieflief, ist nicht ihr Stil.
4. Sie lieben die Herausforderung. Ihre Priorität liegt im raschen und effektiven Umgang mit einer Situation, und wenn andere eine Lösung haben, selbst wenn diese sich von ihrer eigenen unterscheidet, wollen sie sie hören. Sie haben ein Faible für Menschen, die sie zwingen, Alternativen in Betracht zu ziehen oder ihre Position zu verteidigen.
5. Sie sind neugierig. Probleme lassen sich nicht ohne Wissen lösen. Verarbeiter lernen kontinuierlich über ihr Geschäftsfeld und seine Funk-

tionsweise hinzu. Sie haben ebenso ein Auge für die kritischen Details wie für die großen Ideen.

6. Sie verhindern mehr Probleme, als sie lösen. Wirklich gute Problemverarbeiter sind in der Regel auch besonders gut darin, gelbe Fahnen zu erkennen, bevor sie rot werden.
7. Sie sind hervorragende Verhandlungsführer. Neugierige Problemlöser suchen mit ihrem logischen Verstand nach Lösungen, die für alle beteiligten Parteien von Vorteil sind.
8. Sie interessieren sich mehr für dauerhafte Lösungen als für kurzfristige Notlösungen.

Erfahrene Verarbeiter freuen sich auf jedes neue Problem (es ist für sie wie ein Spiel)

Es ist kein Zufall, dass hervorragende Verarbeiter von Problemen, die über diese Eigenschaften verfügen, auf Führungspositionen sitzen. Sie erwerben sich einen Ruf im logischen und effektiven Lösen von Problemen und in der Berücksichtigung der Bedürfnisse anderer und gewinnen so das Vertrauen der Menschen, mit denen sie zusammenarbeiten.

Erfahrene Verarbeiter fürchten sich nicht vor Problemen. Sie heißen sie willkommen und behandeln sie wie ein Spiel. Wenn Ihr bester Verkäufer droht, seinen Hut zu nehmen, müssen Sie als Erstes zu Ihrer eigenen Verantwortung stehen. Sie müssen der Tatsache ins Auge blicken, dass Ihr Vergütungsplan keine Wucht ist und Sie keinen Plan haben, wie Sie Mitarbeiter zu binden gedenken. Ihre Verkäuferschulung ist ebenfalls nicht die beste und Sie müssen sich überlegen, wie Sie das ändern wollen. Anstatt in Panik zu verfallen, lassen Sie sich auf die Situation ein. Sie sagen sich: »Wir sollten nicht nur herausfinden, wie wir ihn halten können, sondern wir sollten auch eine Strategie entwickeln, wie wir den loyalsten Verkäuferstamm der gesamten Branche entwickeln.« Das heißt nicht, dass Sie mehr Zeit als nötig mit der Realisierung einer Schwäche verbringen sollten. Wichtig ist, dass Sie sie verarbeiten und Ihre nächsten Schritte planen.

Entscheidend ist Ihre Denkweise. Sobald Sie beginnen, in einer Krise eine Chance zu sehen, gewinnen Sie das Spiel.

危機

Das chinesische Wort für Krise hat mit dem Wort für Chance ein Zeichen gemeinsam.

機會

Ich bin im Lauf meiner Karriere bereits einer Reihe großartiger junger Entrepreneure begegnet und ich hatte das Privileg, sie dabei zu beobachten, wie sie sich zu phänomenalen Problemverarbeitern entwickelten. Ich konnte ein ums andere Mal sehen, wie diese Fähigkeit ihnen den entscheidenden Vorteil verschaffte. Deshalb setze ich die Kunst des Verarbeitens an die Spitze meiner Liste für angehende Entrepreneure wie auch für meine eigenen Kinder.

Setzen Sie sich einmal im Monat mit Ihrem Führungsteam – oder einfach einer Gruppe von drei bis fünf vertrauten und aufgeschlossenen Kollegen – zusammen und verbringen Sie eine Stunde damit, sich auf das nächste große Problem zu fokussieren, das es zu lösen gilt. Ich selbst nutze diese Meetings, um Probleme zur Sprache zu bringen und die Runde zu bitten, gemeinsam darüber zu debattieren. Je intensiver die Debatte, desto näher kommen wir der bestmöglichen Lösung. Die Devise lautet: zuhören, nicht argumentieren. Neugier geht vor.

Das ist der Schlüssel zum Erfolg als Entrepreneur. Wenn Sie die Verarbeitung von Best Practices zum integralen Bestandteil Ihrer Unternehmenskultur machen, wird diese Fähigkeit in die Köpfe Ihrer Leute sickern, die in ihrer Anwendung immer besser werden. Das macht sich nicht nur im Gewinn positiv bemerkbar, sondern bringt auch bessere Führungskräfte und bessere Menschen hervor. Alle

Probleme der Welt lassen sich »verarbeiten«, und wenn Sie auch vielleicht nicht imstande sind, den Hunger aus der Welt zu schaffen, können Sie doch Probleme in jenem Ausschnitt der Welt, in dem Sie leben und arbeiten, lösen.

Die meisten von uns verarbeiten Probleme nicht intuitiv. Es ist wie in der Ehe. Denken Sie nur an die Paare in Ihrer Bekanntschaft, die größere Probleme haben, welche sie jedoch verdrängen. Sie vermeiden bestimmte Themen – Probleme beim Sex, mit der Verwandtschaft, in religiösen Fragen –, bis die Ehe daran zerbricht. Vielleicht schaffen sie es, noch eine Weile zusammenzubleiben – häufig »um der Kinder willen«. Es macht sie nicht glücklich; sie leben zwar unter einem Dach, aber sie sind seelisch getrennt. Und wenn sie älter werden, halten sie es irgendwann nicht mehr aus und lassen sich scheiden. Sie haben so viele Jahre grollend vergeudet, weil sie ihre Probleme niemals zu Sprache brachten.

Solange Sie es vermeiden, die bestehenden Probleme zu verarbeiten, leben Sie in der Lüge und müssen die Konsequenzen bezahlen. Verschwenden Sie nicht Ihre Zeit – weder privat noch beruflich.

Wenn Sie lernen können, sich der Realität zu stellen und Entscheidungen auf der Grundlage Ihres eigenen Kompasses zu treffen, haben Sie in der Welt des Business gute Erfolgschancen. Der Hype, von dem Sie im Internet lesen, könnte Sie zu dem Glauben verführen, einige Menschen brächten einen natürlichen Risikoappetit mit, der unmittelbar zum Erfolg führen würde. Die Wahrheit ist sehr viel elementarer. Aufs ganze Leben gesehen erfordert Erfolg in der Welt des Business (ob als Entrepreneur, als Intrapreneur oder in einer beliebigen Laufbahn) eine besondere Denkweise: eine aggressive und unnachgiebige Einstellung, was das Lösen von Problemen betrifft. Die beste Strategie lautet, die eigene Fähigkeit im Verarbeiten von Problemen zu schärfen.

5

Auflösung nach x: eine Methodologie der effektiven Entscheidungsfindung

In vierzig Stunden werde ich im Kampf stehen, mit wenig Informationen, und muss von jetzt auf gleich die folgenschwersten Entscheidungen treffen, aber ich bin überzeugt, dass mit der Verantwortung auch die Einsicht wächst und dass ich mit Gottes Hilfe diese Entscheidungen werde treffen können – und zwar in der richtigen Weise. Mir scheint, als wäre mein Leben seit jeher auf diesen einen Augenblick ausgerichtet gewesen. Wenn diese Arbeit getan ist, wird es, so nehme ich an, auf die nächste Sprosse der Schicksalsleiter weisen. Wenn ich meiner Pflicht zur Gänze Genüge tue, wird der Rest für sich selbst Sorge tragen.

General George S. Patton

Die Verarbeitung von Problemen ist ein so wichtiges Thema, dass ich das vorige Kapitel noch ergänzen und Ihnen eine konkrete Methode zur Verarbeitung und Entscheidungsfindung an die Hand geben möchte.

Aus meiner Sicht besteht ein wichtiger Schlüssel zum Erfolg darin, ein System zu haben. Diejenigen, die ein System haben, wie sie bessere Entscheidungen treffen können, sind am Ende die Gewinner. Manche Entscheidungen müssen rasch getroffen werden, während andere Zeit erfordern. Wie benötigen eine konkrete Methode, wie wir mit jedem beliebigen Problem umgehen können – ganz ähnlich wie ein Schachmeister, der weiß, wie er jede Eröffnung spielt und sich gegen jede ebensolche wehrt, sobald das Spiel begonnen hat.

Ich musste ein System entwickeln, auf das ich mich verlassen konnte, um mir darüber klar zu werden, was genau ich in Ordnung bringen musste und welche

Möglichkeiten sich mir dazu boten. Ich musste einen strukturierten Denkansatz entwickeln, der es mir erlauben würde, Entscheidungen mit der höchsten Erfolgswahrscheinlichkeit zu treffen – kurzfristig ebenso wie langfristig. Das System, das ich schließlich entwickelte, lieferte nicht in jedem Fall die perfekte Wahl, aber weil ich in meiner Art, Probleme anzugehen und zu sezieren, gründlich und gewissenhaft war, fühlte ich mich vollkommen. Eine Methode zu haben, war das, was mir am Ende innere Ruhe brachte und meinen Panikattacken ein Ende setzte. Zum ersten Mal im Leben konnte ich Probleme ad acta legen und weiter meines Weges gehen, ohne dass mir Angst und Reue durch die Venen flossen.

Die Fähigkeit, Probleme gut zu lösen, ist die Fähigkeit, einen komplexen Zusammenhang auf eine Schritt-für-Schritt-Formel zu reduzieren, mit deren Hilfe wir die Wurzel des Problems identifizieren können. Das gilt für die Welt des Business nicht anders als für die Algebra. Deshalb hört man mich so häufig sagen: »Löse nach *x* auf!«

Stellen Sie sich *x* als die unbekannte Variable vor. In der Mathematik ist das Problem gelöst, sobald Sie einen Ausdruck für *x* gefunden haben. In der Welt des Business und auch sonst im Leben gilt genau das Gleiche.

Auch wenn *x* eine Unbekannte ist, muss sie nicht unbekannt bleiben. Unsere Aufgabe ist es, herauszufinden, wonach genau wir die Gleichung auflösen müssen.

Betrachten Sie das Leben als eine lange Liste mathematischer Gleichungen, die es zu lösen gilt. Viele Entscheidungen, die Sie heute treffen, basieren auf einer Liste von Formeln, die Sie in Ihrem Kopf gesammelt haben. Eine Formel beschreibt, wie Sie Spaghetti kochen. Eine andere sagt Ihnen, wie Sie am schnellsten zu Ihrem Arbeitsplatz kommen. Wieder eine andere besagt, wie Sie Ihr Einkommen steigern.

Wenn Sie unzufrieden oder unglücklich sind mit den gegenwärtigen Ergebnissen in unterschiedlichen Bereichen Ihres Lebens, liegt das vermutlich daran, dass Sie einige der Formeln, die Sie schon eine ganze Weile verwenden, verändern und anpassen sollten. Ihre Art zu Denken hat Sie dorthin gebracht, wo Sie heute stehen. Damit sich etwas ändert, muss sich auch Ihr Denken ändern. Und das ist möglicherweise das, was Ihnen von allen Dingen am schwersten fällt. Es fällt uns nicht leicht, uns einzugestehen, dass vielen unserer Entscheidungen falsche Formeln zugrunde lagen und liegen.

Wir müssen bereit sein für *x* – all die Unbekannten, denen wir im Zuge unserer unternehmerischen Tätigkeit begegnen werden.

Nach x auflösen, um zur Quelle vorzudringen

Ein Kollege namens Charlie sagte kürzlich zu mir: »Weißt du was? Ich weiß einfach nicht, ob mir das noch zusagt.«

»Was meinst du mit *das*?«, fragte ich.

Er blickte irritiert.

»Du sagtest, du wüsstest nicht, ob dir *das* noch zusagt. Was meinst du mit *das*?«

Charlie sagte, das sich das auf das Finanzdienstleistungsgeschäft bezog.

»Nun, das ist nicht, was ich unter *dem* verstehe, auch wenn wir im selben Bereich tätig sind. Überlege einmal. Wenn du im Immobiliengeschäft bist, liebst du dann Ziegelsteine? Wenn du Pharmavertreter bist, liebst du dann Pillen? Für mich geht es um Menschen. Ich liebe Menschen, ich bin neugierig auf sie. Bei meiner Arbeit studiere ich täglich Menschen; ich mache mir ein Bild von ihren Vorlieben und bemühe mich, das Beste aus ihnen herauszuholen.«

»Oh, so habe ich das noch nie gesehen.«

Unser Gespräch brachte ihn dazu, seine Denkweise zu verändern. Er machte sich klar, worin sein *Das* bestand – jenes *x*, nach welchem er seine Formel auflösen musste –, und versuchte, zur Wurzel seines Frustes vorzudringen.

Auflösung nach *x* bedeutet, dass Sie Ihr Problem isolieren. Es reicht nicht zu sagen, Ihr Problem wäre Ihr Vorgesetzter. Sie müssen tiefer bohren, um festzustellen, ob es Ihnen an Autonomie, einer leistungsgerechten Bezahlung oder intellektueller Herausforderung fehlt. Sie können nicht nach »Ihrem Vorgesetzten« auflösen. Sie können die Formel nur nach einem konkreten, isolierten Problem auflösen.

Charlie musste sich über die wahre Quelle seiner Unzufriedenheit klar werden. Wenn er sich kraftlos fühlte, brauchte er vielleicht eine Pause, um wieder zu

Kräften zu kommen. In diesem Fall fühlte er sich kraftlos, weil er zugenommen hatte. Er begriff, dass er wieder anfangen musste, früher aufzustehen, um morgens seine Übungen zu machen. Das war der erste Schritt.

Doch er musste mit seiner Verarbeitung weiter in die Tiefe gehen. Sein Selbstbewusstsein war angeschlagen, weil seine Verkaufszahlen zurückgegangen waren. Umso schmerzlicher traf ihn jede Zurückweisung. Er befand sich in einer Abwärtsspirale, die gegen ihn arbeitete. Als er länger nachdachte, wurde ihm bewusst, dass es nicht der Verkauf von Finanzdienstleistungen war, der ihm zuwider war. Was er hasste, war das Gefühl, ständig erschöpft zu sein und zu wenig Leistung zu bringen. Er legte nun einmal viel Wert auf Leistung und Errungenschaften.

Mit der Verarbeitung in die Tiefe zu gehen, heißt, unter die Oberfläche zu schauen. Natürlich haben wir Tage, an denen unsere Motivation schwankt. Es ist normal, sich von Zeit zu Zeit ausgebrannt zu fühlen. Es ist unsere Aufgabe, in die Tiefe zu bohren und das *x* zu isolieren, das unseren Schmerz verursacht.

Charlie beschloss, noch einen Schritt weiter zu gehen. Er besann sich darauf, *warum* er einst beschlossen hatte, Entrepreneur zu werden. Er dachte daran, wie es sich für ihn angefühlt hatte, als sein einstiger Vorgesetzter eine freigewordene leitende Position seinem unterqualifizierten Sohn gab und nicht dem Mitarbeiter, der sich fünf Jahre lang für ihn abgerackert hatte. Er dachte daran, wie sehr er jenen Job gehasst hatte, und dachte an all die Dinge, die ihn dazu gebracht hatten, sich diesem verrückten Leben zu verschreiben.

Indem er nach *x* auflöste, war er in der Lage, Entscheidungen bezüglich seiner Arbeit zu treffen, die sowohl seine Zukunftsaussichten als auch sein Gehalt verbesserten.

Wie Sie nach x auflösen

Solange wir über keine Methode verfügen, laufen wir Gefahr, uns im Kreis zu drehen und uns von der Angst lähmen zu lassen. Wenn wir aber eine haben, können wir Probleme auf strukturierte Art und Weise verarbeiten. Eine Methode gestattet uns, beliebige Probleme systematisch zu lösen.

WORKSHEET
AUFLÖSUNG NACH X

Problem:

UNTERSUCHEN	LÖSEN	UMSETZUNG
Dringlichkeit 0–10	Wer wird gebraucht?	Wen gilt es zu gewinnen?
Gesamtwirkung Potenzieller Gewinn: Potenzieller Verlust:	Liste der Lösungen	Zuständigkeiten
Wahre Ursache des Problems Warum? Warum? Warum?	Potenzielle negative Folge(n)	Neue Protokolle

Problemverarbeitung, wenn Ihr Unternehmen auf dem Spiel steht

Das folgenschwerste Problem zeigte sich, als ich gerade dachte, meine Träume verwirklicht zu haben. Ich war gerade einmal 30 und hatte endlich den Sprung gewagt, meine eigene Agentur zu gründen. Nur fünf Wochen nach der Gründung meines Unternehmens reichte der 400-Milliarden-Branchenriese Aegon eine Klage gegen mich ein. Deren Ziel bestand schlicht darin, mich aus dem Geschäft zu drängen, bevor ich überhaupt angefangen hatte.

Aegons Unternehmensführer und Anwälte interessierte es nicht, wie hart ich gearbeitet hatte, um das Geld zusammenzubekommen, das ich für den Start meines Unternehmens benötigte. Es interessierte sie nicht, dass ich gerade erst geheiratet hatte. Und sicherlich interessierte es sie nicht, dass ich 66 treue Vertreter überredet hatte, ihre Stellen bei etablierten Unternehmen aufzugeben, um sich diesem verrückten Träumer auf seiner Mission anzuschließen. Für Aegon war die Klage gegen mich einfach nur geschäftlicher Alltag (und es war geschäftlicher Alltag, als der CEO, der mich verklagt hatte, am Ende Mitglied meines Beratungsausschusses wurde). Ich nahm es nicht persönlich, auch wenn meine gesamten Lebensersparnisse auf dem Spiel standen.

Dieses Verfahren war die größte Prüfung, die ich jemals zu bestehen gehabt hatte. Anstatt zu tun, was die meisten Entrepreneure tun, wenn die Dinge nicht so laufen, wie sie sollten – Schuldige finden, klagen, toben und sich ratlos im Kreise drehen –, beschloss ich, nicht länger gegen Dinge anzukämpfen, an denen ich ohnehin nichts ändern konnte. Ich musste mir vielmehr darüber klar werden, was in meinem Einflussbereich lag und was nicht. Ich erstellte zwei Listen.

Was in meinem Einflussbereich liegt

- Meine nächsten Schritte planen
- Mein täglicher Einsatz
- Die Wahl eines Anwalts und anderer Ressourcen
- Unsere Vertretermannschaft und unsere Führungskräfte darauf fokussiert halten, den nächsten Drachen zu erlegen

Was nicht in meinem Einflussbereich liegt

- Warum Aegon beschloss, mich zu verklagen
- Ob das Verfahren unser Unternehmen in den Ruin treibt
- Ob andere Versicherungsträger ihren Vertrag mit uns kündigen

Anstatt in Panik zu verfallen und überzureagieren, entwarf ich eine Strategie, wie ich den Sturm abwettern und meine langfristigen Ziele erreichen konnte. Ich beschloss, mich zu vergleichen; ich schrieb einen Riesenscheck aus und ging zum Tagesgeschäft über. Auch wenn die Ausgabe schwer auf uns lastete, schafften wir es, im Geschäft zu bleiben, weil ich mir Gedanken über meine nächsten fünf Schritte gemacht hatte. Das Wichtige war nicht, Rache an Aegon zu nehmen oder das Verfahren zu gewinnen. Ich traf eine Entscheidung, die uns die Freiheit zurückgab, uns auf den Ausbau und die Lizensierung unserer Vertretermannschaft zu konzentrieren und unseren Schwung beizubehalten.

Nachdem ich diesen Riesenscheck ausgeschrieben hatte, passierte etwas Seltsames: Ich konnte endlich wieder schlafen. Es passiert nicht häufig, dass wir unsere innere Ruhe wiedergewinnen, nachdem wir einen so großen Verlust erlitten haben, aber weil ich das Problem gründlich verarbeitet und mir meine nächsten Schritte zurechtgelegt hatte, war ich imstande, die Tortur hinter mir zu lassen, denn ich war mir sicher, dass ich die Situation voll und ganz analysiert und die richtige Entscheidung getroffen hatte.

In der Vergangenheit hätte ich vielleicht zugelassen, dass Ego, Gefühle und Angst mein Handeln bestimmen und ich die gerichtliche Auseinandersetzung bis zum Ende durchgefochten hätte, selbst wenn das bedeutet hätte, dass ich das Unternehmen verloren und meine Familie in den Ruin getrieben hätte. Das hätte sich mit Sicherheit gut angefühlt – ungefähr drei Minuten lang. Stattdessen verarbeitete ich das Problem, indem ich meine Methode Schritt für Schritt durchging, wie Sie auf dem folgenden Plan sehen können.

WORKSHEET
AUFLÖSUNG NACH X

Problem: Aegon schwebendes Gerichtsverfahren

UNTERSUCHEN	LÖSEN	UMSETZUNG
Dringlichkeit 0–10	Wer wird gebraucht?	Wen gilt es zu gewinnen?
10	– Anwalt – Bankiers – Krisenmanagementteam	– Vertriebsleiter – Ein Versicherungsträger, der bereit ist, Geduld zu zeigen
Gesamtwirkung Potenzieller Gewinn: Potenzieller Verlust:	Liste der Lösungen	Zuständigkeiten
Gesamte Ersparnisse	1. Vergleich 2. Gegenklage 3. Das Verfahren gewinnen	Anwalt schließt **schnellstmöglich** einen Vergleich.
Wahre Ursache des Problems	Potenzielle negative Folge(n)	Neue Protokolle
Warum? Aegon entledigt sich eines Rivalen Warum? Warum?	– Versicherungsträger beenden ihre Verträge mit uns. – Das Unternehmen geht pleite.	– Einen Compliance-Beauftragten einstellen, um künftige Prozesse zu vermeiden – Zwei neue Anwaltskanzleien beauftragen 1. Versicherungsexperten 2. Experten in Vertriebsorganisationsrecht

Beispiel

Das eigentliche Problem und seine tiefste Ursache identifizieren

Die besten Entrepreneure blicken hinter die Symptome und dringen zum Kern des Problems vor. Wir wollen uns dazu einen entscheidenden Teil dieser Methode – die Identifizierung des eigentlichen Problems und seiner tiefsten Ursache – genauer anschauen, damit Sie noch besser nach *x* auflösen können.

x liegt nicht immer auf der Hand. Das eigentliche Problem liegt möglicherweise hinter vielen Emotionen und Vorurteilen verborgen. Deshalb müssen Sie sich erst durch das Gestrüpp in Ihrem Kopf hindurcharbeiten. Was ist wirklich und was nicht? Sind Sie auf etwas fixiert, weil es die Meinung eines anderen oder Ihre eigene Fehleinschätzung ist? Bauschen Sie etwas auf, weil Ihr Ego verletzt ist? Trennen Sie zwischen Gefühl und Verstand? Sobald Sie die Probleme ausgesiebt haben, die in Wahrheit keine sind, können Sie sich auf die wahren Ursachen konzentrieren. Versuchen Sie, »brennende Plattformen« und »goldene Tore« zu identifizieren.

Brennende Plattformen: heiße Probleme, mit denen Sie sich sofort beschäftigen müssen.
Goldene Tore: vielversprechende Chancen, die Sie rasch nutzen müssen.

Sobald Sie die wirklichen Probleme identifiziert haben, müssen Sie anfangen, »Warum?« zu fragen. Fahren Sie damit so lange fort, bis Sie zu dem Punkt gelangen, an dem Sie nicht länger »Warum?« fragen können oder gezwungen sind, eine Erklärung zu wiederholen, die Sie bereits zuvor entdeckt hatten. Das ist dann Ihr tiefstes Warum und die wahre Ursache Ihres Problems. Zum Beispiel:

- Wir haben unseren besten Kunden verloren. Warum?
- Ein Konkurrenzprodukt ist billiger. Warum?
- Weil es weniger kann als unser Produkt. Warum?
- Weil die meisten Kunden gar nicht all das benötigen, was unser Produkt kann.
- Aha!

Identifizieren Sie jetzt einen der Hauptgründe, warum Sie Ihre Zahlen nicht erreicht haben: Ihr Produkt ist nicht auf die Bedürfnisse Ihres Kunden abgestimmt. Die Lösung des Problems ist jetzt vergleichsweise einfach: Sie müssen eine weniger kostspielige Version des Produkts anbieten, das nur das kann, was wirklich benötigt wird.

Verwenden Sie diesen Ansatz des wiederholten Fragens für jedes Problem. Angenommen, Ihr Topverkäufer hat das Unternehmen verlassen. Durch wiederholtes »Warum?«-Fragen finden Sie heraus, dass der Verkäufer kündigte, weil Ihr Vergütungsplan auf mittelmäßige Verkäufer abgestimmt ist anstatt auf Starverkäufer und dass das auf den Umstand zurückzuführen ist, dass Ihr Vertriebsleiter und Ihr CFO nur unzureichend miteinander kommunizieren. Die erste Lösung lautet also, den Vergütungsplan binnen der nächsten zehn Tage zu überarbeiten. Die zweite Lösung ist, den Vertriebsleiter und den CFO sich im Vierteljahresrhythmus treffen zu lassen, um sicherzustellen, dass jede Seite von den Bedürfnissen der jeweils anderen Seite weiß.

Wenn sich der Versand Ihres neuen Produktes verzögert, würden die meisten Menschen als Erstes nach einem Schuldigen suchen. Bedenken Sie jedoch: Hervorragende Verarbeiter suchen nach Gründen – weil Gründe zu Lösungen führen. Indem Sie »Warum?« fragen, stellen Sie vielleicht fest, dass die Verzögerung eintrat, weil Ihre beste Ingenieurin kündigte, nachdem ihr Vorgesetzter ihr die Bitte abgeschlagen hatte, einen Tag in der Woche von zu Hause aus arbeiten zu dürfen, ohne einen plausiblen Grund dafür zu nennen. Die Lösung: Führen Sie flexiblere Arbeitsregeln ein, um die Mitarbeiterbindung zu verbessern.

Fünf Fragen, um das eigentliche Problem zu identifizieren

1. Kenne ich das wahre Problem oder habe ich es hier mit einem Symptom zu tun?
2. Verfügen die Mitarbeiter über die Daten bezüglich des wahren Problems?
3. Handelt es sich wirklich um ein Problem oder lediglich um eine Vermutung oder die Meinung eines anderen?

4. Liegt ein echtes Problem vor oder fühlt sich hier jemand in seinem Ego verletzt?
5. Denke ich emotional oder logisch?

Profi im Angriffs- und Verteidigungsspiel werden

Als Entrepreneur haben Sie das Gefühl, als müssten Sie eine Million unterschiedlicher Entscheidungen treffen, nicht wahr? In Wahrheit verlangen nur zwei Arten von Ereignissen, dass Sie Entscheidungen treffen:

1. **Angriff.** Die Chance, Geld zu verdienen oder Ihr Unternehmen oder Ihre Karriere voranzubringen. Die Entscheidungen drehen sich hier häufig um Wachstum, Erweiterung, Marketing und Vertrieb.
2. **Verteidigung.** Die Chance, ein Problem zu lösen, den Verlust von Geld zu stoppen oder nicht länger auf die eine oder andere Weise zurückzufallen. Hier geht es bei den Entscheidungen regelmäßig um rechtliche Fragen wie Compliance und Absicherung gegen Wettbewerber und Marktkorrekturen.

Sobald Sie das Problem oder die Chance, vor der Sie stehen, als Angriff oder Verteidigung kategorisiert haben, erscheint die Situation sofort weniger furchterregend. Sie haben dem Problem oder der Chance ein Etikett verpasst und hatten mit beiden Typen – Angriff und Verteidigung – bereits in der Vergangenheit zu tun. Die Entscheidungsfindung verliert so ihren unheimlichen und unvertrauten Charakter und wird zu etwas, mit dem Sie umgehen können.

»Angriff« bedeutet, dass Sie nach Chancen Ausschau halten, wie Sie Geld verdienen oder Wachstum, Erweiterung, Marketing und Vertrieb voranbringen können. »Verteidigung« bedeutet, dass Sie ein Problem lösen, den Verlust von Geld oder ein Zurückfallen verhindern. Probleme wie Compliance, Rechtsfragen und finanzielle Absicherung fallen in die Kategorie »Verteidigung«.

Rechnen ist mehr Kunst als Wissenschaft

Ich holte Alice Terlecky als Geschäftsführerin ins Unternehmen. Sie hatte zuvor für das Versicherungsunternehmen Pacific Life gearbeitet und war dort sehr erfolgreich gewesen. Nach ihrem Einstieg bei uns bemerkte ich, dass sie ungewöhnlich viel Zeit für die Verarbeitung von Versicherungsanträgen benötigte.

Ich war frustriert und wollte wissen, woran das lag. Ich setzte mich mit Alice zusammen und bat sie, mir genau zu beschreiben, was passierte, wenn ein Eintrag einging. Ich stellte viele Fragen, um den Ablauf zu verstehen: wie jeder einzelne Schritt aussah, welche Aktionen er umfasste und wie viel Zeit dafür notwendig war. Es war dieselbe Art von Analyse, wie sie ein Herstellungsberater durchführen würde, um die neuralgischen Punkte in einer Fertigungsstraße zu identifizieren.

Dann stellte ich Alice eine weitere Frage: Welche dieser Schritte erfordern ein manuelles Eingreifen und welche ließen sich mit der nötigen technischen Ausstattung, die wir kaufen oder herstellen könnten, automatisch bewerkstelligen?

Wir sprachen darüber, welche Funktionen von Menschen wahrgenommen werden mussten und welche auf Computer übertragen werden könnten. Wir kamen zu dem Schluss, dass wir die Zeit für die Antragsbearbeitung signifikant verkürzen könnten, wenn unsere Versicherungsträger bestimmte Schritte per Software erledigen würden. Mit Alice' Hilfe verstand ich schließlich, was den Prozess so langsam machte. Sie hatte ein neues System implementiert, das uns half, die Qualität unserer Versicherungspolicen zu verbessern, was entscheidenden Einfluss auf unser Haftungsrisiko hatte. So erfreut ich von dieser Qualitätsverbesserung Kenntnis nahm, so sehr war mir auch daran gelegen, die Verarbeitungszeit zu verkürzen.

Ich instruierte Alice, sämtliche Versicherungsträger zu kontaktieren, welche die Software bislang noch nicht nutzten, und sie davon zu überzeugen, sie ebenfalls einzuführen. Anschließend brachte ich das Thema bei unserer nächsten Vorstandssitzung zur Sprache und fragte, was es kosten würde, den Zeitbedarf unseres internen Prozesses weiter zu verringern. Wir kamen zu dem Schluss, dass wir dazu im besten Fall vier IT-ler für ein Jahresgehalt von 150 000 US-Dollar zwölf Monate lang beschäftigen müssten. Unter Berücksichtigung weiterer Kosten kämen wir schnell auf einen Betrag von einer Million US-Dollar für das Projekt.

Eine Million US-Dollar sind eine beachtliche Größe. Zugleich bedeutet diese Zahl nichts ohne zusätzliche Analyse. Deshalb nahmen wir uns die Zeit, die Zahlen weiter herunterzubrechen:

- Wir würden fünf Minuten Verarbeitungszeit pro Policenantrag einsparen.
- Fünf Minuten mal 30 000 Policen im Jahr ergeben 150 000 Minuten oder 2500 Stunden.
- 2500 Stunden mal 20 US-Dollar pro Stunde (unsere Arbeitskostenersparnis) sind 50 000 US-Dollar.

»Investition Zeit Rendite« (IZR) ist ein Tool, das desto wertvoller wird, je mehr Sie davon Gebrauch machen. Ich gebe Ihnen dieses Beispiel, damit Sie daran ein weiteres Mal Ihre analytischen Muskeln trainieren können. Jedes Problem, mit dem Sie es zu tun haben, bringt seine eigenen Herausforderungen mit sich. Ihre Lösung beschränkt sich nicht auf die Mathematik. Sie müssen wissen, wie Sie ein Problem durchdringen können, um zu wissen, auf welche Zahlen es hier ankommt. IZR ist nur dann von Nutzen, wenn Sie von den richtigen Annahmen ausgehen.

In diesem Fall konnten wir sehen, dass wir 20 Jahre bräuchten, bis sich unsere Investition bezahlt gemacht hätte. Wenn wir hier stehen geblieben wären (wie es ungeübte Denker tun würden), hätte die Rechnung ergeben, dass sich diese Investition nicht lohnte.

Investition: eine Million US-Dollar
Zeit: 18 Monate bis zur Fertigstellung
Rendite: 50 000 US-Dollar pro Jahr (auf Basis des gegenwärtigen Umsatzes)

Das war im Jahr 2017. Damals hatte ich unser Wachstum für die nächsten zehn Jahre geplant.

Entscheidungsfindung ist aber mehr Kunst als Wissenschaft. Gewiss, eine Methode zu haben, kann helfen. Wir müssen methodisch vorgehen und die Zahlen verstehen. Wir müssen aber auch lernen, die Zahlen zu *analysieren*. Zur Beantwortung der Frage, wie wir Policen schneller verarbeiten konnten, gehörte mehr als die Berechnung der eingesparten Arbeitskosten. In manchen Fällen könnten wir damit neue Kunden gewinnen. In anderen würde die Steigerung des Durchlaufs positiv auf die Zufriedenheit sowohl unserer Kunden als auch unserer Vertreter durchschlagen. Der wahre fehlende Faktor in dieser Analyse war aber die Wachstumsrate.

Als ich unsere Wachstumsrate extrapolierte, sahen die Zahlen so aus:

Jahr 1: 30 000 Policen; 50 000 US-Dollar eingespart
Jahr 2: 60 000 Policen; 100 000 US-Dollar eingespart
Jahr 3: 120 000 Policen; 200 000 US-Dollar eingespart
Jahr 4: 180 000 Policen; 300 000 US-Dollar eingespart
Jahr 5: 240 000 Policen; 400 000 US-Dollar eingespart

Als wir unsere Wachstumsrate mitberücksichtigten, sahen wir, dass es nicht 20 Jahre bräuchte, bis sich unsere Investition amortisiert hätte, sondern lediglich fünf Jahre. Was wie ein No-go-Projekt aussah, wurde auf einmal zu einem Go-Projekt.

Und noch etwas habe ich gelernt: *IT-Projekte dauern fast immer länger und werden teurer als ursprünglich veranschlagt.* Sie sollten bei der Schätzung von Zeitaufwand und Kosten stets einen konservativen Standpunkt wählen. In unserem Fall haben sich die Kosten des Projekts zuletzt mehr als verdoppelt. Der Grund war jedoch ein überwiegend positiver. In jeder Phase des Projekts schauten wir, welche weiteren Prozesse wir ebenfalls beschleunigen konnten. Mit jedem gefundenen Punkt erhöhten sich die Projektkosten. Die gute Nachricht lautete: Unsere Verarbeitungsgeschwindigkeit hat sich mehr als verdreifacht und die langfristigen Einsparungen überstiegen bei Weitem die abschließenden Kosten.

Im Rückblick erscheint es, als wäre die Investition in unseren Verarbeitungsprozess die einzig sinnvolle Entscheidung gewesen. Versetzen wir uns aber noch einmal zurück und berücksichtigen wir mögliche blinde Flecken. Ich hätte schlicht annehmen können, dass Alice mit ihrer reichen Erfahrung die Anträge schon so rasch wie nur möglich verarbeitete. Ich hätte annehmen können, dass die gebotene Gründlichkeit eben diesen zusätzlichen Zeitaufwand erforderte. Oder ich hätte annehmen können, dass die Beschleunigung des Prozesses den Aufwand schlicht nicht rechtfertigte.

Sehen Sie, was es braucht, um ein großartiger Entscheidungsfinder zu sein? Es handelt sich um eine Kunst und eine Wissenschaft zugleich. Die Methode gibt Ihnen Struktur. IZR gibt Ihnen eine konkrete Formel. Neugierig zu bleiben, heißt, stets zu versuchen, die eigenen Zukunftsprognosen zu verbessern und zu optimieren. Ihr Kopf verleiht Ihnen die Fähigkeit, alles zusammenzusetzen und die richtige Entscheidung zu treffen. Ich benötigte alle diese Fähigkeiten und noch einige mehr, um meine größte Prüfung zu bestehen und heil aus einem Gerichtsverfahren herauszukommen, das meinen Ruin hätte bedeuten können.

■ ■ ■ ■ ■

Das Wort »Entscheidung« leitet sich von dem Verb »scheiden« = »trennen« ab. Wenn Sie eine Entscheidung treffen, trennen Sie sich von der Möglichkeit, einen anderen Handlungspfad zu verfolgen. Das mag wie eine Einschränkung klingen, stellt aber in Wahrheit eine Befreiung dar. Umso mehr, als das Gegenteil Unentschiedenheit und Stagnation wäre.

Es liegt in der menschlichen Natur, blinde Flecken zu haben. Faulheit, Angst und Gier verleiten uns allesamt dazu, Informationen, die uns gegeben werden, zu akzeptieren und nicht weiter zu hinterfragen. Folglich fehlt uns häufig ein wichtiges Puzzleteil und wir treffen schlechte Entscheidungen – oder versäumen es, gute Entscheidungen zu treffen.

Die Verwendung der hier beschriebenen Methode mitsamt IZR erfordert Zeit und Übung. Erwarten Sie nicht, auf der Stelle ein Meisterverarbeiterer zu werden, der imstande ist, jedes Problem nach *x* aufzulösen. Und lassen Sie sich gesagt sein: Wenn Sie immer recht haben wollen oder Angst davor haben, widerlegt zu werden, werden Sie sich mit dem Verarbeiten schwertun. Ein absolutes Richtig oder Falsch wirkt wie eine Straßenblockade. Es ist nichts Schlimmes dabei, Fehler zu machen. Die Bereitschaft, Ihre Fehler unter die Lupe zu nehmen, bewahrt Sie davor, sie erneut zu machen.

Üben Sie sich in Geduld. Wenn Sie kontinuierlich daran arbeiten, ein besserer Verarbeiterer zu werden, wird das Ergebnis Sie mehr als entschädigen – Ihr Unternehmen und Ihr Leben werden davon reichlich profitieren.

SCHRITT 2

PERFEKTIONIEREN SIE IHR DENKEN

DIE NICHT ZU ÜBERSCHÄTZENDE BEDEUTUNG DER DURCHDRINGUNG UND VERARBEITUNG VON PROBLEMEN

1. Erklären Sie sich zu 100 Prozent für zuständig für alles, was nicht so lief, wie es sollte. Verstehen Sie sich als derjenige, der das Problem verursacht hat und der imstande ist, es zu lösen. Wenden Sie die »Investition-Zeit-Rendite«-Formel (IZR) an, um bessere Entscheidungen zu treffen und Ihre Ressourcen bestmöglich zu nutzen. Machen Sie sich Gedanken über mögliche Fehler oder Schwächen und stimmen Sie Ihren nächsten Schritt (oder Ihre nächsten Schritte) darauf ab.

AUFLÖSUNG NACH X: EINE METHODOLOGIE DER EFFEKTIVEN ENTSCHEIDUNGSFINDUNG

2. Machen Sie Ihren Unternehmensvorstand mit der Methode des Auflösens nach *x* bekannt und lösen Sie mit ihrer Hilfe drei Probleme, vor denen Sie gegenwärtig stehen. Sie finden das Worksheet »Auflösung nach *x*« in Anhang B. Achten Sie darauf, dass Sie die wahren Ursachen und Gründe für ihr Auftreten identifizieren.

SCHRITT 3

Meistern Sie die Teambildung

6

Der Mythos vom Solopreneur oder wie Sie sich Ihr Team zusammenstellen

Sie können noch so ein kluger Kopf sein und noch so eine brillante Idee haben – wenn Sie das Solo-Spiel spielen, werden Sie gegen ein Team stets verlieren.

Reid Hoffman, Mitbegründer von LinkedIn

In welchem Feld auch immer Sie tätig sind – wenn Sie erfolgreich bleiben wollen, müssen Sie mit anderen Menschen, ob Kunden, Beschäftigten, Partnern oder externen Zulieferern, zusammenarbeiten.

Wenn Sie fünf Schritte vorausdenken, wissen Sie, dass Sie nicht alles allein schaffen, mag Ihr Ego Ihnen auch etwas anderes suggerieren. Gehen Sie nicht davon aus, dass Sie, nur weil Sie in der Vergangenheit viel erreicht haben, in Zukunft im Alleingang womöglich noch mehr erreichen könnten. Mit 27 war ich Starverkäufer und mittelmäßiger Vertriebsleiter. Ich lernte auf die harte Tour, wie man Mitarbeiter führt. Mit der Zeit wurde ich besser. Mit 30 war ich ein solider Vertriebsleiter, aber ich tat mich schwer als Gründer. Selbst fünf Jahre nach Gründung meines eigenen Unternehmens sah ich mich selbst noch als durchschnittlichen CEO. Damals begriff ich, dass es nicht reichte, groß zu denken. Ich brauchte das richtige Team, wenn ich mein Unternehmen wirklich skalieren wollte.

Mein Ziel ist es, Ihnen einen Großteil des Elends, das ich durchlebt habe, zu ersparen, indem ich Ihnen zeige, wie Sie sich Ihr Team zusammenstellen können. Effektive Zusammenarbeit mit anderen bedeutet den Unterschied zwischen einem Prozess, der Spaß macht, und der verzweifelten Suche nach einem Job, während Sie unterm Tisch kauern. In diesem Kapitel werde ich Ihnen die Tools bereitstellen und Ihnen zeigen, wie Sie …

1. … Ihre Geschäftspartner und Berater auswählen;
2. … Ihre Mitarbeiterbindung verbessern (»goldene Handschellen« anlegen);
3. … Ihre Mitarbeiter motivieren, Bestleistung zu erbringen;
4. … Mitarbeiter einstellen und entlassen, ohne sich damit Feinde zu machen.

Welches Benefits-Programm bieten Sie?

Um den nächsten Schritt weg vom Solopreneur oder Nebenberufler zu unternehmen, sollten Sie eine gute Antwort auf die Frage haben:

WARUM SOLLTE JEMAND MIT DIR ZUSAMMENARBEITEN?

Diese Frage ist nicht weniger relevant, wenn Sie gegenwärtig als CEO arbeiten.

Solange Ihr Unternehmen noch in den Kinderschuhen steckt, rekrutieren Sie keine Mitarbeiter für Ihr Unternehmen, sondern für sich selbst. Weil die Leute anfangs Sie »kaufen« – und Sie vermutlich nicht die Ressourcen für eine umfassende Altersvorsorge haben –, tun Sie gut daran, ein attraktives Benefits-Programm zu bieten. Später rekrutieren Sie dann Mitarbeiter für Ihr Unternehmen. Auch dann müssen Sie das Benefits-Programm weiter verbessern, wenn Sie nicht wollen, dass Ihre besten Leute zu Unternehmen wechseln, die bessere Programme bieten.

Fragen Sie sich: Zahlt sich die Nähe zu Ihnen für die Menschen aus? Wird ihr Leben dadurch besser? Haben Sie ein Resümee – eine Liste von Erfolgsgeschichten von Leuten, deren Leben davon bereichert wurde, dass sie sich in Ihrer Nähe aufhielten? Mit anderen Worten: Überlegen Sie sich, welches Benefits-Programm Sie Ihren Einstellungskandidaten bieten wollen. Nur wenn Sie überzeugt sind, dass Sie etwas zu bieten haben, werden Sie gute Kräfte anlocken können.

Anstatt eigensüchtig darauf zu schauen, was ich von anderen Menschen bekommen konnte, lernte ich, mich auf das zu fokussieren, was ich ihnen geben konnte – und dabei verbesserte ich zugleich meinen eigenen Wert. Der Paradigmenwechsel – diese eine Entscheidung – veränderte mein Leben zum Besseren. Ich fragte nicht länger, wie andere mein Leben besser machen konnten, sondern fragte stattdessen: Wie kann ich allein schon durch die Benefits, die ich anderen biete, deren Leben verbessern?

Sie wissen, dass Sie im Leben erfolgreich sind, wenn allein schon die Verbindung zu Ihnen anderen Vorteile bringt. Der Grund kann das Beispiel sein, das Sie geben, Ihre Kontakte, Ihr Coaching, Ihr Wissen oder Ihre strenge Fürsorge. Beantworten Sie für sich folgende drei Fragen:

1. Welche Benefits bieten Sie gegenwärtig anderen Menschen?
2. Welche Verbesserungen bringt den Menschen die Nähe zu Ihnen?
3. Wie viele Leben haben Sie in den letzten Jahren positiv verändert?

Mit dieser Erfolgsbilanz von Menschen, deren Leben Sie bereichert haben, können Sie nun beginnen, Mitglieder für Ihr Team zu rekrutieren. Überlegen Sie, wessen Hilfe Sie benötigen – nicht nur hier und jetzt, sondern auch, um Ihre tieferen, langfristigen Ziele zu verwirklichen. Kümmern Sie sich um diese Menschen und sie werden auch Ihnen zur Seite stehen.

Dieser Rat richtet sich nicht nur an angehende CEOs, sondern auch an etablierte Führungskräfte.

Manche CEOs machen den Fehler zu denken, für die Rekrutierung würde es genügen, jemanden einmal ins Unternehmen zu holen. In Wahrheit müssen Sie Toptalente immerfort neu rekrutieren.

Es wäre naiv zu denken, Ihre Teammitglieder würden nicht ständig Angebote von anderen Unternehmen erhalten. Es hat schon seinen Grund, warum es so viele Headhunter gibt. Ihre Aufgabe ist es, Ihre besten Mitarbeiter abzuwerben und sie an andere Unternehmen zu vermitteln, die genau die Kräfte benötigen, die Sie haben. Headhunter erhalten gutes Geld dafür, dass sie Ihnen Ihre besten Leute stehlen. Sie tun also gut daran, sich zu überlegen, wie Sie Ihre Mitarbeiter halten wollen. Je nach Größe des Unternehmens erhalten Headhunter zwischen 30 000 und 60 000 US-Dollar für die Vermittlung eines CFOs. Das Honorar für die Vermittlung eines CEO beginnt bei 80 000 US-Dollar und reicht auch schon mal bis 500 000 US-Dollar.

Die Personen, die Sie rekrutieren, beobachten Sie genau. Sie behalten das Benefits-Programm ständig im Blick, und wenn es nicht ihren Erwartungen entspricht, beginnen sie, sich andernorts umzuschauen. Besonders Ihre Spitzenkräfte beobachten Sie, um zu sehen, ob Sie sich kontinuierlich entwickeln und Wege finden, das Unternehmen auf die nächste Ebene zu heben. Sie wollen sehen, ob Sie ein weiteres Toptalent an Land ziehen, um den Wert des Unternehmens weiter zu erhöhen. Nur so können Sie Ihre Spitzenkräfte immer neu an Ihr Unternehmen binden. Das ist ein fortwährender Prozess, der niemals zum Stillstand kommen darf.

Fragen, die Personen stellen, die erwägen, für Sie zu arbeiten (und die Sie beantworten müssen)

1. Was zeichnet Ihr Unternehmen vor anderen Unternehmen aus?
2. Was unterscheidet Ihren Führungsstil von anderen Führungsstilen?
3. Haben Sie einen Ehrenkodex? Verkörpern Sie ihn?
4. Welchen Nutzen haben sie davon, mit Ihnen assoziiert zu werden?
5. Sehen Ihre Mitarbeiter Sie immerzu wachsen? Können sie erkennen, dass Sie sich entwickeln?

Jeder braucht einen Consigliere: Wie Sie einen verlässlichen Berater finden

Selbst die größten Entrepreneure sind keine Einzeltäter. Aus vielerlei Gründen benötigen sie Hilfe. Sie haben jeden Tag nur eine begrenzte Anzahl von Stunden zur Verfügung. Ihr Wissen beschränkt sich auf bestimmte Bereiche. Sie benötigen andere Sichtweisen, um sich ihre eigene zu bilden.

In einer Mafia-Familie gibt es eine Position, die extra dafür da ist, klugen Rat zu geben: den Consigliere. Ähnliches gilt für die Welt des Business. Warren Buffett steht vielleicht in den Schlagzeilen, aber Charlie Munger ist für seinen Erfolg unverzichtbar. Steve Jobs hatte Steve Wozniak. Bill Gates hatte Paul Allen. Mark Zuckerberg hatte Sean Parker, der ihn anstachelte, seine Vision zu erweitern, und anschließend Sheryl Sandberg, um diese Vision umzusetzen.

Patty McCord verbrachte 14 Jahre bei Netflix und ist die Autorin von *Powerful – Building a Culture of Freedom and Responsibility*. Ihr Spezialgebiet ist Personalmanagement; ihr Titel bei Netflix lautet Chief Talent Officer. Ihr größter Wert war meines Erachtens, dass sie CEO Reed Hastings aus der Bequemlichkeitszone lockte. Als ich sie interviewte, erzählte sie mir eine Anekdote, die sich am Vortag einer wichtigen Rede abgespielt hatte, die Hastings zu halten hatte. McCord bemerkte seinen verlegenen Gesichtsausdruck, als er seine Computertastatur bearbeitete.

Sie vermutete, dass Hastings tat, was ihn als Einzelperson erfolgreich gemacht hatte, und nicht, was er als Führungskraft hätte tun sollen. Sie stellte sich vor ihm auf und sagte: »Du betreibst Fehlerbehebung. Hör auf, den Programmierer zu spielen, und sei eine Führungskraft.« Vergessen Sie nicht: Hastings hatte die Macht, sie zu feuern. Nicht nur behielt er sie 14 Jahre lang, sondern sie fuhren auch als Fahrgemeinschaft zusammen zur Arbeit. Warum? Weil sie nicht davor zurückscheute, ihn herauszufordern und auf seine blinden Flecken hinzuweisen.

Unsichere Führungskräfte umgeben sich mit »Jasagern«. Effektive Führungskräfte umgeben sich mit Menschen, die sie herausfordern. Sie finden und beschäftigen zudem Menschen, die viel klüger sind als sie selbst – besonders in Bereichen, in denen sie schwach sind.

In meinen Videos hören Sie mich ständig von Mario sprechen. Er gehört zu den Menschen, auf die ich am meisten angewiesen bin. Als ich anfing, Videos zu machen, fiel es mir schwer, mich vor die Kamera zu stellen. Mario hatte diese unglaubliche Art, mir eine bessere Art des Präsentierens zu entlocken, ohne mich befangen zu machen. Selbst wenn er technisch gesprochen mein Mitarbeiter ist, zögert er nicht, mich an den höheren Standards zu messen, die wir für den Inhalt und die Marke gesetzt haben.

Ihr zukünftiger Consigliere ist höchstwahrscheinlich jemand, den Sie bereits kennen. Das Entscheidende, wonach Sie suchen sollten, sind ähnliche Werte, aber unterschiedliche Temperamente. Wenn Sie ungeduldig und aufbrausend sind, benötigen Sie jemanden, der ruhig und bedächtig ist. Wenn Sie introvertiert sind, suchen Sie sich jemand Extrovertierten. Wenn Sie eher kritisch und nachtragend sind, schauen Sie nach jemandem mit viel Einfühlungsvermögen und Toleranz. Unabhängig vom Temperament ist es wichtig, dass die betreffende Person ruhig und beherrscht ist.

Beruflich und privat bin ich sehr wählerisch, was die Menschen betrifft, die ich näher an mich heranlasse. Ein Grund, warum ich meine Frau Jennifer Bet-David heiratete, ist, dass sie der einzige Mensch ist, der meine Nerven beruhigen kann. Für die unterschiedlichen Seiten des Lebens habe ich mir einen kleinen Kreis von Menschen zugelegt, die ich in verschiedenen Fragen um Rat fragen kann.

Ich lege so viel Wert auf Balance, dass ich häufig, wenn ich eine große Entscheidung zu treffen habe, zwei unterschiedliche Persönlichkeiten zu mir in die Führungssuite einlade, um mir zu helfen, das gegebene Problem zu durchdringen. Das funktioniert am besten, wenn die beiden Personen diametrale Anschauungen vertreten. Nachdem ich das Problem geschildert habe, lehne ich mich zurück und beobachte, wie sie diskutieren. Gelegentlich stelle ich eine Frage, um das Feuer anzufachen. Ich will sicherstellen, dass ich die überzeugendsten Argumente für alle Seiten des Problems erfahre. Der Zusammenprall der beiden Anschauungen führt mich enger an die Wahrheit heran.

Ich habe einen Freund, der schriftliche Inhalte verfasst. Er ist ungeduldig und überzeugt, dass Perfektion der Feind der Vollendung ist. Sein Partner ist geduldig bis zum Gehtnichtmehr und überzeugt, dass Eile der Feind der Professionalität ist. Ihr Yin-und-Yang-Ansatz schafft die perfekte Balance. Mario und ich haben eine ähnliche Dynamik. Wir müssen nicht den Eindruck erwecken, wir spielten guter Bulle/böser Bulle. Weil wir ähnliche Werte, aber unterschiedliche Temperamente haben, ergänzt er mich auf natürliche Weise und bewahrt mich davor, mir mein eigener schlimmster Feind zu sein. Er würde Ihnen erzählen, dass auch ich ihn bei vielen Gelegenheiten gerettet habe, und wir lachen über diese Geschichten, wenn wir zusammen arbeiten und reisen. So sehr ich Zahlen liebe – jemanden zu haben, mit dem ich Gedanken spinnen und Erinnerungen wachrufen kann, ist wertvoller, als ich jemals in Zahlen fassen könnte.

Ein verlässlicher Berater …

1. … ist geübt darin, Probleme zu verarbeiten, und versteht es, viele Schritte vorauszudenken;
2. … hat ähnliche Werte wie Sie, aber ein anderes Temperament (ist stark, wo Sie schwach sind);
3. … bleibt unter Druck ruhig;
4. … scheut sich nicht, Sie herauszufordern und auf Ihre blinden Flecken hinzuweisen;
5. … ist loyal und ohne persönliche Agenda.

Halten Sie Donnie Brasco aus Ihrem Geschäft heraus

Einer der schlimmsten Fehler, den Entrepreneure machen können, ist, keine ausreichenden Untersuchungen anzustellen, bevor sie jemanden einstellen. Sie stellen jemanden ein, der ihnen wärmstens empfohlen wird. Er leistet hervorragende Arbeit und ist bei allen beliebt. Sie befördern ihn, bis er eine einflussreiche Position in Ihrem Unternehmen einnimmt. Sie vertrauen ihm bedingungslos und gewähren ihm uneingeschränkten Informationszugang. Sie können sich nicht vorstellen, dass er jemals ihr Vertrauen enttäuschen könnte.

Bis er es tut.

Vielleicht haben Sie den Film über Donnie Brasco gesehen oder das Buch gelesen. Undercover-Agent Joe Pistone verwendete diesen Namen, um sich in die Mafia einzuschleichen. Er arbeitete sechs Jahre lang verdeckt in der Bonanno-Familie und erwarb sich das Vertrauen der Spitzenleute wie Bandenchef Dominick Napolitano, auch Sonny Black genannt. Infolge der verdeckten Tätigkeit von Pistone verhaftete das FBI 212 Mafiosi.

Nach sechs Jahren wollte das FBI Pistone abziehen, aber Pistone bestand darauf, länger zu bleiben, um ein »gemachter Mann« zu werden. FBI-Agenten gingen schließlich zu Sonny Black und erzählten ihm, dass der Mann, den er als Donnie Brasco kannte, in Wahrheit ein FBI-Agent war. Sonny erwiderte: »Ich glaube Ihnen nicht.«

Über kurz oder lang wurde Sonny Black ermordet, und sein Körper wurde mit abgetrennten Händen aufgefunden. Die Mafia-Bosse waren wütend auf Sonny, dass er einer Ratte Zutritt in ihren inneren Kreis gewährt hatte. Dass die Ratte mit ihnen allen Hände geschüttelt hatte, war für sie die ultimative Schmach.

Es gibt wohl keine argwöhnischere und misstrauischere Gruppe als die Mafia, aber ihre Mitglieder vertrauten dem Mann, den sie als Donnie Brasco kannten. Ich möchte, dass Sie diese Lektion verinnerlichen: Mag Ihnen jemand auch noch so vertrauenswürdig erscheinen – Sie müssen ausreichende Untersuchungen über ihn anstellen. Das gilt insbesondere dann, wenn Sie ihm Zugang zu sensiblen Daten gewähren wollen, die Ihre Konkurrenz nicht in die Finger bekommen soll. Verbringen Sie Zeit mit Ihrem Kandidaten. Stellen Sie ihm Fragen. Befragen Sie andere nach ihm. Beobachten Sie sein Verhalten. Sie können niemals mit Sicherheit wissen, ob jemand vertrauenswürdig ist, aber Sie können ein Gefühl dafür entwickeln, wer er ist. Das reicht Ihnen unter Umständen, um ihm Vertrauen zu schenken – zumindest in bestimmten Situationen und in bestimmten Geschäftsfeldern.

Ich fragte Michael McGowan, einen 30-jährigen verdeckten FBI-Agenten, der eng mit der russischen Mafia, drei Cosa-Nostra-Familien und dem Sinaloa-Kartell, einem internationalen Verbrechersyndikat, zusammenarbeitete, warum die Bonanno-Familie Brasco so nah an sich herangelassen hatte. Die Antwort ist einfach: Gier. Die Geschichte von Donnie Brasco ist das perfekte Abschreckungsbeispiel, das uns gemahnt, Untersuchungen anzustellen, bevor wir jemandem Zugang zu Insiderinformationen über unser Unternehmen gewähren.

Entrepreneure neigen zu dem Glauben, dass sie ihre Leute besser kennen würden als deren Therapeuten oder Ehepartner, aber das stimmt nicht. Sie wissen nicht, ob Ihre »rechte Hand« insgeheim der Spielsucht verfallen ist. Sie wissen nicht, ob Ihr CFO aufgrund eines traumatischen Ereignisses in seinem Leben zu Fehlentscheidungen neigt. Bilden Sie sich nicht ein, Sie könnten den Leuten in die Seele schauen. Verwenden Sie stattdessen einen datengestützten und systematischen Ansatz zur Untersuchung Ihrer Kandidaten, bevor Sie jemanden einstellen.

Fünf Fragen, die Sie beantworten müssen, bevor Sie jemanden einstellen

1. Auf wie viele und welche Art von Empfehlungen stützen Sie sich? Haben Sie mit Menschen, mit denen der Kandidat bereits zusammengearbeitet hat, darüber gesprochen, was für ein Typ Mensch er ist?
2. Ist diese Person sympathisch (der Grund, dass Sie sie einstellen), lässt aber eine signifikante Fähigkeit vermissen?
3. Haben Sie sich über die Hintergründe der Person informiert, um zu sehen, ob es da in ihrer Vergangenheit Dinge gibt, die als Warnsignale gelten könnten?
4. Haben Sie bei allen zweifelhaften Punkten in ihrem Resümee genauer hingeschaut? Haben Sie beispielsweise bei einer zweijährigen beruflichen Auszeit nach den genaueren Gründen gefragt?
5. Enthält der Vertrag, den Sie der Person angeboten haben, eine 90- bis 120-tägige Probezeit? Das würde Ihnen ausreichend Zeit geben, die Leistung des neuen Mitarbeiters zu beobachten und zu bewerten. Letzterer hat so auch genug Zeit, um alles Erforderliche zu lernen und den Versuch zu unternehmen, es umzusetzen.

Ich kann gar nicht genug betonen, wie wichtig es ist, bei der Einstellung gründliche Erkundigungen einzuholen. Fehlentscheidungen bei der Einstellung neuer Mitarbeiter kommen Sie teuer zu stehen. Warum das so ist, beschrieb Patty McCord im Januar 2014 in einem Artikel für die *Harvard Business Review*:

Wenn Sie sorgfältig darauf achten, nur Kandidaten einzustellen, für die die Interessen des Unternehmen oberste Priorität haben und die den Wunsch nach einer Hochleistungskultur am Arbeitsplatz verstehen und unterstützen, werden 97 Prozent Ihrer Beschäftigten das Richtige tun. Die meisten Unternehmen verschwenden Unsummen von Zeit und Geld auf das Abfassen und Durchsetzen von Regeln für den Umgang mit Problemen, die möglicherweise durch die verbleibenden 3 Prozent verursacht werden. Wir hingegen tun alles, um diese Leute gar nicht erst einzustellen, und trennen uns von ihnen, sobald sich herausstellt, dass ihre Einstellung ein Fehler war.

Gib mir ein Stück davon: Gewährung von Eigenkapitalinstrumenten zwecks Aufbau eines Teams

Warum sind die Vereinigten Staaten führendes Einwanderungsland? Warum gibt es dort mehr als 44 Millionen Einwanderer – weit mehr als in jedem anderen Land? Die Vereinigten Staaten verfügen weder über die größte Bevölkerung noch über die größte Fläche, aber sie haben etwas, das die wenigsten Länder bieten können: die Chance, Eigentum aufzubauen und reich zu werden. Menschen können in die Vereinigten Staaten kommen, ein Unternehmen gründen und es besitzen; sie können ein Stück Land oder ein Gebäude erwerben und es besitzen. Das ist der amerikanische Traum – die Möglichkeit, ein Stück des Landes zu besitzen.

Infolgedessen ziehen die Vereinigten Staaten die besten und fleißigsten Menschen an. Wollen Sie die besten und fleißigsten Menschen in Ihr Unternehmen locken? Dann geben Sie ihnen ein Stück davon.

Früh in meiner Karriere arbeitete ich für ein Unternehmen, in welchem ich zu den Spitzenverdienern unter den Verkäufern gehörte. Ich war nicht glücklich über die Art und Weise, wie das Unternehmen geführt wurde, und schrieb dem Management, wie schon erwähnt, einen 16-seitigen Brief. Zu meinen Wünschen gehörte, dass zentrale Mitarbeiter die Möglichkeit bekämen, Anteile am Unternehmen zu erwerben oder am Gewinn beteiligt zu werden.

Ohne Teilhabe oder Gewinnbeteiligung sah ich mich lediglich als Beschäftigen. In Anbetracht dessen, dass selbst mir als Starverkäufer keine Aktien angeboten wurden, war ich eher Gegner als Partner. Wenn das Unternehmen mich verlor, verminderte sich sein Umsatz mit einem Schlag um sieben Millionen US-Dollar. Um mich zu halten, hätte es lediglich eines kleinen Anreizes bedurft, der mir das Gefühl vermittelte, Miteigentümer zu sein.

Die Unternehmensführung lehnte ab. Sie war zudem überzeugt, dass ich niemals gehen würde und auf die Vertragsverlängerungen und lukrativen Restprovisionen für meine mehrere Tausend Kunden verzichten würde. Mein Plan war es, dem Unternehmen zu helfen, zur größten Versicherungsagentur zu werden und eines Tages der CEO der Firma zu werden.

Ich sagte: »Glaubt ihr, dass meine Verlängerungsprovisionen ausreichen, um mich vom Gehen abzuhalten? Denkt ihr wirklich, dass ich so klein denke? Ihr seid ja von Sinnen.«

Und ich ging. Aber nicht nur ich wünschte mir eine Beteiligung. Etwas Ähnliches wünscht sich jeder, der ehrgeizig ist, große Träume hat und Talent mitbringt. Ich gebe Menschen, die für Entrepreneure arbeiten, stets den Rat: Gehen Sie zur Person an der Spitze und fragen Sie, was Sie tun können, um ein Stück des Unternehmens zu besitzen. Wenn die Antwort lautet: »Nichts«, dann gehen Sie! Wenn es aber etwas gibt, das Sie tun können, dann bleiben Sie und erfüllen Sie die Ziele, die Sie gemeinsam als Bedingung für die Beteiligung definiert haben.

Für nichts bekommen Sie auch nichts. Sagen Sie nicht: »Ich bin unglaublich talentiert und perfekt, und deshalb gebührt mir ein Teil des Unternehmens.« Sie müssen etwas leisten, um zu bekommen, was Sie sich wünschen, und solange die Bedingungen fair sind, ist es ein guter Deal für den Entrepreneur und für seine leistungsstarken Mitarbeiter. Es empfiehlt sich auch nicht, die mögliche Kündigung als Drohung einzusetzen. Entscheidend ist, dass Sie fragen, welche konkrete Leistung Sie erbringen müssen, um am Eigentum des Unternehmens beteiligt zu werden.

Wenn Ihnen ein Unternehmen gehört, haben Sie möglicherweise Vorbehalte gegen eine Gewährung von Eigentumsrechten. Vielleicht denken Sie: »Okay, Pat kann das tun, denn er hat ein Riesenunternehmen mit enormem Umsatz, aber ich bin nicht so groß und kann nicht dieselbe Art von Deal anbieten.« Sie denken nur einen Schritt voraus. Vergleichen Sie diese Denkweise mit einem Großmeister, der genügend Schritte vorausdenkt, um die positive Seite zu erkennen. Ich sage Ihnen nicht, dass Sie anfangen sollten, mit Anteilen an Ihrem Unternehmen um sich zu werfen. Einige wenige Anteile sind genug, um den Leuten das Gefühl zu geben, als langfristige Partner etwas zu verlieren zu haben.

Wenn Sie eine Mentalität des Mangels pflegen, befürchten Sie stets, dass das Vorhandene nicht ausreicht und hinter jeder Ecke ein Desaster lauert und Sie am Ende nicht genug bekommen.

Wenn Sie von Ihrer »zukünftigen Wahrheit« zu 100 Prozent überzeugt sind, denken Sie anders. Wenn Sie nicht hinreichend überzeugt sind, sollten Sie die Rechnung aufmachen: Angenommen, Ihr Unternehmen hat in den letzten fünf Jahren im Schnitt 10 Millionen US-Dollar Umsatz mit 15-prozentiger Gewinnmarge gemacht. Dass sind 1,5 Millionen Nettogewinn. Sie wollen Johnny einstellen, damit er Ihnen hilft, das Geschäft weiter auszubauen. Johnny besteht jedoch entweder auf einer Kapitalbeteiligung oder einem Bonus. Anfangs stellen Sie sich quer. Johnny erzählt Ihnen, dass er, wenn er das Geschäft von 10 Millionen auf 15 Millionen US-Dollar steigern kann, einen Bonus von 250 000 US-Dollar haben möchte. Ihre anfängliche Reaktion ist, dass Sie sich eine so große Auszahlung nicht leisten können.

Jetzt rechnen Sie nach. Ihr Nettogewinn steigt von 1,5 Millionen auf 2,25 Millionen US-Dollar. Wie können Sie Johnny angesichts dieses Gewinnzuwachses die 250 000 US-Dollar missgönnen? Es handelt sich im Kern um einen 2:1-Deal zu Ihren Gunsten. Johnnys harte Arbeit spült 500 000 US-Dollar in die Taschen des Unternehmens. (Dieses Beispiel geht davon aus, dass Ihr Unternehmen nicht ohnehin bereits wächst. Wenn doch, würden Sie den Anreiz danach bemessen, inwieweit Johnny das Wachstum noch verstärkt. Wenn das Unternehmen beispielsweise während der vergangenen Jahre bereits um je 20 Prozent wuchs und Johnny in der Lage war, dieses Wachstum auf 50 Prozent zu steigern, würde die Differenz von 30 Prozent ihm zugeschrieben.)

Eine Weigerung hätte ihre Ursache einzig darin, dass Sie kurzfristig denken, oder in einem Zuviel an Bürokratie. Wenn Sie sich immer noch querstellen, weil

Sie denken, dass dann alle anderen im Unternehmen die gleichen Forderungen stellen, bringt Ihr kurzfristiges Denken Sie in einen logischen Albtraum. Überlegen Sie: Was gibt es Besseres, als wenn jeder in Ihrem Unternehmen mehr Gewinn generieren will, um sowohl Ihren Reichtum als auch den eigenen zu vermehren?

Glauben Sie, Bill Gates würde all den Menschen, die für Microsoft arbeiten, ihren dort erworbenen Wohlstand missgönnen? Gates *schenkte* den Leuten keine Unternehmensanteile. Weil er aber mehrere Schritte vorausdachte, *gewährte* er sie denen, die sie verdienten. Ich habe eine Überschlagsrechnung gelesen, wonach Microsoft drei Milliardäre (vergessen wir nicht Steve Ballmer!) und 12 000 Millionäre geschaffen hat.

■ ■ ■ ■ ■

Sehen Sie allmählich, dass Sie Reichtum schaffen, indem Sie anderen die Möglichkeit gewähren, neben Ihnen ebenfalls reich zu werden?

Manche Menschen legen Wert auf Anteile, andere auf eine Gewinnbeteiligung, auf große Gehälter oder Boni und wieder andere auf langfristige Sicherheit. Keine zwei sind gleich. Entscheidend ist, dass Sie die richtige Art von Vergütungsplan schaffen, der die Art von Talenten anzieht und bei der Stange hält, die Sie sich wünschen.

Ich persönlich bevorzuge Anteile und Gewinnbeteiligung anstelle von Boni, weil das die Wahrscheinlichkeit erhöht, dass Sie langfristig die richtigen Menschen um sich versammeln (mehr dazu im nächsten Kapitel). Und wie Hausbesitzer ihre Immobilien besser behandeln als Mieter, verändert sich die Denkweise der Mitarbeiter, sobald sie Anteile am Unternehmen erhalten. Plötzlich arbeiten sie für sich selbst und haben ein Interesse daran, nicht nur ihr Einkommen zu steigern, sondern auch den Wert des Unternehmens.

Das mag alles selbstverständlich klingen, aber es passiert leicht, dass wir in kleinen Dingen klug und in großen Dingen töricht sind. Da ist beispielsweise jenes europäische Unternehmen – einer der größten Batteriezellenhersteller des Kontinents. Es wandte sich an mich, weil sein jährliches Wachstum lediglich

2 Prozent betrug. Als ich mich mit dem CEO traf, stellte ich ihm als Erstes die Frage: »Wie viel bezahlen Sie Ihren Vertriebskräften?«

»2500 US-Dollar im Monat.«

»Okay, aber wie viel mehr können sie bekommen?«, fragte ich.

»Ich verstehe die Frage nicht«, sagte er.

»Ich meine: Wie viel erhalten sie zusätzlich zum Gehalt für gute Leistung?«

»Nichts.«

»Nichts?«

Ich konnte es nicht glauben. Wie sehr strengen Sie sich an, wenn Sie unabhängig von Ihrer Leistung am Ende nur 2500 Dollar monatlich bekommen?

Er änderte seinen Vergütungsplan und fokussierte sich auf die Implementierung eines Gewinnbeteiligungsplans. Kurz danach nahm die Wachstumsrate des Unternehmens um 25 Prozent zu. Manchmal liegt der Schlüssel zu mehr Wachstum schlicht auf der Hand. Verändern Sie Ihren Vergütungsplan, damit die Mitarbeiter das Gefühl haben, »ein Stück geschenkt zu bekommen«, und sie werden härter, länger und kreativer arbeiten.

Geben Sie nicht gleich beim ersten Mal alles her: Wie Sie goldene Handschellen schaffen

Hier ist die Strategie: Geben Sie Ihren wichtigsten Leuten Anteile, aber nicht sofort. Lassen Sie sie sich verdienen.

Vielleicht sind Sie klug und einfühlsam, aber niemand kann Gedanken lesen. Potenzielle Mitarbeiter mögen auf den ersten Blick großartig wirken, aber Sie müssen sie kennenlernen, bevor Sie eine Investition in sie tätigen. Indem Sie eine Wartezeit schaffen, bevor Sie ihnen Anteile gewähren, geben Sie ihnen Zeit, um Sie davon zu überzeugen, dass sie dort hingehören. Ich bemühe mich ständig, meine Leute zu begeistern. Das gehört zu meinem Job. Ich begeistere sie wieder und wieder für unsere Mission und Vision. Ich mache ihnen das Geld schmackhaft, das sie verdienen, und die Zukunft, die sie haben können. Ich begeistere sie für unsere Kultur. Ich glaube an das Unternehmen, das ich geschaffen habe, und ich will sicherstellen, dass auch sie daran glauben.

Wenn Menschen eingestellt werden, hören sie häufig auf, sich zu verkaufen. Sie denken, dass sie es geschafft haben und dass sie fortan nur noch ihren Job zu machen brauchen. Nein. Ich muss spüren, dass meine Leute begeistert sind von ihrer Arbeit hier bei uns und dass sie überzeugt sind, dass nur sie in der Lage sind, uns bei der Erreichung unserer Ziele zu helfen. Ich achte auf das, was sie sagen und tun. Wenn ihre Worte und Taten mit den Bedürfnissen des Unternehmens im Einklang stehen, bin ich von ihnen überzeugt.

Ziehen Sie keine vorschnellen Schlüsse über die Menschen, die Sie einstellen. Warten Sie vielmehr ab und beobachten Sie. Ihre Kandidaten mögen perfekt erscheinen und viel Talent mitbringen, aber vielleicht passen sie nicht zu der Kultur, die Sie zu schaffen bemüht sind. Im Einstellungsgespräch und in der ersten Phase ihrer Tätigkeit zeigen sie sich von ihrer besten Seite. Kaufen Sie ihnen das nicht von jetzt auf gleich ab. Lassen Sie sich nachhaltig überzeugen.

Die Gewährung von Anteilen an Ihre Mitarbeiter ist mehr Kunst als Wissenschaft. Wenn Sie sie beherrschen, erreichen Sie damit drei Dinge:

1. Ihre Mitarbeiter denken nicht länger wie Beschäftigte, sondern wie Eigentümer.
2. Sie bringen Ihre Mitarbeiter dazu, länger und mit mehr Verstand zu arbeiten, um den Wert Ihres Unternehmens zu steigern.
3. Sie halten Ihre Mitarbeiter länger im Unternehmen, indem Sie die Vergütung intelligent strukturieren.

Nur zwei Jahre nach Gründung meines Unternehmens schuf ich einen Aktienplan. Bedenken Sie, dass die Natur der Finanzdienstleistungen mit ihren Vertragsverlängerungs- und Staffelprovisionen automatisch einen hohen Grad an Mitarbeiterbindung schafft. Ich begnügte mich nicht damit, der Klassenbeste zu sein; ich wollte einen Vergütungsplan, der die Branche revolutionierte.

Ich fragte mich, wie ein Komponist oder ein Choreograf hier vorgegangen wäre. Die Schaffung des richtigen Vergütungsplans ist wie die Schaffung der richtigen Melodie. Was den preisgekrönten Komponisten Hans Zimmer auszeichnet, ist das Wissen darum, wie sich verschiedene Melodien für einen ganzen Film perfekt kombinieren lassen. Ähnliches gilt für einen effektiven Vergütungsplan: Alle Teile müssen zusammenpassen, damit daraus das beste Gesamtpaket wird. Vielleicht klingt das in Ihren Ohren theatralisch, aber etwas so Wichtiges erfordert diesen Grad an Detailversessenheit. Hier sind die Schlüssel zur Schaffung der effektivsten Vergütungsstruktur:

1. Beschließen Sie, welches Verhalten oder welche Ergebnisse Sie belohnen wollen.
2. Studieren Sie die gegenwärtige Vergütungsstruktur in Ihrer Branche. Selbst wenn Sie vorhaben, den Status quo hinter sich zu lassen, müssen Sie ihn zuerst kennen.
3. Überlegen Sie, wie Sie drei Stufen von Unternehmensanteilen schaffen können, um die sich die Mitarbeiter bewerben können. Das ist effektiver als ein Alles-oder-nichts-Anreiz.

Ich schuf einen Plan, der es den Versicherungsvertretern ermöglichte, innerhalb der ersten zwei Jahre erste Anteile zu erwerben. Das Gewährungsschema ist komplex. Wenn Sie beabsichtigen, so etwas in Ihrem Unternehmen einzuführen, benötigen Sie entweder einen erfahrenen CFO oder einen externen Berater, der sich mit den Details auskennt.

Das große Bild ist, dass Ihre Mitarbeiter Anteile am Unternehmen erwerben, und zwar allmählich. Das führt dazu, dass sie sich wie Eigentümer fühlen, wie Eigentümer bezahlt werden (mit der Folge, dass auch Sie reicher werden) und wissen, dass es für sie sinnvoll ist, in Ihrem Unternehmen zu bleiben, wenn sie ihre Bezüge maximieren wollen. Der aus dem Jahr 1976 stammende Begriff *goldene Handschellen* bedeutet, dass Mitarbeiter solange ihr Gold beziehen, wie sie bei Ihnen bleiben.

Bedenken Sie vor allem: Wenn Sie Ihre Leute nicht richtig behandeln, wird es ein anderer tun.

Was Sie belohnen müssen, um Talente zu halten

- Mitarbeiter wollen für ihre Bemühungen angemessen vergütet werden.
- Herausragende Leistungsträger wollen am Erfolg des Unternehmens beteiligt werden.
- Mitarbeiter wollen wissen, dass sie zu einer Organisation gehören, die etwas bewirkt.
- Mitarbeiter wollen vor ihresgleichen für die geleistete Arbeit anerkannt werden.
- Mitarbeiter wollen wissen, dass sich ihnen innerhalb des Unternehmens Wachstumschancen bieten.

Mitarbeiter wollen aufgrund klar definierter Erwartungen beurteilt werden, ohne dass sich die Messlatte ständig verschiebt.

Kommunizieren Sie Erwartungen klar, frühzeitig und offen

Häufig gehen wir irrtümlich davon aus, dass der Charakter eines Menschen unveränderlich ist. Folglich denken wir, wenn wir an einem neuen Mitarbeiter schlechte Angewohnheiten bemerken, wir hätten die falsche Einstellungsentscheidung getroffen. In Wahrheit aber ist es gut möglich, dass wir diesem Mitarbeiter mit dem richtigen Training zum Erfolg verhelfen können. Entscheidend ist, dass wir seine Leistung beobachten und Feedback und bessere Kommunikation bieten. Indem wir Mitarbeiter wissen lassen, wo sie stehen, erreichen wir drei wichtige Dinge:

1. Ihr Mitarbeiter weiß, was er konkret zu tun hat, um seinen Job zu behalten.
2. Tut er das nicht, erscheint es nur fair und objektiv, ihn ziehen zu lassen.
3. Sie können damit beginnen, nach einer anderen Person zu suchen, die sich seiner Aufgaben annehmen kann. Im besten Fall verbessert er sich und Sie haben Ihre »Bank« erweitert. Wenn es nicht so kommt und er

geht, kann ein anderer einspringen und seinen Job nahtlos übernehmen.

■ ■ ■ ■ ■

Setzen Sie klare Erwartungen: »Bob, Sie haben mir erzählt, Sie wären ein pünktlicher Mensch, aber in den letzten Wochen kamen Sie dreimal zu spät zur Arbeit.«

Bob erwidert: »Aber es handelte sich nur um acht Minuten.«

»Acht Minuten sind acht Minuten zu viel und Sie haben uns erzählt, auf Sie sei Verlass. Wir erwarten von unseren Mitarbeitern Pünktlichkeit. Ich möchte nur, dass Sie wissen: Wenn das so weitergeht, wird das für uns zum Problem.«

Wenn Sie an der Spitze Kompromisse bei den Standards machen, schaffen Sie ein Umfeld, in dem geringe Standards akzeptiert werden. Von da an geht es nur noch bergab.

Dieser unmittelbare Ansatz verschafft Bob die Möglichkeit, selbst zu kündigen, bevor ihm gekündigt wird – eine Option, von der viele Menschen Gebrauch machen werden. Sie werden bei Neueinstellungen nicht jedes Mal einen Volltreffer landen. Wenn Sie sehen, dass jemand nicht zu seiner Aufgabe passt, müssen Sie Ihre Standards klarmachen und dem Betreffenden zu verstehen geben, wo er Ihnen nicht genügt. Sie werden überrascht sein, wie häufig es anschließend besser läuft.

Angenommen, Bobs Verhalten bleibt weiter ein Problem. Wenn die Zeit gekommen ist, ihn gehen zu lassen, wird er nicht überrascht sein, weil Sie ihm gesagt haben, was er besser machen muss. Sie sagen: »Bob, ich glaube kaum, dass Sie das überraschen wird, denn Sie waren in den letzten zwei Wochen dreimal zu spät, und ich hatte Ihnen gesagt, dass das ein Problem ist. Und dennoch sind Sie weiter zu spät gekommen. Ich fürchte, wir haben keine andere Wahl, als Sie gehen zu lassen.«

Direkt auf den Punkt.

Für jene von Ihnen, die ein erfolgreiches Unternehmen führen, bei dem es nicht wichtig ist, ob die Mitarbeiter pünktlich erscheinen, sieht die Geschichte vollkommen anders aus. Vielleicht sind Sie im kreativen Bereich tätig und können gut damit leben, dass Ihre Redakteure und Entwickler kommen, wann es ihnen beliebt, solange sie ihre Arbeit erledigen. Das ist okay, wenn es in Ihrer Branche funktioniert. Falls es aber notwendig ist, dass Ihre Mitarbeiter pünktlich erscheinen, dürfen Sie keine Kompromisse eingehen, wenn Sie nicht wollen, dass sich das schlechte Verhalten breitmacht.

Ich erzähle Ihnen diese Geschichte, um damit zu unterstreichen, dass Sie damit, wie Sie neue Mitarbeiter einstellen und managen, die Notwendigkeit verringern können, Mitarbeiter zu entlassen – mitsamt den schlechten Gefühlen, die das bei Ihnen verursacht. Wir wollen uns im Folgenden konkrete Strategien zum effektiven Kündigen anschauen.

Kündigen Sie behutsam

Zu dem Härtesten, was Entrepreneure mitunter tun müssen, gehört, Mitarbeiter zu entlassen, und wenn das auf die falsche Weise geschieht, kann es die Unternehmenskultur vergiften. Sobald Sie eine gewisse Verantwortung für einen Mitarbeiter akzeptieren, der sich nicht bewährt hat, widmen Sie sich dieser unerfreulichen Aufgabe mit einer empathischeren Einstellung. Lassen Sie es nicht an Ihrem Mitarbeiter aus. Lernen Sie vielmehr, gut zu entlassen.

Wie Sie sehen werden, handelt es sich hier um eine wichtige, aber häufig vernachlässigte Fähigkeit, über die ein Entrepreneur verfügen muss. Zeigen Sie mir jemanden, der jedes Mal, wenn er jemanden entlässt, Brücken verbrennt, und ich zeige Ihnen jemanden, dem es im besten Fall an Empathie mangelt und der im schlimmsten Fall ein Sadist und Tyrann ist. Dasselbe gilt für Entrepreneure, die nicht abdrücken können – die problematische Mitarbeiter ständig warnen, ohne den Schneid zu haben, sie wirklich gehen zu lassen. Wenn Sie einen schlechten Mitarbeiter haben, können seine Einstellung und sein Verhalten leicht negativ auf die übrigen Mitarbeiter abfärben.

■ ■ ■ ■ ■

Lassen Sie mich eine Parallele zwischen einer Entlassung und der Aufkündigung einer Beziehung ziehen. Um der Trennung die Schärfe zu nehmen, nehmen Sie vielleicht Zuflucht zu klassischen Formulierungen:

»Es liegt wirklich nicht an dir, sondern an mir.«

»In Anbetracht der Richtung, die unsere Beziehung genommen hat, wussten wir beide, dass dieser Tag kommen würde.«

»Ich bin das Problem.«

Sie versuchen, liebenswürdig zu sein, um Wut, Trauer, Scham und andere starke Gefühle zu verringern, die uns in solchen Situationen überfallen können. Wie ein Entrepreneur, der einen Mitarbeiter entlässt, ziehen Sie sich auf ähnliche Formulierungen zurück: »Ich bin sicher, dass Sie anderswo erfolgreich sein werden; wir haben lediglich philosophische Diskrepanzen«, oder: »Sie sind sehr talentiert; ich bin sicher, dass Sie bald eine andere Arbeit finden werden, und ich stelle Ihnen nur zu gern ein gutes Zeugnis aus.«

Im Allgemeinen jedoch reicht es nicht, sich auf klassische Trennungsfloskeln zu verlassen. Mitarbeiter sind nicht dumm. Sie sind Menschen und das bedeutet, dass Sie sie mit Respekt behandeln müssen. Das gehört sich so. Außerdem stellen nicht nur Sie Ihren Mitarbeitern ein Zeugnis aus. Auch Ihre Entlassungskandidaten werden in den sozialen Medien über Sie sprechen und Sie möchten sicherlich nicht, dass Ihre Reputation Schaden nimmt.

Ziehen Sie den Entlassungsprozess nicht in die Länge, aber überstürzen Sie ihn auch nicht. Weder heilt die Zeit alle Wunden noch verwandelt sie Inkompetenz plötzlich auf magische Weise in Kompetenz. Wenn Sie dieser Person eine faire Warnung gegeben haben und er nicht reagiert hat, brauchen Sie ihm nicht immer noch weiter Verbesserungschancen einzuräumen. Die Wahrscheinlichkeit ist groß, dass Sie damit nichts gewinnen. Setzen Sie ein Auflösungsgespräch an und ziehen Sie einen klaren Strich. Gleichzeitig warne ich Sie jedoch vor einer Strategie der verbrannten Erde. Wenn das Temperament mit Ihnen durchgeht und Sie jeden loswerden wollen, der jemals einen Fehler begangen oder Sie in irgendeiner Weise verärgert hat, haben Sie Ihr Büro zuletzt für sich allein. Und bedenken Sie: Möglicherweise müssen Sie einem Mitarbeiter jetzt kündigen, weil Sie ihn besser gar nicht erst eingestellt hätten.

Das erinnert mich an Houtan Sarraf, besser bekannt als Hoot. Ich liebe Hoot, der einer meiner Lieblingsassistenten war. Ausschlaggebend war dafür nicht, dass er gut in seinem Job gewesen wäre. Im Gegenteil, er war vermutlich der schlechteste Assistent seit Bestehen der Welt. Er war desorganisiert und brachte nichts zu Ende. Er war jedoch ein toller Typ und ich mochte ihn um mich haben.

Ab einem bestimmten Punkt war ich seine Ineffektivität jedoch leid und ich rief ihn zu mir ins Büro. »Hoot«, sagte ich, »ich habe eine gute und eine schlechte Nachricht für dich. Welche willst du zuerst hören?« Er entschied sich für die schlechte Nachricht. »Okay. Du bist ein fürchterlicher Assistent und deshalb lasse ich dich gehen.«

»Und die gute Nachricht?«, fragte er.

»Ich vertraue dir. Du bist ein freundlicher, wundervoller Mensch, der seinen Weg gehen wird – nur nicht in der Assistentenrolle.« Wir sprachen darüber, was er sich im Leben wünschte – wer er in Wahrheit sein wollte – und er verriet mir, dass er schon immer auf den besten Wellen der Welt surfen wollte. Ich ermunterte ihn, seinen Traum wahrzumachen, und das tat er dann auch während der anschließenden zehn Jahre. Indem er an den Stränden, die er besuchte, Surfunterricht gab und in Restaurants arbeitete, finanzierte er sich seine Abenteuerreisen, die ihn auf der Suche nach großen Wellen bis nach China, Neuseeland und Australien führten. Nach seiner Rückkehr wusste er unendliche Geschichten zu erzählen. Ich betrachtete ihn wie meinen jüngeren Bruder. Ich verließ mich auch darauf, dass er sich niemals wieder auf eine Assistentenstelle bewerben würde.

Patty McCord fasst meine Philosophie perfekt zusammen: »Wenn wir uns nur Spitzenspieler in unserem Team wünschen, müssen wir bereit sein, Mitarbeiter gehen zu lassen, deren Fähigkeiten nicht länger gebraucht werden, so wertvoll auch immer sie in der Vergangenheit gewesen sein mögen.«

Sechs Techniken, um ein effektiver Terminator zu werden

Die folgende Liste ist das Ergebnis langer Erfahrung. Machen Sie sich bitte bewusst, dass eine Kündigung möglicherweise gerichtlich angefochten werden kann.

Bevor Sie ein Beschäftigungsverhältnis auflösen, sollten Sie deshalb Rücksprache mit dem Unternehmensanwalt oder der Personalabteilung halten, sofern vorhanden.

1. **Entlassen Sie sanft.** Wenn es an der Zeit ist, einem Mitarbeiter zu sagen, dass Sie ihn nicht länger brauchen, sollten Sie es mit ein wenig schauspielerischem Geschick tun. Sprechen Sie keine Schuldzuweisungen aus. Schlagen Sie nicht zurück, wenn Ihr Mitarbeiter Ihnen Vorwürfe macht. Wenn Sie auf den Mitarbeiter eindreschen, will am Ende niemand mehr für Sie arbeiten, und wenn Ihr Mitarbeiter auf Sie eindrischt, läuft er Gefahr, dass Sie ihm nicht das Zeugnis ausstellen, das er braucht, um andernorts eine Stelle zu finden.
2. **Kommen Sie unmittelbar zum Punkt.** Wenn Sie jemanden entlassen, sollten Sie den Prozess nicht in die Länge ziehen. Mag der Betreffende auch geschockt sein und auf die Nachricht mit Protest reagieren, sollten Sie keine Zeit verlieren, indem Sie sich rechtfertigen oder zu beweisen versuchen, dass die Kündigung verdient ist. Damit erreichen Sie nichts und verschwenden am Ende nur Zeit und emotionale Energie.
3. **Seien Sie bestimmt aber sanft.** Ja, ich komme noch einmal auf die Sanftheit zurück, weil ich nicht will, dass aus der Bestimmtheit Härte wird und Sie auf Ihren Mitarbeiter einzudreschen beginnen. Bestimmt heißt, schnell zum Punkt zu kommen und nicht zu wanken. Machen Sie sich klar: Dies ist keine Debatte, sondern eine Entscheidung. Es hat nicht funktioniert. Das Leben muss für Sie beide weitergehen. Punkt.
4. **Berücksichtigen Sie die Gefühle der anderen Person.** Sagen Sie etwas wie: »Hören Sie, mir ist bewusst, dass dies für Sie vielleicht ein frustrierender und enttäuschender Moment ist. Auch mich hat man schon gehen lassen und ich kann Ihnen sagen, das war nicht schön für mich. Ich will jedoch sicherstellen, dass ich Ihre Gefühle und Gedanken verstehe.« Hören Sie zu, was die andere Person sagt, und machen Sie deutlich, dass Sie die zum Ausdruck gebrachte Emotion erfasst haben: »Ich weiß, dass Sie verärgert sind …«

5. **Halten Sie eine gute Exit-Strategie bereit.** Eine schlechte Exit-Strategie wäre, einen Ihrer Mitarbeiter den Kandidaten feuern zu lassen, den Sie selbst zuvor eingestellt haben. Das wäre eine sichere Methode, Ihr Unternehmen in Verruf zu bringen. Aber was ist, wenn Sie John eingestellt haben und dieser anschließend für Sue gearbeitet hat? Dann sollten Sie und Sue gemeinsam anwesend sein, wenn Sie John die schlechte Nachricht überbringen. Und machen Sie aus der Beendigung der Arbeitsbeziehung keine fristlose Kündigung, sondern führen Sie ein Art Interview. So weisen Sie der Person nicht einfach die Tür, sondern ebnen ihr mit Informationen und Mitgefühl den Weg. Wenn Sie die Beziehung zu einem Zulieferer beenden, der außerhalb Ihres Büros arbeitet, ist das eine andere Geschichte – dazu reicht möglicherweise ein Telefongespräch. Aber wenn jemand in Ihren Räumlichkeiten gearbeitet hat, müssen Sie ihm ein persönliches Gespräch gewähren, bevor er das Unternehmen verlässt.
6. **Sprechen Sie über die Stärken der Person.** Dieser Punkt baut auf dem letzten auf. Geben Sie der Person Empfehlungen, wie sie in einem anschließenden Job von ihren Stärken profitieren könnte: »Sie sind wirklich gut in *X*, was bedeutet, dass Sie besonders geeignet wären für *Y*.« Machen Sie aus sich einen einfühlenden Coach, der dem Entlassungskandidaten helfen will, eine zu seinen Stärken passende Stelle zu finden. Wenn Sie diesen Ansatz wählen, bleiben auch Ihre ehemaligen Mitarbeiter Fans Ihres Unternehmens.

■ ■ ■ ■ ■

Stellen Sie langsam ein; entlassen Sie schnell. Lassen Sie sich Zeit, um sicher zu sein, dass Sie die richtigen Leute einstellen, aber wenn Sie überzeugt sind, dass jemand die falsche Person ist, sollten Sie nicht zulassen, dass sie längere Zeit Produktivität und Moral beeinträchtigt.

Ich hoffe, dass Sie mittlerweile über das Dasein als Solopreneur hinausdenken. Ein Unternehmen bestehend aus einer einzigen Person hat begrenzte Wirkung. Niemand errichtet auf eigene Faust ein Milliarden-Dollar-Unternehmen.

7

Schaffen Sie eine prinzipienbasierte Kultur

Führung bedeutet, dass wir andere durch unsere Anwesenheit besser machen und dafür sorgen, dass dieser Effekt über unsere Abwesenheit hinaus erhalten bleibt.

Sheryl Sandberg, COO von Facebook
und Gründerin von LeanIn.org

Ob Sie Atheist oder Agnostiker sind – religiöse Elemente haben ihren Platz in Ihrem Unternehmen. Bevor Sie diese Idee abtun, wollen wir ein wenig genauer hinschauen. Ich bin tatsächlich überzeugt, dass wir aus dem Studium der Religionen dieser Welt eine Menge lernen können. Welche zwei Dinge haben alle Religionen gemeinsam? Überzeugte Gläubige und Rituale.

Welches Unternehmen kann ohne Menschen, die an es glauben, erfolgreich sein? Und welches Unternehmen hat nicht seine eigenen Symbole, Sprüche und Glaubensgrundsätze, die Teil seiner Kultur sind?

Google ist eine Religion. Ebenso Apple. Ebenso Southwest Airlines und Walmart. Ihre CEOs werden es nicht zugeben, aber jedes dieser Unternehmen befolgt »Gebote«, missioniert über soziale und andere Medien und ist leidenschaftlich überzeugt von der eigenen Geschäftsstrategie und den eigenen kulturellen Normen.

Auch ich bin von solchen Dingen überzeugt und diese Überzeugung gibt meinem Unternehmen Kraft. Sie stärkt uns in schwierigen Zeiten und macht uns Mut, wenn die Dinge nicht so laufen, wie sie sollten. Überzeugte Gläubige sind wunderbar und so sollten Sie, was immer Sie geschäftlich planen, dafür sorgen, dass Sie und Ihre Mitarbeiter etwas haben, wovon Sie gemeinsam überzeugt sind.

Eine großartige Geschäftsidee und talentierte Mitarbeiter aber reichen noch nicht aus. Als Entrepreneur, der die Bedeutung von Strategie und Talent kennt, möchten Sie mir möglicherweise widersprechen. Ich garantiere Ihnen jedoch, dass Ihre Mitarbeiter niemals auch nur annähernd ihr Potenzial ausschöpfen werden, solange sie nicht an gemeinsame Prinzipien und Werte glauben. Es spielt keine Rolle, ob Sie eine bessere Mausefalle erfunden haben oder die Besten und Klügsten beschäftigen. Ohne gemeinsame Werte können Sie das, was Sie aufgebaut haben, nicht aufrechterhalten.

Eine Sache ist es zu wissen, wer Sie sein wollen; eine andere ist es, eine ganze Organisation auf Kernüberzeugungen aufzubauen, die Bestand haben werden – mit oder ohne Sie. In diesem Kapitel werden Sie lernen, wie Sie das erreichen.

Prinzipien errichten

Unmittelbar nach Gründung meines Unternehmens war ich mit meiner damaligen Freundin und heutigen Frau in Hawaii, und wir gingen nach oben in unser Zimmer. Hawaii ist ein romantischer Ort und so taten wir natürlich, was junge Paare so tun. Sie können sich denken, wie es weiterging, nicht wahr? Als ich das »Nicht-stören«-Zeichen an die Tür hängte, musste ich an den 80er-Jahre-Hit von The System denken und begann zu singen: »Hang the sign upon the door, say, ›don't disturb this groove.‹« Ich schob den Riegel vor und kam sofort zur Sache. Und wenn ich sage, dass ich »zur Sache kam«, meine ich, dass ich zu Stift und Papier griff und sagte: »Lass uns eine Liste von Werten und Prinzipien erstellen, nach denen wir leben wollen. Schauen wir, was uns alles einfällt.«

Im ersten Anlauf kamen wir auf 43 Punkte, die wir anschließend zu einer Zehnerliste zusammenstrichen.

Vielleicht finden Sie, dass es bessere Dinge zu tun gäbe, wenn man mit seiner Freundin in Hawaii ist, aber wie jeder, der mich kennt, bestätigen wird, bin ich von Prinzipien besessen. Als wir beschlossen, dass wir Kinder haben wollten, nahmen meine Frau Jennifer und ich ebenfalls ein Blatt Papier zur Hand und praktizierten dieselbe Übung. Die Folge davon ist, dass unsere Familie eine Kultur hat.

Wir stehen für etwas. Wir haben Prinzipien und klare Werte, die wir immer wieder wiederholen.

Wofür wir als Familie stehen

- Führung – weil es in jeder Situation notwendig ist
- Respekt – weil wir von jedem Menschen etwas lernen können
- Verbesserung – weil wir dann wissen, dass es funktionieren wird
- Liebe – weil jeder im Leben seine Herausforderung zu bestehen hat

Was wir nicht tolerieren

- Schikane – aktiv und passiv

Unsere Kernwerte

- **Mut.** Sich nicht scheuen, andere vor Herausforderungen zu stellen
- **Weisheit.** Die richtigen Entscheidungen treffen
- **Toleranz.** Wissen, dass wir es mit Menschen zu tun haben, die sich kontinuierlich verändern
- **Verständnis.** Anerkennen und respektieren, dass die Menschen unterschiedliche Ideen und Werte haben

Wir riefen uns diese Punkte wieder und wieder ins Gedächtnis. Meine Kinder können sie schon nicht mehr hören. In unserem Unternehmen machen sich meine Mitarbeiter über mich lustig, weil ich diese Überzeugungen so häufig wiederhole. Ich sehe das so: Solange sich niemand über Sie lustig macht, haben Sie Ihre Botschaft noch nicht häufig genug wiederholt.

Warum wiederhole ich unsere Prinzipien so unerbittlich – in meiner privaten Familie ebenso wie in meiner beruflichen? Weil ich von der Kraft der Wiederholung und nochmaligen Wiederholung überzeugt bin. Ich will, dass meine Mitarbeiter und meine Familienangehörigen diese Werte und Prinzipien ununterbrochen vor Augen haben.

Ich habe andere Entrepreneure beobachtet, die Probleme in ihren Unternehmen haben: Mitarbeiter schauen sich Pornoseiten an, wenn sie eigentlich arbeiten sollten, wenden unethische Methoden an, um Umsatz zu generieren, und zeigen nur so viel Einsatz, dass sie sich irgendwie behaupten, aber nicht genug, um Spitzenleistung zu zeigen. Manche von ihnen haben es versäumt, sich die eigenen Werte bewusst zu machen. Andere kennen zwar die eigenen Werte, haben sie aber nicht häufig genug wiederholt – und *demonstriert* –, um sie wirklich zu verinnerlichen.

Beweisen Sie, wofür Sie stehen

Ich war mit meinem sechsjährigen Sohn Dylan bei Nordstrom einkaufen. Er alberte herum und kletterte über meinen Rücken, als eine Frau ihn anschaute und zu lächeln begann. Sie erzählte, dass ihre Kinder mittlerweile älter seien, dass sie sich aber noch an diese Phase erinnere. Ich stellte ihr dieselbe Frage, die ich stets Eltern stelle, die älter sind als ich: »Welche drei Dinge haben Sie als Eltern richtig gemacht?«

Ihre ersten zwei Antworten waren die üblichen: Schenken Sie Ihren Kindern Liebe und viel Aufmerksamkeit. Die letzte handelte von Glaubwürdigkeit. Sie sagte: »Wenn Sie androhen, sie zu bestrafen oder ihnen etwas wegzunehmen, müssen Sie das auch durchziehen, wenn Sie nicht wollen, dass Ihre Worte ihren Wert verlieren.«

Im Jahr 2010, nur ein Jahr nach Gründung meines Unternehmens, stellte ich einige Vertreter ein, von denen ich bald erfuhr, dass sie bereit waren, krumme Wege zu gehen und sich unethischer Methoden zu bedienen, um Umsatz zu machen. Natürlich hatte ich das nicht gewusst, als ich sie einstellte. Sie sahen vielmehr wie Glückstreffer aus, denn sie waren die Wucht – jeder von ihnen machte in seinen ersten drei Monaten bei uns mehr als 100 000 US-Dollar Umsatz.

Allmählich hörte ich jedoch von ihren halbseidenen Methoden. Damals konnte ich mir noch keine Compliance-Beauftragten-Vollzeitstelle leisten, aber mir wurde schon bald klar, dass ich unser explosives Offensivspiel (unser rasches Wachstum) durch das richtige Defensivspiel ergänzen musste. Meine Wahl fiel auf Amour Noubarentz – er war acht Jahre zuvor mein Filialmanager gewesen –, weil ich wusste, dass er meine Prinzipien teilte. Ich bat ihn also nachzuprüfen, was an den Anschuldigungen dran war. Amour warnte mich, dass ich ihn seine Arbeit machen lassen müsse und möglicherweise nicht froh sein würde über das, was ich zu hören bekäme. Es bestand die Chance, dass diese Großverdiener sich Verhaltensweisen zuschulden kommen ließen, die nicht mit den Prinzipien in Einklang standen, die ich meinen Mitarbeitern einzuhämmern versuchte. Ich gab ihm freie Hand.

Drei Monate später legte er mir Beweise vor, dass unser Verkaufsstar Umsatz auf eine Art und Weise erzeugt hatte, die nicht nur unethisch, sondern möglicherweise sogar ungesetzlich war.

»Du musst ihn entlassen«, sagte Amour.

Trotz unserer früheren Abmachung scheute ich vor diesem Schritt zurück. Wie viele Entrepreneure schätzte ich Mitarbeiter, die Ergebnisse lieferten, und dieser Vertreter lieferte wie verrückt. Als Amour seine Beweise präsentierte, darunter eine Geschichte von Problemen mit dem FBI (sagte ich Ihnen nicht, dass ich die Kunst des Einstellens auf die harte Tour erlernt habe?), blieb mir keine Wahl. Mitarbeiter zu entlassen, ist immer schwierig, und als ich mich in diesem Fall mit dem Vertreter und seiner Geschäftspartnerin und Frau traf, erzählte sie mir weinend, sie hätten Kinder und wüssten nicht, wie sie für sie sorgen sollten. Am Ende unterstützte ich sie, so gut ich konnte, konnte aber dennoch nicht umhin, sie zu entlassen. Wir können Mitarbeiter, die unsere Prinzipien verletzen, nun einmal nicht tolerieren.

Nach diesem Vorfall rief ich unseren unternehmenseigenen »Buch-des-Monats«-Klub ins Leben. Anfangs trug ich meinen Mitarbeitern die Lektüre von *Winners Never Cheat – Everyday Values That We Learned as Children (but May Have Forgotten)* von Jon M. Huntsman und *Die Kraft des positiven Führens – Integrität zahlt sich aus* von Kenneth Blanchard und Norman Vincent Peale auf. Ich wollte allen kommunizieren, dass wir unethisches Verhalten in keiner Weise tolerieren konnten.

Alle begannen, über die Prinzipien und Werte in den Büchern zu sprechen. Einige kündigten, weil sie nicht irgendwo arbeiten wollten, wo sie keine Regeln brechen durften. Nachdem ich so viel über Prinzipien geredet hatte, musste ich jetzt durch meine Taten beweisen, dass ich es ernst meinte. Die Entlassung unseres Starverkäufers und der damit einhergehende Verzicht auf viele Millionen Umsatz waren genau der Beweis, den mein Team brauchte, um zu sehen, wo ich stand.

Wie mein Vater und Ray Dalio sagen: Fürchte dich niemals vor der Wahrheit

Apropos Bücher: Ein Buch, das meine Geschäfts- und Lebensphilosophie getreu spiegelt, ist *Die Prinzipien des Erfolgs* von Ray Dalio. (Ja, mir ist bewusst, dass ich es hier zum dritten Mal erwähne. Beginnen Sie zu sehen, wie meine Wiederholungssucht Menschen in den Wahnsinn treibt?) Dalio, der Gründer von Bridgewater Associates, dem größten Hedgefonds der Welt, schrieb das Buch, um seine Leitprinzipien vorzustellen, die ihm in seinem privaten und beruflichen Leben beste Dienste leisteten. Ich machte es zur Pflichtlektüre für mein gesamtes Unternehmen. Ich war so beeindruckt von dem Buch, dass ich Dalio als Gast zu meinem YouTube-Kanal *Valuetainment* einlud. Wir hatten ein ausführliches Gespräch über seine Kultur und seinen Geschäftsansatz in seiner Unternehmenszentrale in Connecticut.

Wie ich es erwartet hatte, taten sich einige meiner Mitarbeiter mit den Konzepten des Buches schwer – insbesondere mit der »radikalen Transparenz«. Im Sinne dieses Prinzips haben die Mitarbeiter die Pflicht, einander anzusprechen, wenn sie denken, dass jemand einen Fehler gemacht oder eine rote Linie überschritten hat. Obgleich dieses Prinzip zu den Grundlagen unseres Unternehmens gehörte, war nicht jeder damit glücklich. Am Ende aber erreichte das Buch, was ich mir von ihm erwartet hatte: Es regte zu produktiven (und häufig hitzigen) Diskussionen über Dalios Ideen und unsere Kultur an.

Sogar unsere COO Alice kam zu mir, um mir zu sagen: »Das ist zu radikal. Sie können die Arbeit im Homeoffice nicht so führen wie den Außendienst.«

Wenn jemand, dem ich mit Respekt begegne, spricht, höre ich ihm zu. Aber als wir uns mit dem Problem auseinandersetzten, ergaben sich keine Daten oder Hinweise, die in meinen Augen gegen eine radikale Transparenz gesprochen hätten. Das einzige Argument, auf das Alice verweisen konnte, war, dass eine solche Transparenz allzu sehr von der gewohnten Herangehensweise abwich. Mir war natürlich klar, woher Alice kam. Während ihrer 22 Jahre bei Pacific Life hatte sie eine Vorstellung davon entwickelt, wie ein Versicherungsagent sein sollte. Radikale Transparenz wich allzu sehr von dieser Vorstellung ab.

Für mich jedoch war radikale Transparenz nicht verhandelbar. Ich sagte Alice, dass ich anders sein wollte. Radikale Transparenz gefällt mir extrem gut, wohingegen ich das, was gemeinhin als »normal« gilt, nicht leiden kann. Alice und unser CFO Ian Benedict schlossen sich zusammen und entwickelten mit dem gesamten Team eine Strategie. Sie brachten die Sorgen der Mitarbeiter zur Sprache und legten mir einen Plan vor. Zuletzt beschlossen wir, dass wir die Balance zwischen Respekt und Aufrichtigkeit finden mussten – bei gleichzeitiger radikaler Transparenz.

■ ■ ■ ■ ■

Ich kann Ihnen nicht sagen, wie viele Male mein Vater mir als Kind und Jugendlichem gesagt hatte: »Fürchte niemals die Wahrheit.« Ich habe mich daran gehalten und diesen Wert meinem Unternehmen eingeimpft. Ich habe viele andere Organisationen studiert und den deutlichen Eindruck gewonnen, dass es wichtig ist, stets bei der Wahrheit zu bleiben, mag es auch noch so schmerzlich sein.

Eine berühmte Fallstudie der Harvard Business School handelt von Morgan Stanley und Rob Parson. Als John Mack 1993 Präsident von Morgan Stanley wurde, wollte er die Kultur des Unternehmens verändern und Teamarbeit nutzen, um das Cross-Selling zu intensivieren, die Reichweite des Unternehmens zu steigern und die internen Kämpfe zu reduzieren. Seine Vision fand ihren Ausdruck im Mantra von der »One-Firm Firm«. Die Mitarbeiter würden von Vorgesetzten, Kollegen und Mitarbeitern auf der Grundlage einer 360°-Leistungsevaluierung beurteilt.

Parson war der Inbegriff eines rücksichtslosen Umsatztreibers und rauen Kollegen. Er steigerte Morgan Stanleys Marktanteil in seinem Geschäftsfeld in kurzer Zeit von 2 auf 12,5 Prozent und brachte Morgan Stanley so in seinem Markt vom zehnten auf den zweiten Platz. Seine Kollegen empfanden ihn als arrogant und gingen in seiner Nähe wie auf rohen Eiern – was ein größeres Problem war angesichts Macks Anweisung, die Unternehmenskultur zu verändern.

Viele Menschen, die die Fallstudie lasen, fanden, Parson müsse selbstverständlich gekündigt werden. Wenn Morgan Stanley seiner Kultur treu bleiben wollte, musste es der Teamarbeit oberste Priorität einräumen. Mag Parson auch ein starker Umsatztreiber gewesen sein – sein Verhalten stand nicht im Einklang mit der neuen Mission der Organisation.

Ich sah die Sache anders. Ich erblickte einen Manager, der vor der offenen Kommunikation zurückscheute. Die Fallstudie beschrieb, wie der Manager Dinge »vorschlug« und hoffte, dass Parson den Wink verstand. Er versäumte es jedoch, direkt und konkret beim Namen zu nennen, was Parson falsch gemacht hatte und was er ändern musste, um seinen Job zu behalten. Das Problem war nicht die Kultur von Morgan Stanley, sondern der Mangel an direkter Kommunikation seitens einer seiner höheren Führungskräfte.

Manager scheuen häufig davor zurück, ihren Mitarbeitern gegenüber ihre Gefühle ehrlich zum Ausdruck zu bringen. Ich kann verstehen, dass jemand nicht die Gefühle seines Starverkäufers verletzen will. Aber das ist immer noch besser als die Alternative. Ohne direktes Feedback und radikale Transparenz würde Parson seine Kollegen auch weiterhin schlecht behandeln.

Nach meinem Verständnis war es am Ende nur gerecht, als nicht Parson, sondern seinem Manager gekündigt wurde.

Meine Geschäftsprinzipien

- Niemals Kompromisse bei unseren unverhandelbaren Dingen eingehen.
- Solange Mikromanagement betreiben, bis Vertrauen entsteht.
- Was uns bis hierher gebracht hat, wird uns nicht auf die nächste Stufe heben.
- Niemand – auch nicht der Gründer oder CEO – genießt 100-prozentige Jobgarantie.
- Positiven Druck unter Kollegen erzeugen durch wechselseitige Herausforderung.

- Die eigene Bestleistung überbieten.
- Das Unternehmensgeld wie eigenes Geld behandeln.
- Radikal offen, aber nicht leicht zu überzeugen sein.
- Jeder Versuchung widerstehen, Erwartungen und Standards zu senken.
- Ein Umfeld schaffen, in dem für unsere Mitarbeiter finanziell und beruflich gesorgt ist.

Zusätzlich zu diesen Prinzipien lasse ich meine Mitarbeiter wissen, was mir missfällt: sich ermächtigt fühlen, sich beklagen, negativ sein, pessimistisch sein, Geheimnisse verraten, sich nicht um die eigene Gesundheit kümmern, tratschen und sich bei den falschen Leuten Rat holen.

Einen Unternehmenskodex errichten

Die Errichtung eines Unternehmenskodex ist unerlässlich, wenn Sie ein blühendes Unternehmen führen wollen. Wir hören so viel von der Schaffung eines großen Netzwerks. Leicht vergessen wir darüber, dass unser wichtigstes Netzwerk unser internes Unternehmensnetzwerk ist. Die Mitarbeiter brauchen Grenzen; sie müssen wissen, welche Linien nicht überschritten werden dürfen. Zu diesem Kodex kann beispielsweise gehören, dass es nicht zulässig ist, in den Revieren der Kollegen zu wildern. Oder dass es verboten ist, sich einem Vorgesetzten gegenüber respektlos zu verhalten, wenn er ein Anliegen vorbringt. Oder dass man andere, selbst wenn sie hierarchisch höhergestellt oder schon länger dabei sind, zur Rede stellen muss, wenn sie Kernprinzipien des Unternehmens verletzen – wie es in unserem Unternehmen und in Dalios Bridgewater Associates Usus ist.

Als ich mit 25 Jahren mein erstes Vertriebsbüro leitete, arbeiteten wir alle hart und ausdauernd. Sie wissen, was in einem Vertriebsbüro passiert, das von Energie und Testosteron gefüllt ist. Das war okay, wobei wir jedoch eine Regel etablierten: Bevor jemand mit dem Verwandten eines Kollegen, seinem Untergebenen oder einer anderen Person anbandelte, bezüglich derer Empfindlichkeiten existieren könnten, sollte er das zuerst mit dem betreffenden Kollegen klären. Nun würde man nicht zu jemandem hingehen und sagen: »He, ich werde heute Nacht mit deiner Schwester schlafen.« Aber es war ein Gebot der Höflichkeit Kollegen gegenüber, um Erlaubnis zu fragen, bevor man etwas mit jemandem anfing, der diesem Kollegen etwas bedeutete. Auf diese Weise vermieden wir blutige Feindschaften und Animositäten, die unser Arbeitsumfeld vergiftet hätten.

Ich bin ein Mann mit hohem Testosteronspiegel. Ich bin extrem triebgesteuert und kann folglich nicht behaupten, dass ich ein Engel wäre. Im Alter zwischen 18 und 25 ließ ich keine Party aus, aber ich hatte eine Regel: Mein privates Leben war privat und meine Entscheidungen hatten keinen negativen Einfluss auf das Geschäft. Ich war nicht perfekt, aber ich tat mein Bestes, mich an diese Regel zu halten.

Ich gebe diese Geschichte aus einer Zeit in meinem Leben wieder, als unsere größte Herausforderung darin bestand, dass die Mitarbeiter am Wochenende gemeinsam Party feierten und die Dinge aus dem Ruder liefen. 15 Jahre später, wo ich jetzt Gründer und CEO meines eigenen Unternehmens bin, ist der Kodex nur noch tiefer und technischer geworden. Besonders, wenn die Mitarbeiter Kinder und Ehepartner haben, die von ihrem Einkommen abhängen, ist der Bedarf an Integrität noch größer.

Wenn Sie eine Kultur etablieren wollen, müssen Sie Ihre Mitarbeiter wissen lassen, wofür Sie stehen. Definieren Sie einen klaren Kodex und Leitprinzipien und sorgen Sie dafür, dass jeder genau weiß, welche Konsequenzen ihre Verletzung haben wird.

Eine Ersatzstrategie entwerfen

Einer der Gründe für die Schaffung einer Kultur ist, dass sie alle Beteiligten moralisch hebt. Außerdem gestattet sie es Ihnen, schneller zu wachsen.

Je weniger Ihr Unternehmen von Ihnen abhängt, desto wertvoller ist es. Je mehr Ihr Unternehmen von Ihnen abhängt, desto weniger wertvoll ist es. Es gibt keine Ausstiegsoption, wenn das Unternehmen von Ihrer Persönlichkeit abhängt.

Ein Unternehmen, das selten Schlagzeilen macht, ist Microsoft. Dabei war es im September 2019 das einzige öffentlich gehandelte Unternehmen mit einer Marktkapitalisierung von mehr als einer Billion US-Dollar (Apple, Amazon und Google wiesen verschiedentlich Bewertungen jenseits der Billionen-Marke auf). Beginnen Sie hier einen Trend zu erkennen? Wenn Sie gedanklich nicht sofort beginnen, Intrapreneure zu kultivieren und Anteile anzubieten, lesen Sie nicht sorgfältig genug. Bedenken Sie jetzt, dass Bill Gates am 15. Juni 2006 – 13 Jahre, bevor das Unternehmen die Billionen-US-Dollar-Bewertung erreichte – seine Entscheidung bekannt gab, seine Vollzeitstelle beim Unternehmen aufzugeben, um sich vermehrt der Philanthropie zu widmen.

Damals wurde die Microsoft-Aktie mit 23 US-Dollar gehandelt, gleichbedeutend mit einer Marktkapitalisierung von 176 Milliarden US-Dollar. Mit anderen Worten: Der Wert von Microsoft ist seit Gates Weggang um mehr als eine Billion US-Dollar gewachsen. Denken Sie immer noch, Organisationen könnten keine Kultur schaffen, die stärker wirkt als eine visionäre Führungspersönlichkeit? Wie ein Bericht vom 31. Dezember 2019 in *Barron's* hervorhebt, ist Microsofts Bewertung um 930 Millionen US-Dollar gestiegen, seit Satya Nadella am 4. Februar 2014 die Rolle des CEO übernommen hat. Nicht zu toppen sind schließlich die mehr als eine Billion US-Dollar, um die Apples Börsenwert zugenommen hat, seit Tim Cook am 24. August 2011 den CEO-Posten von Steve Jobs übernahm.

(Achten Sie auf die Daten, wenn Sie sich diese Beispiele zu Gemüte führen. Weil diese Unternehmen öffentlich gehandelt werden, unterliegen ihre Bewertungen kontinuierlichen Schwankungen.)

Notfallplanung klingt einfach, nicht wahr? Aber viele Entrepreneure versäumen es, eine zu erstellen. Häufig sind sie allzu erfolgssicher und von ihrer Unersetzlichkeit überzeugt. Viele sind so egozentriert, dass sie sich nicht vorstellen können, wie jemand anderes das Unternehmen führen sollte. Wenn Sie diese Mentalität haben, halten Sie die Zügel fest in der Hand und verhindern damit, dass das Unternehmen wachsen kann.

Eine andere Falle besteht darin zu denken, dass Ihre wichtigsten Mitarbeiter niemals gehen würden. Oder zu glauben, dass jeder, der geht, leicht durch einen anderen zu ersetzen wäre. Beides ist falsch. Im Idealfall lernen Ihre bestehenden

Mitarbeiter ihre potenziellen Nachfolger an. Andernfalls müssen Sie selbst Ausschau nach potenziellen Ersatzkandidaten mit den richtigen Kompetenzfeldern halten – innerhalb oder außerhalb des Unternehmens.

Wenn Sie einen Plan haben, wie Sie jedes wichtige Teammitglied ersetzen können, können Sie einen unerwarteten Abgang nahtlos und ohne Geschäftseinbruch managen. Zudem schlafen Sie nachts besser, wenn Sie wissen, dass Sie Ihre nächsten Schritte bereits vorausgeplant haben.

Sechs Strategien für den Ersatz von Mitarbeitern und den Fähigkeitentransfer

1. **Erstellen Sie eine Aufgaben- und Fähigkeitenliste.** Erstellen Sie eine Liste mit allen Ihren Aufgaben und Fähigkeiten und bestimmen Sie, worin Sie besonders gut sind und worin weniger gut. Fokussieren Sie sich auf Ihre Stärken und lassen Sie sich in allen übrigen Aufgaben ersetzen.
2. **Identifizieren Sie, wer Saisonkraft ist und wer nicht.** Gehen Sie nicht davon aus, dass jeder für immer für Sie arbeiten wird. Sie müssen sich klarmachen, wer seine Position sechs Jahre lang ausfüllen und wer nur sechs Monate bleiben wird. Wenn Sie das jetzt tun, werden Sie nicht überrascht sein, wenn jemand ersetzt werden muss.
3. **Lernen Sie die unterschiedlichen Sprachen Ihrer Vertriebs-, Unterstützungs-, Technik- und Führungsteams kennen.** Vertriebsleiter erzeugen Umsatz und bauen mit ihren Bemühungen ein Unternehmen auf. Mitarbeiter werden eingestellt, um diese Bemühungen zu unterstützen. Sie müssen den Unterschied zwischen beiden kennen. Führungskräften gegenüber müssen Sie eine bestärkende Sprache verwenden, die ihnen ein Gefühl der Autonomie und des Respekts vermittelt.
4. **Machen Sie sich klar, wer die Unternehmenskultur pflegen kann.** Es ist sehr wichtig, dass derjenige, der Sie ersetzen soll, mit der etablierten Unternehmenskultur harmoniert, damit das Unternehmen weiter wachsen kann, nachdem Sie Ihren Abschied genommen haben.
5. **Machen Sie sich die Praktiken und Verfahren Ihres Unternehmens klar.** Sie müssen zu Stift und Papier greifen und die Gewohnheiten und

Abläufe jeder Abteilung festhalten. Ihre Nachfolger werden dann eine Anleitung haben, an der sie sich unabhängig von ihrer Ebene orientieren können, damit der Fähigkeitentransfer schnell und schmerzlos vonstattengeht.

6. **Entwickeln Sie Führungskräfte, damit sie die richtige Denkweise verbreiten.** Führen Sie Eins-zu-eins-Gespräche mit künftigen Führungskräften, um ihnen schon jetzt die Unternehmensdenkweise einzuimpfen, bevor sie jemanden ersetzen müssen. Eine Mentalität der Führungskräfteentwicklung trägt ebenfalls zum Wert Ihres Unternehmens bei.

Entrepreneure müssen ein kontinuierliches Austauschspiel spielen, indem sie Teile von sich selbst ersetzen. Zu Beginn des Unternehmens haben Sie die gesamte Büroarbeit geleistet; jetzt können Sie jemanden einstellen, der diese Aufgabe übernimmt. Sie waren für alles Finanzielle zuständig; jetzt können Sie einen CFO dafür einstellen. Das gibt Ihnen Zeit, sich den Aufgaben zu widmen, die für das Unternehmen am wichtigsten sind.

Media.net-Gründer Divyank Turakhia, ein 38-Jähriger mit einem Nettovermögen von 1,76 Milliarden US-Dollar, sagte einmal: »Überlegen Sie fortwährend, wo Sie ersetzlich sind, denn Ihre Zeit ist in diesem Prozess am wertvollsten. Sobald Sie herausgefunden haben, wofür Sie leidenschaftlich brennen, und solange Sie sich damit beschäftigen, werden Sie darin erfolgreich sein und alles in Ihrer Macht Stehende tun, um darin besser zu werden.«

Reibung ist gut

Es existiert der Irrglaube, in den besten Unternehmenskulturen würden alle Händchen halten und »Kumbaya« singen. Alle würden sich bestens verstehen und niemand würde jemals streiten oder ungehalten reagieren.

Um auf persönliche Beziehungen zurückzukommen: Zeigen Sie mir eine Ehe, in der die Partner niemals streiten, und ich zeige Ihnen eine Ehe, in der der Krach vorprogrammiert ist. Wenn Sie und Ihr Partner nicht streiten, hat höchstwahrscheinlich einer von Ihnen jemand anderen gefunden, um mit ihm zu streiten.

Wir brauchen Reibung in allen Bereichen unseres Lebens. Streit ist gesund und stimuliert Wachstum, Kreativität und Lernbereitschaft.

Deshalb erzeuge ich Reibung, wo keine ist, und ermuntere Sie, es genauso zu halten. Als ich noch als Vertriebsleiter tätig war, bevor ich mein eigenes Unternehmen gründete, implementierte ich eine Politik des Zur-Rede-Stellens. Ich hielt eine Ansprache, in der ich sagte: »Einige von euch werden zu mir kommen und sagen: Ich bin wütend auf diesen, mir gefällt nicht, was jener gemacht hat oder ich mag nicht, was diese gesagt hat. Hört auf damit! Hier sind die Werte und Prinzipien, auf die wir uns verständigt haben. Sie bilden unseren Kodex. Wenn jemand diese Werte und Prinzipien verletzt, dann sprecht ihn darauf an. Aber kommt nicht zu mir. Ich gebe euch die Erlaubnis, selbst wenn es um jemand Höhergestellten handelt. Werte und Prinzipien sind wichtiger als Titel und Dienstalter.«

Wissen Sie, was passierte, nachdem ich diese Ansprache gehalten hatte? Sofort begann das Büro zu wachsen und die Reibung zwischen den Mitarbeitern stimulierte das Wachstum. Positiver Kollegendruck ist eine andere Beschreibung des Umfelds, das wir geschaffen haben. Alle übten Druck aufeinander aus, das Beste zu geben und bessere Teamspieler zu werden. Wir hielten uns alle gegenseitig für verantwortlich.

Ich sage nicht, dass sich die Leute rachsüchtig oder grausam aneinander abzuarbeiten begannen. Ganz und gar nicht. Es ist mehr, wie wenn Geschwister mit Liebe im Herzen aber mit scharfer Stimme und spitzen Worten streiten. Und wie manchmal ein Sohn oder eine Tochter sich bei Vater oder Mutter über eine schlechte Entscheidung beschwert, so passiert Ähnliches auch im Unternehmensumfeld.

Das Schlüsselwort im Ausdruck *tough love* ist *love*, Liebe. Man muss jemanden schon sehr lieben, um sich und den anderen der Qual solcher Auseinandersetzungen auszusetzen.

■ ■ ■ ■ ■

Es gibt zwei Bücher, die Ihnen helfen werden, sowohl den Mut als auch die Technik zu finden, sich in dieser Art von Diskussionen zu behaupten: *Die 5 Dysfunktionen eines Teams* von Patrick Lencioni und *Offen gesagt – erfolgreich schwierige Gespräche meistern* von Douglas Stone, Bruce Patton und Sheila Heen. Lencionis Buch handelt davon, wie die Unternehmenspolitik zum Teamscheitern führen kann. *Offen gesagt* zeigt Ihnen, wie Sie mit Konflikten umgehen können, und stellt konkrete Strategien vor, wie Sie Streit schlichten und schwierige Probleme besprechen können.

Wenn Sie ein Beispiel von *tough love* in Aktion sehen wollen, können Sie sich auf YouTube den Video-Clip »Joe Rogan Breaks Down Brendan Schaub« anschauen. Schaub, ein Top-UFC-Kämpfer und enger Freund Rogans, bespricht mit diesem seine Leistung in einem Kampf, der vor Kurzem stattgefunden hat. Es geht ein wenig hin und her: Zwei Experten sprechen über die Grundlagen des Kampfes. Rogan sagt: »Eine ganze Menge an dem Kampf sah nicht gut aus. … Du wirktest steif. Du sahst nicht fließend aus. … Du wirktest nicht gut vorbereitet. … Deine Bewegungen wirkten nicht wie die Bewegungen eines Elite-Fighters.«

Sie können sehen, dass an diesem Punkt des Gesprächs nichts persönlich war. Es war eher ein Kommentar zur Mechanik des Kampfes, weshalb Schaubs nächste Bemerkung für Rogan überraschend zu kommen scheint: »Ich mache mir Sorgen um deine Kampfbereitschaft und ich mache mir Sorgen darum, wo du stehst.«

Schaub versucht ihn zu unterbrechen: »Wirklich?«

Rogan fährt fort, indem er sagt, dass er dachte, Schaub wäre mit einem Fuß schon aus der Tür.

»Das denke ich nicht«, sagt Schaub.

»Die Realität deiner Fähigkeiten, wo du jetzt stehst …«, sagt Rogan. »Ich sehe dich nicht die Elite-Jungs schlagen.«

Rogan fragt seinen Freund: »Wenn du ein Wrestling-Match mit Cain Velasquez hättest, was glaubst du, wie gut du abschneiden würdest?«

»Ich denke, die Leute wären überrascht.«

»Ich glaube, du wärest überrascht. Ja wirklich. Ich denke, er würde dich fertigmachen. … Da ist eine Kluft zwischen dir und den besten Jungs der Welt. Und ich weiß nicht, wie du diese Kluft überbrücken willst. Das ist die Realität des Lebens.«

So hart sein Feedback ausfällt, so sagt mir mein Gefühl doch, dass Rogans Herz an keinem besseren Fleck sein könnte. Es erfordert Mut, einem Freund in die Augen zu schauen und ihn mit der kalten Wahrheit zu konfrontieren. Der Austausch geht weiter und dann sagt Rogan: »Ich mache mir mehr Sorgen um dich als um die anderen. … Was ich sage, sage ich mit Liebe. Hundertprozentig. Ich sage das nicht, um deine Gefühle zu verletzen. Das wäre das Letzte, was ich will. Wenn ich dich nicht lieben würde, wäre ich nicht bereit, dies zu tun. Und ich würde es nicht tun wollen.«

Solche Gespräche sind hart. Niemand hat jemals behauptet, dass radikale Transparenz einfach wäre. Niemand hat jemals gesagt, direkt zu sein, wäre bequem. Aber was ist die Alternative zum Verschweigen der Wahrheit? Zusehen, wie ein geliebter Mensch sich selbst zerstört, ohne ihn daran zu hindern, oder, in Rogans Fall, zusehen, wie sein Freund schreckliche Verletzungen riskiert, und sich von Mal zu Mal schuldiger fühlen?

Ich weiß nicht, wie Brendan Schaub diese Informationen aufgenommen hat. Nach seinem Gesicht zu urteilen hätte er sich lieber vom Zahnarzt ohne Narkose behandeln lassen, als sich diese Kritik anhören zu müssen. Aber wie ich schon sagte: Es gibt den einfachen Weg und den effektiven Weg. Rogan entschied sich für den letzteren. Wie Schaub darauf zu reagieren beliebte, lag nicht in Rogans Einflussbereich.

Im privaten wie im beruflichen Leben braucht es sowohl Mut als auch Geschick, um zu anderen direkt zu sein. Sind Sie bereit, diesen Schritt zu tun? Und wenn schon nicht im privaten Bereich – schauen Sie zu, wie Ihr Star-Mitarbeiter seinen Kollegen schlecht behandelt (denken Sie an Rob Parson) und beten Sie, er möge telepathisch Ihre Gedanken lesen?

Wenn Sie sich Liebe ohne Konflikt wünschen, legen Sie sich einen Hund zu. Meine Sehnsucht danach ist so groß, dass ich zwei bezaubernde Shih Tzus habe: Jimbo und Kucci. Aber wenn Sie eine effektive, prinzipienbasierte Kultur aufbauen wollen, sollten Sie Reibung nicht nur bereitwillig akzeptieren, sondern bewusst erzeugen.

Sprechen Sie hinter dem Rücken anderer

Wahrscheinlich haben Ihre Eltern Ihnen beigebracht: »Sprich nicht über andere hinter deren Rücken. Das gehört sich nicht.« Deine Eltern hatten recht. Es ist nicht nett. Aber wenn Sie Ergebnisse erzielen wollen, kann es eine erfolgreiche Taktik sein.

In *Wie man Freunde gewinnt* spricht Dale Carnegie darüber, wie man anderen eine Reputation verschafft, der sie anschließend gerecht werden können. Andere nennen es Identitätsbildung. Wenn Sie fortlaufend eine bestimmte Fähigkeit oder Charaktereigenschaft eines Menschen preisen, wird er sie häufiger zeigen. Das Lob wiederum wird von dieser Person wiederholt und wird zu einem Teil ihres Charakters.

Angenommen, ich habe einen Mitarbeiter namens Garrett. Ich erzähle einer anderen Mitarbeiterin, sagen wir Lois, dass Garrett brillant darin ist, Aufträge auszuführen, dass er niemals etwas auf die lange Bank schiebt und sich immer für die übertragenen Aufgaben verantwortlich fühlt. Lois berichtet dann unweigerlich jemand anderem, dass ich so über Garrett gesprochen habe, und so weiter, bis es schließlich auch Garrett zu Ohren kommt.

Wenn Garrett hört, was ich Lois erzählt habe, freut er sich über die Anerkennung. Ich stelle mir das gern als positive Reibung vor. Sie können jemanden wie Garrett direkt beglückwünschen, was auch okay ist, aber wenn ihn positives Feedback über andere Mitarbeiter erreicht, erhält es noch mehr Gewicht. Garrett weiß dann, dass auch andere von den schmeichelnden Bemerkungen des Vorgesetzten zu seinen Fähigkeiten wissen, und das stärkt die Beziehung zwischen Garrett und mir sowie zwischen Garrett und dem Unternehmen. Er gewinnt an Selbstvertrauen und geht motivierter seinen Weg.

Stellen Sie jetzt den Bezug zu Ihren eigenen Mitarbeitern her. Wem mangelt es zwar nicht an Talent, aber an Entschlossenheit und Zuversicht? Haben Sie vergeblich versucht, ihn zu ermuntern, in Verhandlungen fester aufzutreten? Wie wäre es, wenn Sie einem anderen Mitarbeiter gegenüber etwas Positives über diese Person sagen würden? Was würden Sie sagen und wie würden Sie es sagen? Warten Sie ein paar Tage und schauen Sie, was passiert. Sie haben versucht, diesen Mitarbeiter effektiv und nachhaltig zu motivieren. Jetzt wissen Sie genau, was Sie tun müssen.

Machen Sie es sich zur Gewohnheit, Positives über Ihre Mitarbeiter in die Runde zu streuen – und nicht nur einmal im Jahr. Andernfalls fehlt an Ihrem Arbeitsplatz die Reibung, die kreative Problemlösung ermöglicht und positiven Gruppendruck erzeugt.

■ ■ ■ ■ ■

Wir begannen dieses Kapitel mit einem Vergleich zwischen Unternehmenskultur und Religion. Wir lernten, dass großartige Ideen und talentierte Mitarbeiter nicht ausreichen, wie auch in einer Familie Liebe allein noch nicht alles ist. Sie brauchen Prinzipien. Sie müssen sie schriftlich festhalten, sie häufig wiederholen und Ihr Verhalten auf vorbildliche Weise an ihnen ausrichten.

Ich hoffe, dass das Fallbeispiel Microsoft Ihnen eine *Billion* Gründe geliefert hat, Kultur zu einer Priorität zu machen. Das ist der Schlüssel zum Wachstum und der Schlüssel zur Verringerung der Abhängigkeit Ihres Unternehmens von Ihrer Person. Wenn es Ihr primäres Ziel ist, von jedem geliebt zu werden, sind Sie in der falschen Branche. Schwierige Gespräche zu führen, erfordert Mut. Wenn Sie fest genug von Ihren Prinzipien überzeugt sind, werden Sie auch den nötigen Mut finden, radikal transparent – und infolgedessen unglaublich effektiv – zu sein.

8

Vertrauen = Schnelligkeit: von der Bedeutung der Verlässlichkeit

Je besser Sie einander kennen und je besser Sie wissen, was der andere denkt, desto schneller wächst Vertrauen und Zuversicht, sobald Sie auf dem Feld stehen.

Tom Brady

Ich bin im Antizipationsgeschäft tätig. Ich arbeite in der Lebensversicherungsbranche – nicht, weil die Menschen morgen sterben werden, sondern weil ihre Familien, wenn es denn doch so sein sollte, unter mangelnder Vorbereitung leiden werden. Verträge handeln von Antizipation. Nachdem ich zu häufig abgezockt und über den Tisch gezogen wurde, habe ich gelernt, wie wichtig es ist, Probleme zu antizipieren und sich mittels Dokumenten und Kontrollen gegen das Unbekannte zu schützen.

Ich bin nicht pessimistisch in Bezug auf die menschliche Natur. Ich bin jedoch realistisch in Bezug auf die Details von Vertragsverhandlungen. Der exzentrische Softwareprogrammierer John McAfee sagte: Wenn ein Soldat gefangen genommen wird, wird er die ihm anvertrauten Geheimnisse preisgeben – unter Folter wird er sogar seine eigene Mutter verraten. Das gilt möglicherweise nicht für jeden, aber ich bin überzeugt, dass Entrepreneure vorsichtig sein müssen, was sie ihre Mitarbeiter wissen lassen – vor allem, wenn es um Informationen geht, die das Unternehmen schädigen oder zerstören könnten.

Vertrauen ist nicht ein-, sondern vieldimensional.

Möglicherweise trauen Sie einem Ihrer Mitarbeiter die Tätigkeit als Verkäufer zu, aber nicht die Personalverwaltung. Vielleicht weihen Sie jemanden in Ihre gegenwärtigen Pläne, aber nicht in Ihre zukünftige Strategie ein. Vertrauen kennt Abstufungen. So verlasse ich mich beispielsweise auf meine Feinde: Ich verlasse mich darauf, dass sie eine Geschichte spinnen werden in der Absicht, mich in den Ruin zu treiben.

Weil Vertrauen so entscheidend ist für Schnelligkeit, müssen wir uns auch fragen: Warum ist Schnelligkeit so wichtig? Die Antwort scheint zu offensichtlich zu sein, um sie noch explizit geben zu müssen. »Schnelligkeit ist alles« scheint noch nicht einmal übertrieben zu sein. Ob Sie ein Produkt oder eine Dienstleistung verkaufen – Schnelligkeit ist nötig, um es herzustellen, es zum Kunden zu bringen und den Erlös Ihrem Bankkonto zuzuführen. Zeit ist Geld. Davon, wie schnell Sie alles tun, hängen alle Teile Ihres Geschäfts ab.

Damit eine Boeing 747 vom Boden abheben kann, muss sie eine Geschwindigkeit von 160 Knoten (296 km/h) erreichen. Und wie ein Flugzeug eine bestimmte Geschwindigkeit erreichen muss, um sich in die Lüfte zu erheben, gilt Ähnliches für den Entrepreneur. Wenn ein Flugzeug keinen Schwung erzeugt und längere Zeit aufrechterhält, stürzt es ab. Es braucht Schnelligkeit, Treibstoff und den richtigen Piloten, der es zu seinem Zielort bringt. Das Äquivalent in der Welt des Business sieht wie folgt aus.

Geschwindigkeit = Schwung
Treibstoff = Geld/Kapital
Pilot = Gründer, Entrepreneur, CEO

Sobald Sie verstanden haben, warum Schnelligkeit so entscheidend ist, werden Sie sehen, warum Vertrauen so wichtig für die Schnelligkeit ist. Stellen Sie sich vor, Sie müssten, bevor Sie sich in einem Restaurant niederlassen und Ihre Bestellung abgeben, zuerst einen umständlichen Kreditantrag ausfüllen. Stellen Sie sich vor, Sie müssten erst ein Passfoto machen lassen und einen Fingerabdruck abgeben, bevor Sie bei 7-Eleven einen Slurpee kaufen können. Und dass wir, um Benzin zu tanken, in einen Verkaufsraum gehen und mit einem Menschen interagieren müssen, erscheint uns als lästiger Anachronismus. Mit anderen Worten: Verlässliche Beziehungen dienen dazu, alle Elemente der Durchführung eines Geschäftsvorgangs zu beschleunigen.

Ich liebe dich, aber bitte unterschreibe den Ehevertrag

Ich habe eine Menge Menschen heiraten sehen und anfangs war alles gut. Man sieht diese Paare und möchte schwören, dass sie sich ewig lieben werden. Niemals würden Sie denken, dass sie sich eines Tages hassen und beschließen könnten, sich scheiden zu lassen.

An diesem Punkt kontaktiert jeder seinen Anwalt und aus einer schlechten Situation wird eine noch viel schlechtere – zumindest gemessen an Wut, Stress und Kosten. Die Anwälte wiegeln Mann und Frau häufig noch gegeneinander auf, springen doch am Ende möglicherweise höhere Honorare für sie heraus, wenn es zu einer verschärften gerichtlichen Auseinandersetzung kommt. Am Ende sind die Eheleute emotional und finanziell am Ende.

Es muss nicht so laufen. Sie können vor dem Eintritt in die Ehe Ihrem Partner sagen: »Ich liebe ich, aber ich weiß nicht, wo wir in fünf, zehn oder fünfzehn Jahren stehen werden. Lass uns für das Schlimmste planen und auf das Beste hoffen. Das bedeutet, dass wir uns schon jetzt darüber klar werden, was im schlimmsten Fall – bei einer Scheidung – passieren soll, was Geld, Kinder und alles Übrige betrifft.« Mit anderen Worten: Lass uns mindestens fünf Schritte vorausplanen.

Nach ein paar Begegnungen mit Jennifer – der Frau, die meine Frau werden sollte (das war lang vor unserer Hawaii-Reise) –, besuchten wir einen Buchladen an der Third Street Promenade in Santa Monica und kauften ein Buch mit dem Titel *101 Questions to Ask Before You Get Engaged*. Eine Frage lautete: Wie viele Kinder wollen Sie haben? Ich antwortete fünf, meine Frau drei. Am Ende wurden es drei, was sich heute wie die perfekte Zahl anfühlt. Wir verständigten uns in dieser und in anderen Fragen, und in einigen Punkten gab meine Frau nach und in anderen ich.

Wir sprachen im Voraus über alle zentralen Ehefragen und trafen eine Vereinbarung. Eheverträge sind eine großartige Hilfe für den Scheidungsfall, aber ebenso wertvoll für die Ehe selbst. Indem Sie zentrale Fragen vorab klären, können Sie die steinigen Augenblicke sicher passieren, zu denen es in jeder langfristigen Beziehung unweigerlich kommen wird.

Manche Entrepreneure sagen stolz: »Ich brauche keinen Vertrag. Wir haben eine Vereinbarung per Handschlag und mein Wort gilt.« Das ist schön und gut, solange die andere Person ebenso ehrlich und aufrichtig ist. Leider ist das jedoch nicht immer der Fall.

Die Romantiker mögen argumentieren, dass mit der Unterzeichnung eines Vertrags das Scheitern bereits vorprogrammiert ist. Die Realisten sehen darin etwas, das jeder kluge Geschäftsinhaber kennt: Eventualfallplanung. In der Welt des Business werden Sie Beziehungen zu Mitarbeitern, Partnern, Investoren, Zulieferern und Ratgebern unterhalten. Vielleicht sind alle diese Beziehungen von Sympathie geprägt, aber solange Sie keine formellen Vereinbarungen haben, müssen Sie sich auf jene Art von Stress und finanziellem Schaden gefasst machen, wie wir sie von nicht einvernehmlichen Scheidungen kennen.

Wenn Sie jemanden einstellen, sollten Sie alles dokumentieren: Verhaltenskodex, Kapitalbeteiligung, Gehalt, Sperrfrist, Probezeit. Wenn Sie diese Punkte nicht dokumentieren, haben Sie keinen Plan, wenn es dennoch zum Konflikt kommt. Bevor Sie sich auf einen größeren Handel verständigen, sollten Sie folgende Punkte klären:

1. Haftungsobergrenze: Was können wir maximal verlieren?
2. Schadloshaltung: Du kannst mich nicht verklagen.
3. Zeitliche Begrenzung: Wenn es vorbei ist, ist es vorbei.

Kommen wir noch einmal auf den Vergleich mit der Ehe zurück: Menschen heiraten emotional und lassen sich logisch scheiden. Konkreter gesprochen: Sie verlieben sich ineinander und denken, die Liebe triumphiere über alle Probleme, die unter der Oberfläche lauern könnten. Sie wägen nicht logisch die Pros und Kontras der Ehe ab. Wenn sie sich scheiden lassen, handelt es sich um einen sehr viel logischeren Prozess, mögen auch weiterhin Emotionen im Spiel sein. Die Beteiligten handeln aus, was sie wollen und was sie zu geben bereit sind. Anwälte bestehen darauf, den emotionalen Fragen einen kognitiven Rahmen zu geben. Alles dreht sich um Zahlen: Wie viele Wochenenden verbringen die Kinder mit Ihnen beziehungsweise Ihrem Partner? Wie viel Unterstützung können Sie geben? Wie sieht eine logische Aufteilung des gemeinsamen Besitzes aus?

In der Welt des Business funktioniert es genauso: Sie »verlieben« sich in einen Stellenbewerber, einen Investor, einen Zulieferer oder einen Kunden und denken: »Das ist für die Ewigkeit.« Ich kann Ihnen gar nicht sagen, wie häufig ich mich für einen Stellenbewerber begeisterte, nur um wenige Monate später zu erkennen, dass ich mich geirrt hatte. Wann immer die Beziehungskonditionen nicht dokumentiert waren, verlief die Trennung chaotisch und stressig.

Einer unserer Investoren sagte zu mir: »Schauen Sie, wir haben Ihnen zehn Millionen US-Dollar gegeben. Was geschieht, wenn Sie tot umfallen? Wir würden gern eine Lebensversicherung über zehn Millionen Dollar auf Sie abschließen.«

Ich war nicht wütend und verwies nicht auf meine gute Verfassung. Ich hatte auch nicht vor zu sterben. Vielmehr gefiel mir, was er sagte, nachdem ich mir bewusst gemacht hatte, dass er nichts anderes gesagt hatte als: »Ich liebe dich, aber bitte unterzeichne den Ehevertrag.«

Stellen Sie Fragen, die unter die Oberfläche gehen

Man sagt mir, ich sei fordernd. Wenn andere mich beschreiben, kommt darin häufig der Ausdruck *tough love* vor. Bevor Sie fürsorglich für jemanden da sein können, müssen sie ihn kennen. Ich bin überzeugt, dass es der Wunsch ist, andere wirklich zu verstehen, was mich als Führungskraft auszeichnet. Ich mache das, indem ich die richtigen Fragen stelle und die Leute mit ihren Antworten ernst nehme.

Vor Kurzem erhielt ich einen Anruf von einem alten Kollegen namens Danny. Er sagte: »Du hast keine Idee, wie schwer es mir fiel, dich anzurufen. Seit einem Jahrzehnt schiebe ich es vor mir her.« Ich war gespannt darauf, welche Richtung das Gespräch nehmen würde. Als Vertriebsmanager hatte ich Danny besonders hart angefasst. Er war einer von der Sorte, die so viel Talent mitbringen – Verstand, Charisma, Mutterwitz –, und er war so sympathisch, dass die Leute ihm immer alles durchgehen ließen. Die Folge war, dass es ihm an Standvermögen fehlte und er ständig unter seinen Fähigkeiten blieb.

Ich hatte Danny dieselbe Frage wie allen anderen gestellt: »Wer möchtest du sein?«

Danny hatte große Ziele. Er wiederholte immerzu, dass er seinen Eltern den Ruhestand ermöglichen wollte, indem er finanziell für sie aufkam. Auch wenn er sich wie eine Stimmungskanone aufführte – wenn wir ernsthaft miteinander sprachen, räumte er ein, dass er vom großen Leben träumte.

Danny wünschte sich nicht nur das große Leben, sondern er wusste auch, dass er das Zeug dazu hatte. Und ich akzeptierte nur das Beste von ihm. Wenn er mich dafür nicht ausstehen konnte, dann sei's drum.

Wir erzählten uns die Neuigkeiten aus unserem Leben und dann merkte ich, wie er emotional wurde. Danny sagte: »Ich weiß noch, wie du immer sagtest: ›Du wirst mich eine Zeit lang hassen, aber auf die Dauer wirst du mich lieben – weil niemand dich so antreiben wird, wie ich es tue.‹«

»Natürlich erinnere ich mich«, sagte ich. »Ich habe es nicht nur einmal gesagt. Ich habe es Tausende Male gesagt.«

Danny und ich tauschten Erinnerungen darüber aus, wie fordernd ich ihm gegenüber gewesen war und wie wenig er mich damals hatte leiden können. Er gestand mir, dass er sogar ein Bild von mir ausgedruckt und auf seiner Dartscheibe befestigt hatte.

Ich weiß noch alles über die Leute, die für mich gearbeitet haben. Ich merke mir ihre Geschichten, weil sie mir wichtig sind.

Danny sagte: »Pat, ich muss dir etwas erzählen.« Er wurde ruhig und ich konnte hören, dass er mit den Tränen rang. Er fuhr fort: »Ich bin jetzt Präsident der Bank. Ich bin verheiratet. Ich kann dir gar nicht sagen, wie glücklich ich bin. Ich habe ein Jahresgehalt von mehreren hunderttausend US-Dollar. Und ich bin hier, um dir zu sagen: Alles, was ich in diese Führungsposition stecke, habe ich in unserer gemeinsamen Zeit von dir gelernt.«

Er war nicht der Einzige mit Tränen in den Augen. Es war einer dieser Augenblicke, die schwer zu beschreiben sind, obwohl mir jetzt, wo ich Vater bin, dieses Gefühl nicht mehr fremd ist.

Wenn das nicht das ist, was man Belohnungsaufschub nennt! Es dauerte zehn Jahre, bis ich Kenntnis davon erhielt, dass sich meine Anspruchshaltung und meine Weigerung, weniger als das Allerbeste von ihm zu akzeptieren, für ihn ausgezahlt hatte. Es erinnerte mich einmal mehr daran, warum ich bereit bin, vorübergehend den Hass anderer auf mich zu ziehen – auch dann, wenn es sich um ein Jahrzehnt handelt.

Die Wirkung ausgeklügelter Kompensationspakete und Incentive-Reisen ist begrenzt. Wenn wir aber an das Herz der Menschen rühren, sind sie bereit, Berge für uns zu versetzen. Und um an ihr Herz zu rühren, müssen wir uns die Zeit nehmen, sie kennenzulernen und uns ein Bild von ihren tiefsten Überzeugungen und Sehnsüchten zu machen.

Das bedeutet, dass Sie über das Oberflächenwissen hinausgehen müssen: Ihr Mitarbeiter Joe ist begeisterter Angler? Ihre Kundin Becky ist *Game-of-Thrones*-Fan? Sie müssen in Erfahrung bringen, was sie im Innersten antreibt. Ich tue, was ich kann, um meine Teammitglieder kennenzulernen. Vor allem stelle ich ihnen viele Fragen, um an die Wurzel dessen zu kommen, was sie sind. So vermeide ich falsche Schlussfolgerungen und verstehe besser, was sie antreibt, welche Ziele sie verfolgen und wie sie arbeiten möchten.

Wenn Sie Menschen mit Fragen auf den Leib rücken, treffen Sie möglicherweise einen rohen Nerv. Das ist gut. Auf diese Weise lernen Sie sie kennen. Wenn sie emotional werden, geben sie Teile von sich preis, die sie sonst für sich behalten würden.

Ich kann Menschen nicht führen, solange ich nicht weiß, wer sie sind. Ich muss wissen, wie sie aufgewachsen sind und welchen Einflüssen sie in ihrer Kindheit ausgesetzt waren. Genauso müssen meine Leute auch wissen, wer ich bin. Ich will, dass meine Mitarbeiter die Wahrheit über meine Geschichte kennen: Das ich aus dem Iran stamme, durch die Hölle gegangen bin und meinen Antrieb aus all den Demütigungen beziehe, die mir im Leben widerfuhren und die bis heute in meinem Kopf nachklingen.

Entscheidend ist am Ende die Bereitschaft, Fragen zu stellen – nicht nur erwartungsgemäße Fragen wie: »Wie gefiel dir dein letzter Job?«, sondern Fragen, die in die Tiefe gehen und das Gegenüber ermuntern, etwas Wesentliches von sich preiszugeben. Sie müssen Fragen stellen, die Ihnen helfen herauszufinden, wer der andere wirklich ist. Solches Wissen ist Gold wert, weil es Ihnen erlaubt, mehrere

Schritte vorauszudenken und zu verstehen, wie jemand in Ihren Spielplan passt. Das hilft Ihnen, produktive und lange währende Beziehungen aufzubauen. Auf diese Weise entwickelt sich stärkeres Vertrauen und das wiederum schlägt sich in Schnelligkeit nieder.

Vertrauen ist ein Pendel

Entrepreneure pendeln typischerweise in einem vorhersagbaren Muster vom Vertrauen zum Misstrauen und zurück. Es lohnt, sich dieses Muster bewusst zu machen, weil von ihm abhängen wird, wie viel Eigenständigkeit Sie Ihren Mitarbeitern zugestehen.

Wenn Sie einen Mitarbeiter einstellen, ist Ihre Bereitschaft, ihm Vertrauen zu schenken, gering und Ihr Bedürfnis, Mikromanagement zu betreiben, groß. Nachdem er eine Weile lang gute Arbeit geleistet hat, wächst Ihr Vertrauen und nimmt Ihre Neigung zum Mikromanagement ab.

Bis zu einem gewissen Grad ist dieses Pendelmuster sinnvoll, aber Sie müssen sich bewusst machen, in welche Richtung Sie gerade schwingen. Andernfalls provozieren Sie bei dem Mitarbeiter, der unter Luftmangel leidet, eine Reaktion wie: »Wenn Sie nicht sicher sind, dass ich ordentliche Arbeit leiste, warum stellen Sie dann nicht jemand anderen ein?« Oder Sie verlassen sich fälschlicherweise auf einen altgedienten Mitarbeiter, der jedoch häufig Fristen versäumt und seine Zahlen verfehlt. Anschließend ärgern Sie sich über ihn, während Sie sich in Wahrheit über sich selbst ärgern sollten. Warum? Weil Sie es versäumt haben, die richtige Person einzustellen oder ihn konsequent zur Rechenschaft zu ziehen.

Verlässlichkeit ist der Schlüssel zum Vertrauen. Mit der Zeit sammeln Sie Erfahrungen. Wenn diese Erfahrungen zeigen, dass ein Mitarbeiter zuverlässig liefert, was er zugesagt hat, können Sie ihn vermehrt eigenständig arbeiten lassen. Sie haben Vertrauen in ihn entwickelt.

Vier Stufen des Vertrauens

Entrepreneure sehen sich typischerweise als Opfer, wenn andere das ihnen geschenkte Vertrauen missbrauchen. Ein Entrepreneur denkt vielleicht, er könnte jemandem vertrauen, aber dann passiert etwas: Ein Kunde kommt nicht mit dem angekündigten Großauftrag rüber oder ein Geschäftspartner kündigt einen Deal auf. Der Entrepreneur wirft dann diesen Personen vor, ihn belogen oder getäuscht zu haben, und sagt etwas wie: »Deshalb wachsen wir nicht so schnell, wie wir sollten«, oder: »Wir sitzen in einem Loch, weil Joe seine Zusagen nicht eingehalten hat.«

Nein. Spielen Sie nicht das Opfer. Die Welt des Business ist hart. Die Menschen spielen nicht immer fair. Manche sind wahre Gauner. Andere haben kein Problem damit, Ihnen zu erzählen, was Sie hören wollen, nur um dann das Gegenteil zu tun.

Es wäre Ihre Aufgabe gewesen, sich nicht einlullen zu lassen. Sie können es besser. Sie sollten imstande sein herauszufinden, wie viel Vertrauen Sie jemandem – ob Kunde, Mitarbeiter, Geschäftspartner oder Zulieferer – schenken können.

Und das geht so. Machen Sie sich zuerst klar, dass Sie andere in die folgenden **vier Vertrauensstufen** einteilen können:

- Fremde
- Empfohlene
- Vertraute
- Laufkumpel

Kategorisieren Sie jemanden als **Fremden**, wenn Sie keine Erfahrung mit ihm haben. Vielleicht *scheint* er vertrauenswürdig zu sein, weil er charmant, freundlich und gesprächig ist. Sie mögen ihn instinktiv und schenken ihm Vertrauen. Bedenken Sie jedoch, dass selbst gemeingefährliche Soziopathen vertrauenerweckend rüberkommen können. Erfahrung ist die beste Lehrerin. Wenn Sie jemanden nicht persönlich kennen oder jemanden kennen, der mit ihm zusammengearbeitet hat, sollten Sie ihn in die Kategorie »Fremder« einordnen und ihm so lange nicht vertrauen, wie Sie nicht mehr über ihn in Erfahrung gebracht haben.

Die Kategorie **Empfohlene** ist für Menschen, die Belege für ihre Vertrauenswürdigkeit vorweisen können. Sie wurden von anderen empfohlen, die wiederum Ihr Vertrauen genießen, oder sie verfügen über einen Lebenslauf, der zeigt, dass sie liefern, was sie versprechen. Sie müssen dennoch wachsam bleiben, denn Lebensläufe können frisiert sein und Empfehlungen können Voreingenommenheit oder mangelnde Bereitschaft zur Ehrlichkeit widerspiegeln. Dennoch sollte diese Kategorie eine etwas größere Wahrscheinlichkeit dafür bieten, dass jemand vertrauenswürdig ist.

Vertraute sind Menschen, mit denen wir persönliche Erfahrungen gemacht haben. Sie haben uns auf die eine oder andere Weise gezeigt, dass sie loyal, ehrlich und zuverlässig sind. Sie verdienen mehr Vertrauen als die Vertreter der Kategorie der Empfohlenen, weil Sie ihre positiven Eigenschaften selbst beobachtet und nicht nur aus zweiter Hand davon gehört haben.

Die vierte Kategorie, **Schicksalsgefährten**, ist die höchste Kategorie und aller Wahrscheinlichkeit nach kennen Sie höchstens einen Menschen, auf den diese Beschreibung passt. Das ist das berufliche Äquivalent zum besten Freund. Es ist jemand, an den Sie sich wenden können, wenn Sie ein Problem haben oder sich Ihnen eine Chance bietet, und der sofort fragen wird: »Was kann ich tun?« Wenn Sie jemanden brauchen, der Sie aus einer verfahrenen Lage befreit, wird der Betreffende Berge versetzen, um Ihnen beizustehen.

Bevor Sie jetzt verzweifeln, weil Sie keine Schicksalsgefährten haben, oder nach einem zu suchen beginnen, lassen Sie sich sagen, dass es Zeit und Erfahrung braucht, einen zu finden. Mich kostete es viele Kämpfe, meinen Schicksalsgefährten ausfindig zu machen. Ich musste erst schmerzhaft lernen, wem ich vertrauen konnte – und wem ich absolut vertrauen konnte. Mein Vertrauen musste erst missbraucht werden, bevor ich ein mentales Messsystem entwickelte.

Machen Sie sich auch klar, dass Sie, je erfolgreicher Sie werden, desto weniger Menschen vertrauen können. Wenn Sie Motivationsbücher gelesen und Motivationsredner haben sprechen hören, sind Sie vermutlich reichlich gefüttert mit Propaganda bezüglich des Aufbaus großer Netzwerke vertrauenswürdiger

Menschen. Vielleicht trifft das zu, wenn Sie als Berater tätig sind, aber wenn Sie ein Unternehmen führen, müssen Sie wie ich auf die schmerzliche Weise lernen, dass Sie nicht jedem vertrauen können und dass Sie selbst denen, die Ihnen vertrauenswürdig erscheinen, nicht in derselben Weise vertrauen können. Fragen Sie einen beliebigen erfahrenen Entrepreneur und Sie werden Geschichten hören von engen Vertrauten, die sie hintergingen, von Mitarbeitern, die sie zur Familie rechneten und die, kaum flog ihnen ein attraktives Angebot ins Haus, auf und davon waren. Erinnern Sie sich noch an Donnie Brasco?

Erwarten Sie nicht, große Vertrauenskreise aufbauen zu können. Vergessen Sie die Vorstellung von Dutzenden von Menschen, denen Sie Ihr Leben anvertrauen könnten. Rechnen Sie vielmehr damit, dass Sie jeden Menschen einer der vier Stufen des Vertrauens zuordnen. Indem Sie das tun, verringern Sie die Gefahr, enttäuscht zu werden. Sie haben dann eine gute Vorstellung davon, wem Sie vertrauen können und bis zu welchem Grad Sie ihm vertrauen können.

Lernen Sie die Sympathiesprache jedes Menschen kennen

Ein Mann kann es gar nicht abwarten, seiner Frau zu zeigen, wie sehr er sie liebt und schätzt. Es ist ihr zehnter Hochzeitstag und so spart er jeden Cent, um ihr ein Paar Diamantohrringe zu kaufen. Er packt sie elegant ein und als sie die Schachtel öffnet, ist er ganz aufgeregt in der Erwartung, dass ihr Gesicht erstrahlt und sie ihm für seine Großzügigkeit und Fürsorge dankt. Als sie die Schachtel schließlich öffnet, verzieht sie jedoch kaum eine Miene.

Das hatte er sich anders vorgestellt. Aus ihrer apathischen Reaktion sprechen Undankbarkeit und Verachtung. Wie kann sie nur so undankbar sein? Als er sie fragt, was nicht stimmt, sagt sie: »Ich weiß nicht, wie oft ich dir noch sagen muss, dass mir an *Dingen* nichts liegt. Warum gehen wir beispielsweise niemals picknicken?«

Um diese Interaktion besser zu verstehen, empfehle ich die Lektüre von Gary Chapmans Buch *Die fünf Sprachen der Liebe – Wie Kommunikation in der Ehe gelingt*. Die fünf Sprachen sind die Arten, wie wir Liebe geben und empfangen. Es sind gemeinsame Zeit, Worte der Anerkennung, Geschenke, Hilfsbereitschaft und körperliche Berührung. Im obigen Beispiel sprach der Mann die Sprache der Geschenke, während seine Frau ihm immer wieder zu verstehen gegeben hatte, dass sie die gemeinsame Zeit bevorzugte.

In Beziehungen vergessen Sie am besten die goldene Regel. Hier heißt es nicht: »Behandele andere so, wie du selbst behandelt werden willst«, sondern: »Behandele andere so, wie *sie* behandelt werden wollen.« Das trifft auf die Welt des Business ebenso zu wie auf Familie und Freunde. Einer der Gründe, warum ich Greg Dinkin zu meinem Mitautor machte, war, dass er, als ich ihn interviewte, gar nicht mehr aufhören wollte zu berichten, wie er im Rahmen eines Workshops für Bankmanager von den Teilnehmern verlangt hatte, dass sie das Sprachen-der-Liebe-Quiz absolvierten. Und tatsächlich empfehle ich Ihnen, das kostenlose Online-Quiz zu machen und dies auch Ihren Nächsten nahezulegen.

Fragen Sie nicht länger, was *die Menschen im Allgemeinen* motiviert, sondern fragen Sie: Was motiviert *einen konkreten Menschen*? Ob durch das Prisma der »Hot-Buttons« oder »Sprachen der Liebe« – Sie tun gut daran, sich die nötige Zeit zu nehmen, um zu verstehen, was für einen Menschen funktioniert. Jeder von uns wird von anderen Dingen motiviert.

Sie müssen wissen, was jemanden antreibt. Wenn Sie darauf achten, werden Sie es herausfinden. Ich kenne einen CEO, dessen Topverkäufer 825 000 US-Dollar im Jahr verdient. Nach seinem fettesten Monat sagte er zu seinem Chef: »Du hast mich nicht einmal angerufen.« Diese Äußerung macht deutlich, dass es ihm um Anerkennung geht. Er verrät uns sogar, in welcher Form er sich diese Anerkennung wünscht. Seine »Sprache der Liebe« sind Worte der Anerkennung. Hätte er gesagt: »Du hast mich nicht einmal zum Mittagessen eingeladen«, hätte er damit bedeutet, dass er sich gemeinsame Zeit wünschte. Hätte er nach einer Rolex gefragt, hätte das bedeutet, dass er sich Geschenke wünschte.

Wollen Sie eine Spitzenführungskraft sein? Zeigen Sie den Mitarbeitern, dass Sie sich die Zeit nehmen und die Mühe machen zu verstehen, was sie wollen. Der Fehler, den die meisten von uns machen, ist, dass wir Liebe und Wertschätzung auf die Weise geben, wie wir sie selbst empfangen möchten. Wenn Sie Wert auf Lob legen, sind Sie wahrscheinlich gut darin, andere zu loben. Wenn Sie ein

Mensch sind, für den das »Geld spricht«, haben Sie vermutlich einen hervorragenden Vergütungsplan. Die Wahrheit, auf die Sie am Ende stoßen werden, lautet: Jeder Ihrer Mitarbeiter wird von anderen Dingen motiviert.

Wer breite Statements abgibt wie: »Jeder möchte sich wertgeschätzt wissen«, oder: »Anerkennung ist ein menschliches Grundbedürfnis«, liegt damit schon einmal richtig. Aber Sie müssen von hier aus zur nächsten Ebene vordringen, indem Sie sich klarmachen, wie eine solche Wertschätzung und Anerkennung konkret aussehen soll. Als CEO weiß ich, wer meiner Mitarbeiter Zeit unter vier Augen braucht und wer ein Lob vor Publikum. Als Vater weiß ich, welches von meinen Kindern sich am meisten über Zuneigung, Lob oder gemeinsam verbrachte Zeit freut.

Obgleich ich weiß, dass es das Richtige wäre, vergesse ich manchmal, es zu tun. Es ist nicht einfach, die Bedürfnisse aller geliebten Menschen zu berücksichtigen und ihre jeweiligen Sprachen zu sprechen – besonders, wenn Sie bereits ein nicht zu kleines Unternehmen führen und sich um eine Familie zu kümmern haben. Das kann einen manchmal ganz schön überwältigen, sind wir doch am Ende alle nur Menschen.

Ich habe ein Buch mit dem Titel *Thank God It's Monday – How to Prevent Success from Ruining Your Marriage* gelesen, das mir sehr eingeleuchtet hat. Sein Autor Pierre Mornell war Eheberater und hatte nach 20 Jahren endlich die beste Lösung gefunden, die für ihn und die Familien, die er beriet, funktionierte: Schenke den Menschen, die dir am nächsten sind, jeden Tag fünf bis fünfzehn Minuten ungeteilte Aufmerksamkeit. Ich will damit nicht sagen, dass Sie das mit jedem machen müssen, aber Ihre wichtigen Führungskräfte und aufsteigenden Stars benötigen mehr Eins-zu-eins-Zeit, als Ihnen möglicherweise bewusst ist. Es ist einfach zu versuchen, Führungskräfte nur über Konferenzschaltungen und Zoom-Gespräche zu entwickeln, aber nichts ist effektiver, als ihnen Ihre ungeteilte Aufmerksamkeit zu widmen.

Fragen, die Sie sich stellen sollten, um jeden Einzelnen zu erreichen

1. Wie tickt dieser Mensch?
2. Wie möchte dieser Mensch geliebt werden?

3. Was lässt diesen Menschen spüren, dass er wertgeschätzt wird?
4. Wie kann ich diesem Menschen am effektivsten zeigen, dass er mir wichtig ist?
5. Welches Verhalten »kommt« bei diesem Menschen am besten »an«?

Die neun Sprachen der Liebe von Entrepreneuren

Denken Sie an die Gleichung »Vertrauen gleich Schnelligkeit«. Je größer das Vertrauen, desto schneller das Tempo. Indem Sie Menschen zeigen, dass sie Ihnen wichtig sind, holen sie das Beste aus ihnen heraus. Auf diese Weise werden sie zuverlässiger und alle Elemente des Geschäfts werden schneller.

Wie es in einer Beziehung fünf Sprachen gibt, so gibt es neun Sprachen, die Entrepreneure erlernen können, um mit ihren Teamkollegen zu sprechen.

1. Wir brauchen dich

Mitarbeitern Zuständigkeiten zu übertragen, ist eine Form, wie Sie ihnen zeigen können, dass Sie sie brauchen. Es gibt Menschen, für die das Gefühl wichtig ist, gebraucht zu werden. Im Sport könnte ein Trainer zu einem Spieler, der auf der Bank sitzt, gehen und sagen: »Wir können die Meisterschaft ohne dich nicht gewinnen. Wir brauchen dich, um unser Ziel zu erreichen. Wir *brauchen* dich.«

Es gibt auch Menschen, denen es nichts bedeutet, gebraucht zu werden. Je mehr sie sich als unverzichtbar empfinden, desto mehr missbrauchen sie die Beziehung. Sie sagen vielleicht: »Oh, ihr braucht mich. Ohne mich könnt ihr nichts tun.«

Als Steve Kerr den Trainerposten bei den Golden State Warriors übernahm, hatte Andre Iguodala in 758 Spielen hintereinander in der Startaufstellung gestanden. Kerr wollte, dass Iguodala, ein Spieler von All-Star-Kaliber, zu Beginn auf der Bank saß. Die meisten Spieler hätten das als Degradierung empfunden, aber Kerr kriegte Iguodala damit, dass er ihm versicherte, wie sehr er gebraucht würde: Es bestand die Notwendigkeit, von der Bank aus einen frischen Funken ins Spiel zu tragen, die Notwendigkeit, die zweite Einheit zu führen, die Notwendigkeit, frische Beine ins Feld zu schicken, um den besten Spieler der anderen Mannschaft in Schach zu halten. Nicht nur gewannen die Warriors in Kerrs erster Saison die NBA-Meisterschaft, sondern Iguodala wurde auch der erste Spieler in der NBA-Geschichte, der zum *most valued player* der NBA-Finals gekürt wurde, ohne dass er jedes Spiel in der Startaufstellung begann. Das beweist, worüber wir zuvor bereits sprachen: Wenn Sie einem Menschen einen Ruf vorausschicken, dem er gerecht werden kann, dann wird er das häufig auch.

2. Anerkennung

Wenn Sie auf Unternehmen schauen, die stagnieren, werden Sie feststellen, dass Anerkennung nicht Teil ihrer Kultur ist. Nur Druck, Druck und wieder Druck. Dan Ariely, Professor für Verhaltensökonomie und Psychologie an der Duke University, kann signifikante Forschungsergebnisse vorweisen, aus denen hervorgeht, dass Unternehmen Geld als Motivationsfaktor überbewerten. Barprämien als Motivationsanreiz geben den Mitarbeitern das Gefühl, sie müssten bestochen werden, um ihre Arbeit zu tun. Ariely schreibt: »Es sagt im Prinzip: ›Du weißt, was zu tun ist, aber du bist nicht daran interessiert.‹« Barprämien sind das Gegenteil von einer eingehenden Beschäftigung damit, was jemanden im Innersten antreibt.

Sie können viel Spaß mit Teammitgliedern haben – besonders mit den Intrapreneuren, für die Anerkennung ein wichtiger Motivationsfaktor ist. Geben Sie einer solchen Anerkennung eine persönliche Note. Einem unserer leitenden Vizepräsidenten beispielsweise schenkte ich eine Fackel von den Olympischen Spielen 1984. In einer Zeit, als unser Unternehmen Ayrton Sennas Ideen studierte, schenkte ich einem Vizepräsidenten einen Ayrton-Senna-Helm. Es könnten signierte Michael-Jordan-Schuhe sein. Oder eine speziell angefertigte Luis-Vuitton-Tasche. Manchmal tut es eine Plakette für die Wand. Wenn Worte der Anerkennung gefragt sind, kommt es besonders darauf an, was auf der Plakette steht.

Manche Menschen sagen vielleicht: »Ich brauche keine Anerkennung.« In Wahrheit brauchen sie doppelt so viel Anerkennung. Sie verstecken sich lediglich hinter dieser Leugnung ihres Anerkennungsbedarfs. Sie gestehen sich ihr Bedürfnis nicht ein, weil sie fürchten, die Anerkennung, die sie sich wünschen, am Ende nicht zu bekommen. Jeder braucht Anerkennung, mag er noch so selbstsicher daherkommen.

3. Drei verschiedene Arten von Lob

Es gibt drei Arten, wie wir jemanden loben können. Um zu wissen, welche die richtige ist, müssen wir den Menschen kennen, den wir loben wollen. Ich werde nicht nachlassen, Sie daran zu erinnern, dass jeder seine eigenen Hot-Buttons hat.

1. **Unter vier Augen:** Die erste Art von Lob wird unter vier Augen gegeben. Das kann während einer Mahlzeit oder im Rahmen einer beiläufigen Begegnung geschehen. Es kann auch in Form einer Textnachricht, einer E-Mail oder über Slack erfolgen. Es könnte zum Beispiel so aussehen: »Hör mal, ich möchte nur, dass du weißt: Du hast dich sehr entwickelt und ich rechne dir das hoch an. Ich sehe, wie viel Arbeit du investiert und wie du dich verbesserst hast. Das bleibt nicht unbemerkt. Danke.«
2. **Öffentlich:** Die nächste Art ist das Lob vor Publikum. Es kommt einer Anerkennung gleich und eignet sich am besten gegenüber Menschen, die gern im Rampenlicht stehen. Besonders in Meetings lässt sich so die Aufmerksamkeit auf die Beiträge Einzelner lenken.
3. **Hintenherum:** Die dritte Art von Lob ist die, die hinter jemandes Rücken gegeben wird. So können Sie jemanden vor anderen loben, solange der Betreffende nicht anwesend ist. Ich habe bereits darüber gesprochen, wie wirksam es sein kann, über jemanden hinter seinem Rücken zu sprechen. Auch hier ist es wichtig, den Menschen zu kennen, wenn Sie dieses Instrument wirksam einsetzen wollen.

4. Klare Vorgaben

Ihr Team braucht klare Vorgaben von Ihnen. Wenn Sie Dinge sagen wie: »Sie können das schaffen. Legen Sie los!«, dann ist das nicht effektiv. Ihre Mitarbeiter brauchen von Ihnen Ansagen wie: »Ich brauche von Ihnen das, das und das bis zu diesem Datum. Können Sie das schaffen?« Im Regelfall sollten Sie Ihrem Mitarbeiter nicht mehr als drei Dinge zugleich auftragen, um ihn nicht zu überfordern. Entscheidend aber ist, dass Sie sich klarmachen: Viele Menschen wünschen sich, genau gesagt zu bekommen, was sie zu tun haben.

Diesen Mitarbeitern müssen Sie genau sagen, was Sie von ihnen erwarten und bis wann. Treffen Sie eine mündliche Vereinbarung: »Sind wir uns darin einig, John, dass Sie mir heute bis 16:45 Uhr eine Textnachricht mit den Namen und Nummern von drei Anbietern schicken?« Das ist viel effektiver als zu sagen: »Machen Sie sich kundig und lassen Sie mich das Ergebnis wissen.«

5. Vision

Viele Menschen sind keine Visionäre. Es ist ihnen nicht gegeben, sich Gedanken über die Zukunft zu machen, solange die Gegenwart sie in Atem hält. Aber sie müssen Sie über Vision und Zukunft sprechen hören. Großartige Führungskräfte werben kontinuierlich für die Zukunft, auf die das Team zusteuert, und die Dinge, die geschehen werden. Sie sprechen über das, was als Nächstes kommt. Großartige Führungskräfte sagen Dinge wie: »Unsere besten Tage liegen noch vor uns.« Die Mitarbeiter müssen wissen, dass ihr Vorgesetzter wie ein Großmeister ist, der sie in die richtige Richtung führt.

Sie müssen für die Mitarbeiter Bilder von der Zukunft malen. Besonders, wenn der Arbeitsdruck groß ist, müssen Sie an ihre Sinne appellieren und ein Bild von dem entwerfen, wofür sie arbeiten.

6. Träume

Mitarbeiter wollen wissen, wie aus ihren Träumen Wirklichkeit werden kann. Sie müssen sehen, wie ihr Einsatz von heute ihnen hilft, ihre Träume umzusetzen. Wenn Sie Mitarbeiter motivieren wollen, dürfen Sie nicht aufhören, in der Traumsprache zu denen zu sprechen, die auf diese Art von Inspiration angewiesen sind.

Die letzten drei Punkte waren eher Anweisungen als Hinweise dazu, wie Sie jemanden in seiner Sprache der Liebe ansprechen. Ich habe sie dennoch in die Liste aufgenommen, weil sie auch in die Kategorie fallen, die davon handelt, Mitarbeiter zu verstehen und in einer Art und Weise zu ihnen zu sprechen, die das Beste aus ihnen herausholt und letztlich Vertrauen schafft.

7. Engagement

Fragen Sie die Mitarbeiter kontinuierlich nach ihrer Meinung und bitten Sie um Feedback. Fragen Sie sie, was Sie ihrer Meinung nach als Nächstes tun sollten. Die Menschen wollen beteiligt sein an dem, was Sie tun, und sie wollen gehört werden. Wenn Sie sie nach ihren Ideen fragen, diese aber niemals umsetzen, werden sie (vermutlich still zu sich selbst) sagen: »Warum äußere ich überhaupt meine Ideen? Sie setzen sie ohnehin niemals um. Das ist für uns beide lediglich Zeitverschwendung.« Fragen kann gefährlich sein, wenn Sie in Wahrheit gar nicht an der Antwort interessiert sind.

8. Herausforderung

Großartige Führungskräfte fordern ihre Mitarbeiter ständig heraus: unter vier Augen, öffentlich und hinter ihrem Rücken. Wenn ich jemanden sehe, der nach einem Ausrutscher Fortschritte macht, ziehe ich ihn zur Seite und sage: »Hör zu, ich möchte, dass du weißt: Ich sehe es. Du machst große Fortschritte. Das freut mich für dich. Aber ich hoffe, dass dir kein weiterer Ausrutscher unterläuft. Ich hoffe, dass du fokussiert bleibst.«

Was ich öffentlich sage, ist gegen die Genügsamkeit gerichtet: »Ich hatte den Eindruck, dass du größere Träume hattest. Ich dachte, du strebtest etwas viel Größeres an. Wenn du 20 000 US-Dollar im Monat machen kannst, warum dann nicht 40 000? Wirst du selbstgenügsam? Ist dein Magen voll? Seit wann bist du denn schon finanziell frei? Seit wann sind wir bereits am Ziel? Warum verhalten wir uns so? Warum handeln wir so? Warum tun wir das?«

9. Zuhören

Die letzte Sprache ist in Wirklichkeit keine. Die letzte Sprache ist, wenn Sie den Mund halten und zuhören, denn viele Menschen sprechen nur zu gern über sich selbst oder das, was sie durchmachen. Das ist nicht immer einfach – besonders für einen ungeduldigen CEO –, aber Zuhören ist eine unverzichtbare Fähigkeit. Manchmal bedeutet es einfach nur, sich hinzusetzen und einen Menschen ausreden zu lassen. Manche der Führungskräfte, die ich betreue, wollen einfach nur anrufen und 40 Minuten lang reden. Ich lasse sie. Ich höre zu und höre zu und mache mir Notizen. Ich gebe ihnen Feedback. Ich gehe nicht ans Telefon und schalte sie auf stumm und tue derweil andere Dinge. Ich höre zu und sage: »Deine Bemerkung von vor 15 Minuten – glaubst du immer noch, dass das zutrifft nach allem, was du vom Rest des Teams gehört hast?«

Du musst zuhören und aufrichtiges Interesse zeigen. In Wahrheit erfordern alle diese Sprachen der Liebe für Entrepreneure Aufrichtigkeit. Mitarbeiter spüren, wenn es nur gespielt ist. Sie spüren, wenn es nicht echt ist. Wenn Sie zu einem Mitarbeiter in seiner Sprache der Liebe sprechen, fühlt er sich wertgeschätzt.

■ ■ ■ ■ ■

Ein Spruch, den Sie häufig im Sport hören, lautet: Schnelligkeit kann man niemandem beibringen. Man kann lehren, wie man sie nutzen kann, aber man hat sie oder man hat sie nicht. Sie lässt sich nur in kleinen Schritten verbessern. In der Welt des Business jedoch lässt sich Schnelligkeit sehr wohl steigern. Und Sie dürfen in diesem Punkt niemals locker lassen. Jeder Teil der Unternehmenstätigkeit – von der Identifizierung von Trends über die Ansprache der Kunden bis zur Bereitstellung des Produkts – beruht auf Schnelligkeit.

Sie können die Vertrauensstufen verwenden, um Ihre Bewertungen zu filtern, um die Nuancen einer gegebenen Person oder Situation zu verstehen. Damit verfolgen Sie das Ziel, alle Aspekte Ihrer Unternehmenstätigkeit zu beschleunigen.

Denken Sie gründlich darüber nach, wem Sie Vertrauen schenken wollen und warum. Gehört John zur Kategorie der Fremden oder der Schicksalsgefährten? Sind Sie folglich bereit, ihm wichtige Zuständigkeiten zu übertragen, oder müssen Sie ihn an die kurze Leine nehmen, wenn Sie ihm Aufgaben von nennenswerter Bedeutung übertragen? Klären Sie diese und andere Fragen, um mit großer Präzision zu ermitteln, wem Sie Vertrauen schenken wollen und wem nicht.

Wir schaffen Vertrauen mit dem Ziel, die Schnelligkeit zu erhöhen. Analytische Menschen verfehlen häufig den Punkt. Sie übersehen die Rolle des menschlichen Aspekts für den Aufbau von Vertrauen. Sobald Mitarbeiter spüren, dass Sie in ihnen Menschen und nicht nur Beschäftigte sehen, wächst Vertrauen und die Schnelligkeit nimmt zu. Indem Sie sich die Mühe machen, herauszufinden, was ihre Sprache der Liebe ist und wie sie »ticken«, machen Sie deutlich, dass Ihre Mitarbeiter Ihnen wichtig sind.

SCHRITT 3

PERFEKTIONIEREN SIE DIE TEAMBILDUNG

DER MYTHOS VOM SOLOPRENEUR ODER WIE SIE SICH IHR TEAM ZUSAMMENSTELLEN

1. Identifizieren Sie die Typen von Mitarbeitern, die Sie anziehen wollen. Schaffen Sie das richtige Wertversprechen (Förderprogramm), um die richtigen Mitarbeiter anzuziehen und zu halten. Seien Sie sogar noch wählerischer, wenn es darum geht, wen Sie in Ihren inneren Kreis lassen.

SCHAFFEN SIE EINE PRINZIPIENBASIERTE KULTUR

2. Etablieren und kommunizieren Sie Ihre Werte und Prinzipien – für Ihr Unternehmen und als Mensch. Gehen Sie keine Kompromisse in unverhandelbaren Punkten ein, damit daraus keine leeren Worte werden.

VERTRAUEN = SCHNELLIGKEIT: VON DER BEDEUTUNG DER VERLÄSSLICHKEIT

3. Inspizieren Sie jede Fähigkeit, die Sie in allen Abteilungen benötigen, um sie auf Neueinstellungen übertragbar zu machen, damit Sie neue Führungskräfte entwickeln können. Inspizieren Sie die Sprache, die Sie verwenden, um mit Ihren Teamkollegen und Führungskräften zu kommunizieren. Schafft sie Vertrauen oder Zweifel? Finden Sie mittels Fragen heraus, was den Mitarbeitern am wichtigsten ist, und verwenden Sie eine Sprache, die sie bewegt. Erstellen Sie eine Liste Ihrer fünf Spitzenmitarbeiter und identifizieren Sie ihre wesentlichen Motivationskräfte.

SCHRITT 4

Perfektionieren Sie die Skalierbarkeit Ihrer Strategie

9

Skalieren für exponentielles Wachstum

Ich fürchte mich nicht vor einer Armee von Löwen, die von einem Schaf angeführt wird; ich fürchte mich vor einer Armee von Schafen, die von einem Löwen angeführt wird.

Alexander der Große

In den Vereinigten Staaten können Sie für weniger als 200 US-Dollar ein Unternehmen anmelden. Sie können sich dann CEO nennen. Sie können sich sogar Geschäftskarten mit den Buchstaben »CEO« in großer fetter Schrift drucken lassen. Sie können sich nennen, wie Sie wollen. Sie haben sich den Titel »CEO« in dem Augenblick verdient, wo Hunderte von Menschen sie so bezeichnen.

Im Oktober 2009 startete ich ein Unternehmen mit 66 Versicherungsvertretern. In unserem ersten vollen Kalenderjahr machten wir weniger als 2 Millionen US-Dollar Umsatz. Es gab da ein kleines Problem: Als CEO hatte ich keine Vorstellung, was ich tat. Ich musste erst noch lernen, was es braucht, um skalieren zu können.

Während meiner gesamten beruflichen Laufbahn war ich entweder Verkäufer oder Vertriebsleiter gewesen, aber noch niemals CEO eines Unternehmens. Ich wusste nichts von Vision oder Strategie, ganz zu schweigen von Logistik und dem Papierkram, den es braucht, um ein Geschäft in einen Vertrag zu verwandeln. Ich habe anfangs mehr oder weniger improvisiert. Ich machte mich auf die Suche und überlegte, welche Schritte ich unternehmen musste, um als CEO erfolgreich zu sein. Der erste Schritt war, Vistage beizutreten – einer Organisation für Entrepreneure, die praktisch die Rolle des Direktoriums übernimmt und als Ratgeber fungiert. Ich nahm auch an einem Harvard-Programm für Unternehmenseigentümer und -präsidenten teil, das mir Gelegenheit bot, mit anderen CEOs in Kontakt zu kommen und von ihnen etwas über Management zu lernen.

Ich spürte jede Ressource auf, die mir behilflich sein konnte – insbesondere jede Fallstudie, die mir zwischen die Finger kam. Ich bestellte jedes Buch, das Licht in das Alltagsgeschäft der Unternehmensführung bringen konnte. Neben sämtlichen Büchern von Patrick Lencioni kaufte ich:

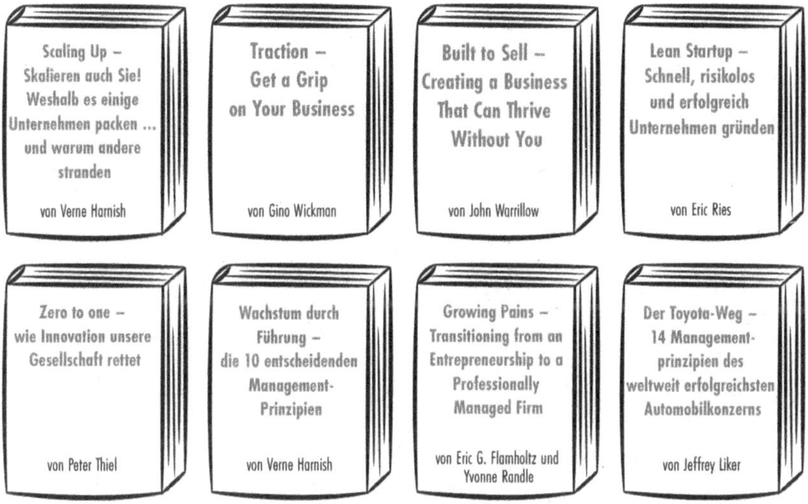

Damals gelobte ich mir selbst: Entweder käme ich zu dem Schluss, dass ich hatte, was es brauchte, um ein CEO zu sein, dem ich persönlich zutrauen würde, ein Fortune-500-Unternehmen zu leiten, oder ich würde mich selbst entlassen.

Der Übergang zur Leitung eines Unternehmens brachte mich an meine absoluten Grenzen. Ich brauchte Wissen und innere Durchsetzungskraft, um zu überleben. Irgendwann entwickelte ich ein Gefühl nicht nur für die täglichen Schritte eines CEO, sondern, was noch wichtiger war, für die Schritte, die unerlässlich waren, um die Art von Unternehmen zu schaffen, das ich mir vorstellte.

Möglicherweise ist dies der Abschnitt, auf den Sie gewartet haben. Alles bis hierhin war lediglich das Fundament. Sich selbst zu kennen, rational denken zu können und zu wissen, wie Sie ein Team zusammenstellen – das alles ist Vorbereitung auf die Härten der praktischen Unternehmensführung. Jetzt aber ist der Moment gekommen, an dem Sie zum Sprung ansetzen, um ein CEO zu werden, der wie ein Großmeister operiert. Wir werden über die vier strategischen Bereiche sprechen, auf die sich jeder CEO fokussieren muss. Zugleich werden Sie ein klares Bild davon erhalten, wie Sie für Ihr Unternehmen exponentielles Wachstum schaffen. Zuletzt werden wir die Frage beantworten: Wie skaliert ein CEO, um Wachstum zu erzielen und zu bewahren?

Die vier Phasen jedes Start-ups

1. Formierung
2. Überleben
3. Schwung
4. Stabilisierung

Während Sie dies lesen, sollten Sie sich fragen, in welcher Phase Sie sich befinden. In der Formierungsphase? In der Überlebensphase? Wenn Sie die Schwungphase noch nicht erreicht haben, liegt das daran, dass Sie noch nicht herausgefunden haben, was zum exponentiellen Wachstum führt. Sie werden in Kürze zwei Dinge entdecken, die dazu führen werden, dass Ihr Unternehmen »zündet«.

Wie Sie Ihr Unternehmen mit Kapital ausstatten

Unabhängig davon, in welcher Phase sich Ihr Unternehmen befindet, benötigen Sie einen Plan, wie Sie es mit dem erforderlichen Kapitel ausstatten wollen. Wenn Sie ganz am Anfang stehen: Borgen Sie sich Geld von der Familie? Machen Sie sich auf die Suche nach einem Unternehmensengel und geben Anteile heraus? Wenn Sie den Durchbruch geschafft haben: Stoßen Sie Ihr Start-up gewinnbringend ab oder nutzen Sie Ihren Erfolg, um noch mehr Mittel einzuwerben und noch schneller zu wachsen?

Dieses Thema wäre ein eigenes Buch wert. Es ist auch sehr branchenspezifisch. Wenn Sie ein Technologieunternehmen aufbauen, das keine messbare Methode zum Geldverdienen hat, aber Zigmillionen Klicks erzeugen kann wie Twitter, Instagram und ähnliche Unternehmen, müssen Sie gleich zu Beginn so viel Kapital wie möglich an Land ziehen. In anderen Branchen sind Sie mit einem organischen Wachstum besser beraten.

Im April 1999 startete Jack Ma in seiner Wohnung Alibaba. Erst im Januar des nächsten Jahres erhielt das Unternehmen eine 20 Millionen-US-Dollar-Investition von einer Investorengruppe unter Federführung der Softbank Corporation. Das *Wall Street Journal* berichtete, dass Mas Treffen mit CEO Masayoshi Son anders war als die meisten Investment-Pitches. Ma sagte: »Wir sprachen nicht über Umsatz; wir sprachen nicht einmal über ein Geschäftsmodell. Wir sprachen lediglich über eine gemeinsame Vision. Wir beide sind bekannt für schnelle Entscheidungen.«

In einem Interview mit Charlie Rose in der Reihe »60 Minutes« auf CBS News dachte Jeff Bezos an 1995 zurück, als er sein Startkapital für Amazon einwarb. »Viele Leute haben von diesem Deal sehr profitiert [lacht]. Aber sie gingen auch ein Risiko ein und haben es deshalb verdient, sehr von diesem Deal zu profitieren. Aber ich brauchte 60 Meetings, bis ich meine Million zusammenhatte, und ich bekam sie von 22 Personen, die im Schnitt 50 000 US-Dollar gaben. Und es stand Spitz auf Knopf, ob ich das Geld zusammenbekommen würde. Das Ganze hätte genauso gut enden können, bevor es überhaupt losging. Das war 1995 und die erste Frage, die die Investoren stellten, war: ›Was ist das Internet?‹«

Während eines Interviews beim George W. Bush Presidential Center 2018 Forum on Leadership sprach Bezos ebenfalls darüber, wie er das Geld einwarb, um Amazon zu starten. Er sagte: »Und das war 1995. Aber nur zwei Jahre später konnte ein Stanford-Absolvent ohne Geschäftserfahrung mit einem einzigen Telefonanruf 25 Millionen US-Dollar bekommen, wenn er einen Geschäftsplan für ein Internetunternehmen vorweisen konnte.«

Es gibt so viele Wege, um ein mit reichlich Kapital ausgestattetes Unternehmen zu schaffen. Ich werde Ihnen zehn Fragen präsentieren, die Sie sich stellen sollten, bevor Sie beginnen, Geld einzuwerben. Wenn Sie das ernsthaft vorhaben, sollten Sie die Fragen nicht nur lesen, sondern auch wirklich beantworten.

Zehn Fragen, die Sie sich stellen sollten, bevor Sie Geld einwerben

1. **Ist es überhaupt ratsam, Geld einzuwerben?**
   Ist Ihr Unternehmen überhaupt schon an dem Punkt, an dem Sie darüber nachdenken sollten, Geld einzuwerben? Vielleicht ist Ihre Idee klein genug, dass Sie sie mit Ihrem eigenen Geld stemmen und noch heute starten können.
2. **Wie würden Sie Ihre Geschäftsidee umsetzen, falls es Ihnen nicht gelingt, Geld einzuwerben?**
   Wenn Sie diese Frage beantworten können, werden Business Angels und Risikokapitalgeber stärker an Ihrer Geschäftsidee interessiert sein. Indem Sie zeigen, dass Sie auf das Kapital nicht angewiesen sind, und Schwung entwickeln, noch bevor Sie versuchen, Kapital einzuwerben, werden Sie eine attraktivere Investition.
3. **Wie wollen Sie das eingeworbene Geld nutzen?**
   Um Geld einzuwerben, müssen Sie sich in die Lage der Investoren versetzen. Die Investoren wollen wissen, wie Sie das Geld zu verwenden gedenken. Sie müssen ihnen zeigen, wie Sie das Bargeld in Wachstum verwandeln wollen. Ob das Geld dazu dient, eine wichtige Position zu besetzen, die Produktion hochzufahren oder intellektuelles Eigentum zu sichern – die Geldgeber möchten Ihren Plan sehen, was mit dem Geld geschehen soll.
4. **Wie sieht ein idealer Investor Ihres Unternehmens aus?**
   Ist es jemand, der sich einbringt? Sie müssen sich bei einem möglichen Investor nicht nur darüber Gedanken machen, wer er als Mensch ist, sondern auch, welche Art von Beziehung Sie sich zu ihm wünschen. Brauchen Sie jemanden, der wichtige Verbindungen herstellt und Vertriebskanäle öffnet? Oder brauchen Sie jemanden, der spezielle Erfahrungen mitbringt, die Ihnen fehlen, und als Berater dienen kann?
5. **Wollen Sie die vollständige Kontrolle über Ihr Unternehmen behalten?**

Wenn Sie um Geld bitten, sind damit stets viele Erwartungen verbunden. Niemand schreibt einen Scheck aus, ohne Forderungen zu stellen. Stellen Sie sich darauf ein, dass Sie sich entscheiden müssen, ob Sie die volle Kontrolle über Ihr Unternehmen behalten und sich mit weniger Geld zufriedengeben wollen oder ob Sie die größere Geldspritze vorziehen.

6. **Wünschen Sie sich Verlässlichkeit?**
   Die meisten Entrepreneure lassen sich nicht gern von anderen sagen, was sie zu tun hätten. Aber Risikokapitalgeber wollen genau das tun. Sie wünschen sich bewegliche Entrepreneure, die offen sind für Vorschläge bezüglich ihres Unternehmens. Empfinden Sie das als Hilfestellung oder als Einmischung? Im letzteren Fall sollten Sie sich nach einem passiveren Investor wie beispielsweise einer Bank umsehen.
7. **Haben Sie genug Recherche zu Ihrer Branche betrieben?**
   Vergeuden Sie nicht die Zeit Ihrer Investoren, indem Sie Ihre Hausaufgaben nicht machen. Sie müssen wissen, wie Ihre Branche aussieht, bevor Sie losziehen, um Geld einzuwerben. Damit zeigen Sie potenziellen Investoren, dass Sie es ernst meinen und bereit sind, deren Geld klug einzusetzen.
8. **Was ist das Besondere an Ihrem Geschäftsmodell?**
   Investoren müssen verstehen, was Ihr Unternehmen auszeichnet. Ihr Unternehmen muss so aufgestellt sein, dass es einen klar erkennbaren Wettbewerbsvorteil im Markt genießt.
9. **Haben Sie nachgerechnet? Wie viel ist Ihr Unternehmen wert?**
   In dem Augenblick, in dem Sie sich als schlechter Rechner erweisen, werden Ihre Investoren sich zurückziehen. Sie erwarten, dass Sie belastbare Prognosen präsentieren und Ihre Bewertung mit soliden Zahlen untermauern. Haben Sie die Branchenvergleiche parat und verwenden Sie »Comps« (vergleichbare Unternehmen) als Berechnungsgrundlage für Einnahmen, Umsatz und andere branchenspezifische Kennzahlen.
10. **Planen Sie, Ihr Unternehmen in absehbarer Zukunft zu verkaufen?**
    Investoren wollen wissen, ob sie ihre Investition in fünf bis sieben Jahren gegen eine solide Rendite verkaufen können. Haben Sie eine Ausstiegs-

strategie? Manche Risikokapitalgeber wollen nicht in Unternehmen investieren, die gegründet werden, um sie wieder zu verkaufen. Andere sind an rascher Rendite interessiert. Sie müssen Ihre Hausaufgaben machen, um dies herauszufinden.

■ ■ ■ ■ ■

Wenn Sie Risikokapital bekommen, wird das Ihre Zuversicht und die Ihres Teams gewaltig stärken. Stellen Sie sich das Einwerben von Geld wie eine Lebenszeitverlängerung vor. Es ist, wie wenn Sie in einem Videospiel zwei weitere Leben bekommen für den Fall, dass Sie sterben. Wenn pfiffige und anspruchsvolle Menschen in Ihr Unternehmen investieren, stärkt das Ihr Verantwortungsbewusstsein und kann zu wertvollen Kontakten und klugen Ratschlägen führen. Manche Menschen wissen das zu schätzen. Wie für alles im Beruf und im Leben müssen Sie für diese Vorteile einen Preis bezahlen. Solange Sie jedoch mit Ihren eigenen Mitteln vorliebnehmen, müssen Sie mit dem ständigen Risiko leben, dass Ihnen das Geld ausgeht. Die positive Seite der Medaille ist, dass Sie die Kontrolle über Ihr Unternehmen und Ihre Beteiligung an ihm behalten – was Ihnen letztlich mehr Optionen bietet.

Was den Zugang zu Menschen mit Geld betrifft, so gehen Sie am besten den Weg über Ihre Mentoren. Die Tatsache, dass jemand Sie bei einem potenziellen Investor einführt, verschafft Ihnen zugleich eine wichtige Legitimation.

Wie verschaffen Sie sich am besten Glaubwürdigkeit in den Augen Ihrer Mentoren? Beantworten Sie sorgfältig und ausführlich die zehn Fragen. Damit zeigen Sie, dass Sie es ernst meinen und sich vorbereitet haben.

Es gibt keine perfekte Zeit und keine perfekte Methode, um Geld einzuwerben. Sie müssen großartige Arbeit leisten und dabei Ihre Optionen im Auge behalten. Es ist besser, andere zu begeistern, als den Bittsteller zu spielen. Nachdem wir darüber gesprochen haben, wie Sie Geld einwerben, wollen wir jetzt darauf zu sprechen kommen, wie Sie Ihrem Unternehmen zu Wachstum verhelfen.

Die Strategie-Quadrant

Haben Sie schon einmal ein Fitnessstudio besucht und dort jedes Mal dieselbe Person angetroffen, die aus irgendeinem Grund keinerlei Fortschritte erkennen ließ? Wie ist es möglich, dass diese Person so viel trainiert, aber immer gleich aussieht? Okay, es ist möglich. Es ist sogar normal. Ob im Fitnessstudio oder im Büro – die meisten Menschen kommen, absolvieren ihr Programm und gehen wieder. Sie tun es ohne innere Anteilnahme. Wenn Sie es ebenso machen, halten Sie sich damit bestenfalls über Wasser. Im schlimmsten Fall führt Ihr Versäumnis, mehrere Schritte vorauszudenken, zum Scheitern Ihres Unternehmens.

Wachstum ist wichtig, aber Entrepreneure behandeln es häufig als die einzige Funktion – und das ist ein Fehler. Es gibt zwei Arten von Unternehmenswachstum: lineares und exponentielles Wachstum. Ersteres bringt stetigen, aber wenig spektakulären Gewinn: Sie halten Ihre Fristen ein, gewinnen und erhalten Kunden und erweitern Ihr Netz von Kontakten. Letzteres steht für Quantensprünge. Es tritt ein, wenn Entrepreneure das Tagesgeschäft hinter sich lassen, um etwas Außergewöhnliches zu vollbringen. Sie haben eine Vision und sind fähig, harte aber kluge Entscheidungen zu treffen, die der Verwirklichung dieser Vision dienen. Sie wollen nicht nur schrittweise wachsen; sie wollen die Welt erobern.

Ich habe die Verantwortung eines Eigentümers oder CEOs auf vier strategische Bereiche heruntergebrochen (siehe Abbildung).

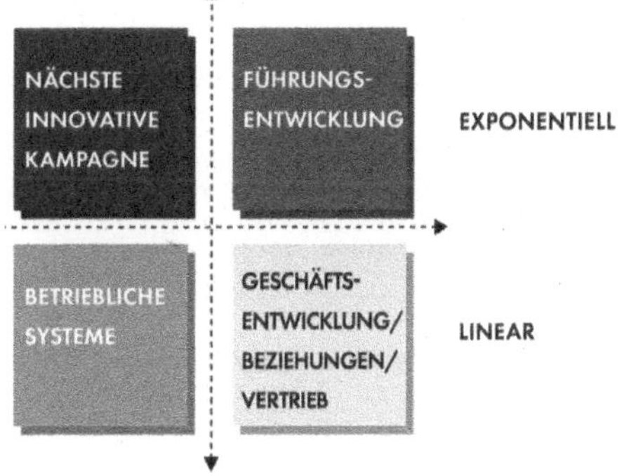

Auf der linearen Wachstumsseite finden wir Betriebssysteme und Geschäftsentwicklung/Vertrieb.

1. Betriebliche Systeme

Hier geht es darum, Ihre Systeme, Technologien und Prozesse effizienter und effektiver zu gestalten. Für die meisten Entrepreneure ist das der uninteressanteste Teil der Unternehmenstätigkeit. Und obwohl sich damit kein exponentielles Wachstum erzielen lässt, können Sie mit der Verbesserung Ihrer betrieblichen Systeme immer noch große Fortschritte erzielen. Sie haben gesehen, wie mein Unternehmen IZR herunterbrach und wie die Verbesserung des Betriebs mittels Technologie uns am Ende half, Millionen US-Dollar einzusparen.

Ein Unternehmen scheitert aus einem von zwei Gründen: Entweder wächst es zu schnell oder es wächst überhaupt nicht. Ersteres sieht vielleicht aus wie ein Problem, das man gern hätte, aber es kann fatal sein, wenn Sie über keine betrieblichen Systeme verfügen, die Ihr Wachstum unterstützen.

2. Geschäftsentwicklung und Vertrieb

Den nächsten Punkt bilden Geschäftsentwicklung und Vertrieb. Das hat mit dem Aufbau von Beziehungen zu neuen Zulieferern und von neuen Partnerschaften sowie der Verbesserung Ihres Vertriebsprozesses zu tun. Es handelt von der Netzwerkpflege und dem Besuch von Veranstaltungen in Ihrer Branche. Beziehungen, Beziehungen, Beziehungen …

Die Geschäftsentwicklung erfolgt linear. Sie müssen Geschäfte tätigen und das Auftragsvolumen Ihrer Kunden steigern.

Die nächsten zwei Bereiche führen zu exponentiellem Wachstum.

3. Die nächste innovative Kampagne

Als CEO starten Sie möglicherweise ein Programm oder eine Werbeaktion, die potenziell bahnbrechend ist. Die Fitnessstudiokette Bally Total Fitness tat dies, indem sie Mitgliedschaften ohne Aufnahmegebühr in einer Zeit anbot, als sämtliche Konkurrenten eine beträchtliche Aufnahmegebühr verlangten. Im Jahr 1995 führte die Fluggesellschaft Continental Airlines ein Incentive-Programm ein, dem zufolge jeder ihrer 35 000 Mitarbeiter unterhalb der Managerebene 65 US-Dollar in jedem Monat erhielt, in dem Continental zu den fünf besten Fluglinien in Sachen Abflugpünktlichkeit gehörte. Diese von Gordon Bethune und Greg Brenneman geleitete innovative Kampagne wirkte Wunder. Bethune beschrieb sie ausführlich in seinem Buch *From Worst to First – Behind the Scenes of Continental's Remarkable Comeback*.

Im Jahr 2005, als Benzin rund 3 US-Dollar je Gallone kostete, startete Mitsubishi eine Kampagne, wonach das Unternehmen den Kunden ein ganzes Jahr lang den Benzinpreis erstattete. Obwohl es sich im Prinzip um nichts anderes als einen Preisnachlass handelte, erwies sich die Vermarktung als spektakulärer Erfolg. Als der koreanische Autohersteller Hyundai sich schwertat, Marktanteile in den Vereinigten Staaten hinzuzugewinnen, bot es die teuerste Garantie in der ganzen Branche: zehn Jahre oder 100 000 Meilen. Das waren keine alltäglichen betrieblichen Entscheidungen, die eine kleine Wirkung entfalteten; es waren Entscheidungen, die zu exponentiellem Wachstum führten.

Amazon startete im Februar 2005 Amazon Prime. Für eine Jahresgebühr von 79 US-Dollar konnten sich Mitglieder alle Einkäufe ohne weiteren Aufpreis bis zum Folgetag liefern lassen. Das Unternehmen ergänzte das Angebot später um Musik, kostenlose Filme und kostenlose Lieferung von verderblichen Waren. Bis zum September 2019 war die Zahl der Prime-Kunden auf 100 Millionen angewachsen. Beim gegenwärtigen Preis von 119 US-Dollar entspricht das einem Jahresumsatz von 11,9 Milliarden US-Dollar. Das nenne ich eine innovative Kampagne.

Ein richtiger Schritt kann Ihr Unternehmen massiv voranbringen. Sie müssen alles, was Sie über die Wünsche und Bedürfnisse Ihrer Kunden, die Grenzen Ihrer

Wettbewerber und Ihre eigenen Stärken wissen, in Ihre Überlegungen einbeziehen, wenn Sie eine Kampagne schaffen wollen, die zu einem raschen Umsatzwachstum führt.

4. Führungsentwicklung

Exponentielles Wachstum hängt von Ihrer Fähigkeit ab, aus Mitarbeitern effektive Führungskräfte zu machen.

Identifizieren Sie die nächsten Führungskräfte, die Sie an verantwortungsvollere Aufgaben heranführen wollen. Erstellen Sie eine Liste ihrer besten drei, fünf oder mehr Kräfte. Beginnen Sie anschließend mit ihrer Bewertung. Schauen Sie auf ihre Stärken und Schwächen und wie sie auf unterschiedliche Situationen reagieren. Schauen Sie sich sodann ihre Wettbewerbsfähigkeit, ihren Einfallsreichtum und ihre Belastbarkeit an. Fragen Sie sich auch, ob sie an das Unternehmen glauben und an einer Führungsrolle interessiert sind.

Setzen Sie sich als Nächstes hin und identifizieren Sie, was die Betreffenden in den nächsten sechs, zwölf oder 24 Monaten tun müssen. Fordern Sie zum Wachstum heraus. Gießen Sie sie bildlich gesprochen, als wären sie Pflanzen.

Als CEO werden Sie nach der Art von Führungskräften beurteilt, die Sie entwickeln. Indem Sie Menschen finden, die das Unternehmen eigenständig ausbauen können, statt lediglich Marschbefehlen zu folgen, ermöglichen Sie exponentielles Wachstum. Dazu müssen Sie die richtigen Menschen einstellen und der Führungskräfteentwicklung eine hohe Priorität einräumen.

Ihre Herausforderung

Die meisten Menschen bleiben auf der linearen Ebene. Nur weil Sie sich dafür entscheiden, ein Entrepreneur zu werden, sind Sie noch lange kein Visionär oder CEO. Wenn Sie die meiste Zeit in den linearen Quadranten verbringen, werden Sie wenig Schwung entwickeln. Wenn Sie hingegen alle Ihre Zeit in den exponentiellen Quadranten verbringen, laufen Sie Gefahr, Ihr Wachstum nicht unterstützen zu können.

Sie müssen auf den Strategie-Quadrant schauen und sich fragen, wo Sie gute Arbeit leisten und wo nicht. Wo müssen Sie eine Kehrtwende hinlegen? Müssen Sie eine innovative Kampagne planen? Vielleicht sollten Sie auf die nächsten 90 Tage schauen und Vorbereitungen für Ihre nächste innovative Kampagne treffen.

Sie werden staunen, wie befriedigend es sein kann, eine Strategie für Ihr Unternehmen zusammenzustellen. Es ist aufregend zu sehen, wie Ihr Unternehmen wächst und das Geld hereinzuströmen beginnt. Ich kann Ihnen versichern: Wenn das passiert, wird es sehr, sehr interessant.

Verbessern Sie die Leistung Ihrer Mitarbeiter, indem Sie Druck auf den Desensibilisierungspunkt ausüben

Wie können Sie Ihre Mitarbeiter dazu bringen, ihre Kapazität voll auszuschöpfen? Wie können Sie sie motivieren, Jahr um Jahr signifikante Verbesserungen zu erzielen?

Das sind harte Fragen für Entrepreneure. Vielleicht versuchen Sie, der beste Freund Ihrer Mitarbeiter zu sein. Vielleicht geben Sie hartes Feedback. Vielleicht bieten Sie Unterstützung und Ermutigung. Viele Theorien drehen sich um dieses Thema, aber ich weiß, was für mich funktioniert, und wenn Sie Ihr Bedürfnis, gemocht zu werden, überwinden können, bin ich sicher, dass es auch für Sie funktionieren wird.

Ich habe einen Freund, Chris Hayes, der in der NFL sieben Jahre lang als Defensive Back spielte. Chris spielte unter einer Reihe berühmter Trainer, darunter Herm Edwards und Hill Parcells. Eines Tages fragte ich ihn: »Wer war der schwierigste Trainer, für den du gespielt hast?«

Chris zögerte keinen Augenblick: »Bill Belichick«, sagte er.

Damals war Belichick Assistent von Parcells bei den New York Jets.

»Mit Abstand«, sagte Chris. »Seine Erwartungen waren so hoch. Es war unglaublich nervig. Training und Übung waren total wahnsinnig. Er wollte, dass du in allem so perfekt wie nur möglich bist. Er machte dich für die kleinsten Dinge fertig. Aber du wusstest auch, dass du gewinnen würdest, weil du wusstest, dass er mehr als jeder andere im Raum gewinnen wollte, und deshalb hattest du kein Problem, ihm zu folgen.«

Entrepreneure können viel von Chris' Erfahrungen mit Bill Belichick lernen. Ich weiß jedenfalls, dass ich viel gelernt habe. Ich setze meine Leute unter Druck, bis sie dagegen immun werden. Ich denke mir: Wenn sie gegen mich bestehen, werden sie kein Problem mit dem Ärger haben, den ihnen die Kunden bescheren werden. Wenn sie mit mir klarkommen, kommen sie auch mit jedem anderen klar. Sie lassen sich nicht aus der Fassung bringen. Sie werden bessere Führungskräfte, wenn sie durch meinen Druckkochtopf gegangen sind, und sie können besser mit Konflikten umgehen.

Ich übe Druck aus, indem ich Fragen stelle – und auf Antworten warte. Ich fordere meine Mitarbeiter auf dieselbe Weise heraus, wie ich Sie herausfordere. Ich bitte sie, sich klarzumachen, wo sie sein wollen, und ihre nächsten Schritte im Detail zu beschreiben. Sobald sie zum Ausdruck gebracht haben, was sie wollen, verwende ich ihre Antworten, um sie zur Rechenschaft zu ziehen. Ich brülle und schreie nicht. Ich zwinge ihnen nicht meine Ziele auf. Ich wiederhole lediglich das, was sie über ihre Ziele gesagt haben. Wenn sie hinter diesen Zielen zurückbleiben, frage ich sie nach den Gründen und schweige. Ich habe festgestellt, dass es sehr viel wirksamer ist, sie zum selbstständigen Nachdenken zu animieren, als ihnen vorzuschreiben, was sie zu tun haben. Letztlich bringe ich ihnen bei, sich an den hohen Erwartungen messen zu lassen, die sie selbst an sich gestellt haben.

Den meisten Menschen gefällt es nicht, in dieser Weise zur Rechenschaft gezogen zu werden. An dem eigenen Potenzial gemessen zu werden, ist nichts für Zartbesaitete. Das ist auch der Grund, warum es so hart ist, für mich zu arbeiten. Meine Mitarbeiter benötigen regelmäßig Jahre, bis sie gelernt haben, meinen Druck zu ertragen, aber sobald sie das geschafft haben, sind sie goldwert. Wie Belichicks Spieler fühlen sie den starken Druck der hohen Erwartungen, und auch wenn sie sich darüber ärgern, gewöhnen sie sich mit der Zeit daran. Früher oder später wird ihnen klar, dass ihre Leistung davon profitiert und das Team dadurch gestärkt wird. Nach einer Weile nehmen sie den Druck nicht mehr als störend wahr.

Und hier ist ein noch größerer Vorteil: der Domino-Effekt. Wenn ich positiven Druck auf jemanden ausübe, gibt er ihn an jemand anderen weiter. Wenn wir das Team erweitern, üben wir denselben Druck auch auf die neuen Mitglieder aus und sie geben ihn wiederum an noch andere weiter. Statt einer Managementpraxis wird es Bestandteil der Kultur. Vergessen Sie nicht: Sie tun dies nicht, um Ihre Mitarbeiter zu ärgern, sondern um sie der richtigen Form positiven Drucks auszusetzen.

Bill Belichick hat als Trainer der New England Patriots sechs Super Bowls gewonnen. Glauben Sie, Quarterback Tom Brady würde das Spiel unter Belichick als Picknick beschreiben? Natürlich nicht. Gerade *weil* Belichick so unerbittlich mit Brady war, entstand ein Multiplikatoreffekt.

Wenn der Star herausgefordert wird, müssen auch alle anderen sich anstrengen. Wenn Druck ausgeübt wird und die Erwartungen steigen, wird das zur Norm. Und obwohl Brady nach 20 Saisons mit Belichick und den Patriots zu den Tampa Bay Buccaneers wechselte, kann man mit Fug und Recht behaupten, dass Brady und Belichick das beste Trainer-Quarterback-Gespann aller Zeiten abgegeben hatten – dank Belichicks Druck und Bradys Reaktion darauf.

Für die Anwendung von Druck existieren viele Optionen: Sie können konstruktive Kritik geben, die Zielvorgaben erhöhen, harte Fragen stellen. Halten Sie den Druck gleichmäßig aufrecht, indem Sie Fragen stellen, die Verantwortlichkeit schaffen, und Sie werden sehen, wie die Mitarbeiter ihren Einsatz erhöhen.

Mir ist bewusst, dass dies ein bisschen hart klingen mag und so manchen verschrecken könnte, und so lassen Sie mich betonen, dass das nichts ist, was für alle funktioniert. Es muss zu Ihrer Persönlichkeit und Ihrer Philosophie passen. Es hängt auch stark von Ihren Mitarbeitern und Ihrer Unternehmenskultur ab. Auch hier beschreibe ich lediglich, was für mich funktioniert. Ich traue Ihnen mittlerweile zu, meine Worte zu verarbeiten und dann Ihren eigenen Ansatz zu wählen.

Visionäre Führungskräfte haben ein Realitätsverzerrungsfeld

Ein wiederkehrendes Thema in Walter Isaacsons Steve-Jobs-Biographie ist Jobs Realitätsverzerrungsfeld. Anstatt die Realitätsvorstellungen anderer zu akzeptieren oder lediglich zu versuchen, »gut genug« zu sein, schuf er seine eigenen Geschichten und drängte andere, sie wahr werden zu lassen. Er zwang anderen seinen Willen auf, um ihre Erwartungen an sich selbst umzuprogrammieren. Und weil er nicht bereit war, die Realität ihrer selbstauferlegten Beschränkungen zu akzeptieren, überraschten die anderen sich am Ende selbst.

Sich im Umfeld starker CEOs aufzuhalten, die ständig ihre Messlatten erhöhen, kann unbequem sein. Sie erzeugen in uns ein Gefühl, als könnten wir uns anstrengen, wie wir wollen – genügen tut es dennoch nicht. Die Menschen sagen dann vielleicht: »Jedes Mal, wenn ich die Zielmarke erreiche, schiebst du sie ein Stück weiter. Wann wirst du endlich einmal vollauf zufrieden sein?« Genau das macht einen starken CEO so effektiv. Und das ist auch der Grund, warum Jobs so gehasst wurde, wenn er Fristen diktierte, und warum er heute so verehrt wird.

Verzeihen Sie mir diesen kurzen Exkurs, aber das Missverständnis bezüglich der Entlassung von Mitarbeitern fasziniert mich. Die meisten Menschen denken, das Risiko, entlassen zu werden, wäre für die einfachen Mitarbeiter am größten. In Wirklichkeit aber wird niemand häufiger entlassen als der Unternehmensgründer oder CEO. Jedes Mal, wenn ein Mitarbeiter geht, ist das für den CEO in etwa, als würde ihm gekündigt. Jedes Mal, wenn ein Kunde zu einem Wettbewerber wechselt, ist das eine Form der Kündigung. Jedes Mal, wenn ein Starverkäufer seinen Hut nimmt, ist das eine Form der Kündigung. Jedes Mal, wenn das Unternehmen verklagt wird, ist das eine Form der Kündigung. Was ich damit sagen will: Niemand wir so häufig gefeuert wie der CEO.

Wenn ein CEO oder Gründer seinen Job verliert, folgt häufig die Pleite und er verliert alles, während ein Beschäftigter lediglich seinen Job verliert und sich nur einen neuen zu suchen braucht. Es ist wichtig, dass Ihre Mitarbeiter wissen: Niemand steht mehr unter Druck als andere. Das soll sie nicht unterminieren, sondern ihnen lediglich zu Bewusstsein bringen: Der Druck ist für alle gleich.

■ ■ ■ ■ ■

Hier ist ein Beispiel, wie ich Mitarbeiter herausfordere. Ich traf mich mit einer Gruppe von Beschäftigten und fragte sie: »Wie viele von euch wünschen sich eine Gehaltserhöhung?«

Alle bekundeten den Wunsch nach einer Aufbesserung.

»Okay, dann tut mir jetzt den Gefallen und notiert die höchste Summe, die ihr jemals in einem Jahr verdient habt. Lasst es mich nicht sehen, sondern notiert es nur für euch selbst.«

Nachdem sie das getan hatten, sagte ich: »Notiert jetzt, wie viel ihr im Jahr verdienen möchtet.«

Ich wartete wieder und fragte dann: »Warum habt ihr bislang nicht schon so viel verdient? Ist das Unternehmen schuld? Wollt ihr von mir die Art von Antwort, die sich für euch gut anfühlt? Oder wollt ihr die Wahrheit hören?«

Sie wollten die Wahrheit hören.

»Der Grund ist: Der Markt bestimmt unseren Wert. Wir können denken, wir wären mehr wert, aber wenn der Markt nicht bereit ist, so viel zu bezahlen, überbewertet ihr euch vielleicht selbst. Ihr müsst hinausgehen und euch holen, was ihr soeben notiert habt. Das geschieht nicht von allein. Wollt ihr ein Team leiten? Wollt ihr eine Abteilung leiten? Dann müsst ihr euch fragen, was ihr braucht, um euren Wert im Markt zu erhöhen. Die Mitarbeiter, die länger bei uns bleiben, sind die, welche kontinuierlich besser werden. Wir ermuntern zur Verbesserung. Und wenn ihr euch nicht verbessert, werden andere euch darin überflügeln und eure Vorgesetzten werden.«

All das verstärkt den Druck, die Erwartungen und die Leistung.

Der nächste Schritt ist, ein Umfeld zu schaffen, in dem die Mitarbeiter über sich selbst nachdenken und ihren eigenen Werdegang planen können. Ich werde sie bitten, eine Liste mit ihren nächsten fünf Schritten zu erstellen. Ich werde sie bitten, mir ihre Schritte zu mailen, wenn sie in die Pflicht genommen werden möchten. Damit legen sie die Messlatte für sich selbst fest und geben mir die Erlaubnis, sie zur Rechenschaft zu ziehen.

Setzen Sie Ihre Löwen frei und ermächtigen Sie sie, Reiche zu errichten

Der Philosoph Ludwig Wittgenstein sagte: »Wenn ein Löwe sprechen könnte, könnten wir ihn nicht verstehen.« Sie müssen lernen, mit Löwen (herausragenden Leistungserbringern) umzugehen. Löwen errichten Reiche und führen Menschen. Sie sorgen auch für den größten Umsatz und die meisten Kopfschmerzen. Sie sind fordernd und reizbar. Manchmal scheint es, als hätten sie keine Gefühle. Manche sind desorganisiert und scheinen überall und nirgends zu sein.

Rob Parson war ein Löwe. Er leistete Unglaubliches für Morgan Stanley und weil das Management nicht wusste, wie es mit ihm umgehen sollte, verlor das Unternehmen ihn um ein Haar. Sie können Schafe verlieren. Sie gibt es wie Sand am Meer. Aber Sie können keine Löwen verlieren.

Großartige Unternehmen sind voller Löwen, die ihre eigenen Reiche leiten. Bevor ich meine Agentur startete, arbeitete ich als Löwe für ein großes Unternehmen. Ich war aggressiv. Ich war dreist. Wie Sie sich vielleicht erinnern, war ich derjenige, der einen 16-seitigen Brief an das Management schrieb und Veränderungen verlangte. Wenn jenes Führungsteam gewusst hätte, wie man mit Löwen umgeht, hätte es meine ganze Aggressivität vor den eigenen Wagen gespannt und so die eigene Brieftasche füllen können. Ich war reif dafür, ein Intrapreneur zu werden und ein kleines Vermögen für mich und ein großes Vermögen für das Unternehmen zu erwirtschaften. Aber jene Leute wussten nicht, wie sie mit mir umgehen sollten. Und so nahm ich meinen Hut.

Der Schlüssel zum Umgang mit Löwen ist, sie vor Herausforderungen zu stellen. Selbst Starspieler ärgern sich in der Hitze des Gefechts über ihre Trainer. Es macht nicht immer Spaß, über die eigene Schmerzgrenze hinaus gefordert zu werden. Aber dieselben Spieler überschütten am Ende ihre Trainer mit Lob. Warum? Weil sie Löwen sind und Löwen gedeihen, wenn sie über die eigene Schmerzgrenze hinaus gefordert werden.

Wenn Sie gemocht werden wollen und Freude daran haben, anderen das Leben angenehm zu machen, sind Sie nicht dafür gemacht, mit Löwen klarzukommen, geschweige denn, ein CEO zu sein. Die Mitarbeiter mögen Sie im

Augenblick hassen, aber der einzige Weg, wie sie gedeihen können und Ihr Unternehmen überleben kann, ist, dass Sie sie in die Pflicht nehmen.

Sieben Arten, Mitarbeiter in die Pflicht zu nehmen:

1. **Scheuen Sie sich nicht, Mitarbeiter zur Rechenschaft zu ziehen, und stellen Sie sie zur Rede, wenn sie ihr Wort nicht halten.** Stellen Sie unmissverständlich klar, dass es nicht persönlich ist; es ist ihre Leistung, die Ihnen missfällt, nicht ihre Person. Und seien Sie schonend.
2. **Fragen Sie nach dem Grund und sagen Sie lange genug nichts, um ihre Antworten zu hören.** Wenn Sie keine gute Erklärung erhalten, warum ein Mitarbeiter eine gegebene Zusage nicht eingehalten hat und eine Frist verstreichen ließ, sollten Sie nachfragen und auf einer konkreten Antwort bestehen. Sie müssen in die Tiefe gehen und herausfinden, was der wahre Grund ist. Nur so können Sie von dem Gespräch profitieren.
3. **Machen Sie konkrete quantitative und keine unverbindlichen qualitativen Angaben.** Weisen Sie Ihre Mitarbeiter nicht nur an, härter zu arbeiten oder besser zu werden. Definieren Sie konkrete Herausforderungen, deren Erfüllung sich messen lässt und die eine Deadline haben.
4. **Definieren Sie klare Kennzahlen und geben Sie klare Anreize.** Lassen Sie die Mitarbeiter wissen, was sie bekommen, wenn sie ihre Planziele erreichen (oder nicht erreichen). Zahlen lügen nicht. Sie vermeiden zukünftige Konflikte, wenn Sie klare Regeln setzen.
5. **Coachen Sie Ihre Mitarbeiter durch den Arbeitsablauf.** Es reicht nicht, ihnen zu sagen, an *was* sie arbeiten sollen. Sie müssen ihnen auch zeigen, *wie* diese Arbeit stattzufinden hat. Stellen Sie sicher, dass die Mitarbeiter über die Ressourcen und die Kenntnisse verfügen, die sie für die Arbeit benötigen.
6. **Machen Sie sich klar, welche Rolle jeder Mitarbeiter innerhalb des Teams spielt.** Welche Zuständigkeiten gibt es im Team? Wen müssen Sie ebenfalls in die Verantwortung nehmen, dass diese Person ihre Arbeit erfolgreich erledigt?

7. **Zeigen Sie Herz und Einfühlungsvermögen.** Machen Sie sich klar: Wir sind alle nur Menschen mit Gefühlen. Die Mitarbeiter machen im Leben Dinge durch, von denen wir nichts wissen. Seien Sie bestimmt und mitfühlend zugleich.

Was in dieser Liste noch fehlt, ist die Frage, wer *Sie* in die Pflicht nehmen wird. Kollegen und Mitarbeiter auf Ihrer Hierarchiestufe oder darunter werden Sie nicht hart anfassen. Hoffen Sie nicht darauf, dass diese Personen Sie in die Pflicht nehmen werden. Suchen Sie sich jemanden, den Sie respektieren und der bereit ist, Sie im Wochenrhythmus zur Rechenschaft zu ziehen. In manchen Fällen mag das einfach Ihr Vorgesetzter sein. Wenn Sie Entrepreneur sind, kann es ein Investor oder ein Vorstandsmitglied sein. Organisationen wie Vistage oder YPO (Young Presidents' Organization) können einen Resonanzboden und Rat bieten. Sie können die Sache selbst auf die nächste Ebene heben, indem Sie sich jemanden suchen, der Ihre großen Ziele teilt und bereit ist, Sie darauf festzunageln.

Erstellen Sie eine Liste von Menschen, die Sie in die Verantwortung nehmen. Wie glaubwürdig und verlässlich sind sie? Wenn Sie sich von wenig glaubwürdigen oder verlässlichen Menschen zur Rechenschaft ziehen lassen, stellt sich die Frage: Warum haben Sie sich gerade diese Personen dafür ausgesucht?

■ ■ ■ ■ ■

Vielleicht sind Sie bereit, den Schritt zum CEO zu wagen. Dazu benötigen Sie jedoch ausreichend Kapital für den Unternehmensbetrieb. Wie wir schon diskutiert haben, erfordert die Wahl der besten Option, dass Sie die richtige Balance finden zwischen der Abgabe von Kontrolle (und Unternehmensanteilen) und der Verantwortlichkeit, die Sie zu akzeptieren bereit sind.

Sobald Ihr Unternehmen solide finanziert ist, wird sich Ihr Fokus dem Wachstum zuwenden. Sie müssen sowohl lineare als auch exponentielle Strategien umsetzen, um den nötigen Schwung zu erzeugen und aufrechtzuerhalten. Ihre nächste innovative Kampagne wird der Katalysator zur Erweiterung Ihres Unternehmens sein. Auch mit der Entwicklung von Führungskräften werden Sie exponentielles Wachstum erzeugen, wenngleich in einem vorhersehbaren Tempo.

Vergessen Sie nicht: Das wichtigste Produkt, das Sie jemals haben werden, sind die Menschen um Sie herum. Wenn Sie denken, dass sich die Welt um Sie als CEO dreht, haben Sie ein großes Problem. Ohne Ihre Leute haben Sie einen Job, aber kein Unternehmen.

Sie müssen sich wirklich für Ihre Leute interessieren. Oberflächliche Freundlichkeiten werden diese durchschauen. Sie werden auf Aufrichtigkeit und Authentizität reagieren, und die bieten Sie am ehesten damit, dass Sie sorgfältige Fragen stellen. Machen Sie sich über die Träume und Ziele und Absichten Gedanken? Wenn Sie das tun, werden Sie eines Tages ein wunderbarer CEO werden.

Das wichtigste Produkt von allen ist das menschliche Kapital. Sie müssen wissen, was passiert ist, wenn ein Mitarbeiter etwas niedergeschlagen ist, und warum ein zweiter nicht ganz bei der Sache und ein dritter ein wenig vergesslich ist. Bitten Sie einen Mitarbeiter, der Probleme hat, zum Mittagessen. Sprechen Sie mit ihm und sagen Sie: »Ist alles okay? Wie geht es Ihrer Frau? Geht es Ihren Kindern gut?« Gute Unternehmensführung hat mit Beziehungspflege zu tun.

Wenn Sie dies lesen und sagen: »Ich habe so viel zu tun!«, sollten Sie sich klarmachen, dass dies alles Jahre in Anspruch nehmen wird. Erwarten Sie nicht, darin von heute auf morgen zum Meister zu werden. Es ist ein niemals endender Prozess, der von Ihrem niemals endenden Wunsch abhängt, sich immer weiter zu verbessern. Eines Tages werden Sie nicht länger nur einer dieser Leute sein, die sich CEO nennen, weil sie ein Unternehmen angemeldet und sich eine Visitenkarte haben drucken lassen. Sie werden wissen, dass Sie ein CEO sind, wenn andere beginnen, in Ihnen einen solchen zu sehen.

10

Machen Sie sich den Schwung zum Freund – und seien Sie auf Chaos gefasst

Das Gefühl, dass im nächsten Augenblick alles zusammenbrechen wird: Diese Panik ist genau das, wie sich Wachstum anfühlt.
Sie möchten diesem furchteinflößenden Gefühl so schnell wie möglich entfliehen. Ihr Gehirn denkt, dass Ihr Körper in Gefahr ist und dass es das Wichtigste ist, dieser Gefahr zu entrinnen und die Spannung zu beenden. Sie wollen wegrennen … das ist der kritische Augenblick, in dem die meisten Menschen verlieren. Der Schlüssel besteht darin, zu merken, wann Sie sich so fühlen, und sich noch stärker in diesen Augenblick hineinzulehnen.

Seth Godin, Blogger, Entrepreneur und Bestsellerautor

Um zu Wohlstand, Erfolg und Macht zu kommen, müssen Sie wie ein Basketball-Team in einer Gewinnsträhne über zehn Spiele sein. Sie sind in Hochform und nehmen immer mehr Schwung auf. Schwung im Sinne des physikalischen Impulses ist definiert als das Produkt der Masse und der Geschwindigkeit eines Gegenstandes. In die Sprache der Geschäftswelt übersetzt ist es das Produkt dessen, wer Sie sind, und der Schnelligkeit, mit der Sie vorankommen.

Indem Sie Schwung aufnehmen, entwickeln Sie sich von einem bloßen Unternehmen zu einer Kraft. Sie sind vielleicht nicht unaufhaltsam, aber kein vernünftiger Mensch wird sich Ihnen in den Weg stellen wollen. Sie stürmen mit zunehmender Zuversicht, Talent und Geld voran.

Machen Sie Ernst mit dem Aufnehmen von Schwung. Behandeln Sie es wie eine Person, die Sie umwerben und die Ihnen als Ihr »ein und alles« erscheint. Mit jeder Begegnung entwickelt sich die Beziehung. Jedes Mal, wenn Sie diese Person sehen, ist es besser als beim vorigen Mal. Es ist nicht nur körperlich; es entwickeln sich eine emotionale Intimität und beiderseitiger Respekt.

Der schnellste Weg, Schwung zu verlieren, ist, ihn zu missbrauchen. Ihre »Flamme« erzählt Ihnen immerzu, dass Sie der Beste sind. Und Sie glauben es, werden eingebildet und beginnen, sich durch die Betten zu schlafen – in der törichten Annahme, jene Person werde immer für sie da sein. Und dann: bumm! Plötzlich ist der Schwung verschwunden und die Beziehung futsch. Sie sind allein, fühlen sich gedemütigt und müssen wieder ganz von vorn beginnen, was Ihnen jetzt noch schwerer fällt, nachdem Sie gezeigt haben, dass auf Sie kein Verlass ist.

Ich habe das Äquivalent dieses Szenarios in der Welt des Business viel zu häufig gesehen. Deshalb wollen wir in diesem Kapitel über die positiven und die negativen Seiten des Schwungs sprechen. Wenn Sie die richtige innovative Kampagne implementieren und Führungskräfte entwickeln, gewinnen Sie Schwung. Die Herausforderung wird sein, ihn zu erhalten. Viele Entrepreneure kennen den Erfolg, aber nicht alle können ihn halten. Entscheidend ist die Disziplin. Schwung vergrößert Ihre Macht, aber er kann Sie auch blind machen für Ihre Schwächen. Zuerst wollen wir darüber sprechen, wie Sie Schwung erzeugen. Anschließend wollen wir darüber sprechen, wie Sie mit ihm umgehen können.

Wenn Sie zusätzliche Motivation benötigen, warum Sie den Schwung aufrechterhalten sollten, sollten Sie sich Folgendes überlegen: Der durchschnittliche Entrepreneur beginnt sich wie ein Gott zu fühlen, sobald sich der Schwung verstetigt. Das kann einen Menschen verändern, und so sollten Sie die Disziplin aufbringen und dafür sorgen, dass der Schwung nicht nachlässt – sich jedoch gleichzeitig vor der Hybris hüten.

Wenn Sie etwas übertreiben, so übertreiben Sie die Schnelligkeit

Wenn es eine Erwartung gibt, die ich an Menschen stelle, mit denen ich arbeite, dann diese: Ich bin zu keinen Kompromissen bereit, wenn es um Schnelligkeit, Umsetzung und Effizienz geht. Mich interessiert nicht, ob wir größer werden; ich will Schnelligkeit, ich will Umsetzung und ich will Effizienz. In diesen drei Bereichen bin ich gierig. Ich will sie alle.

Hier ist eine große Frage für Führungskräfte: Wie können Sie die Zeit reduzieren, die Sie benötigen, um etwas zu tun? Allzu häufig verstehen Entrepreneure nicht, wie sie die Schnelligkeit steigern können. Stattdessen sagen sie: »Wir machen schon so schnell, wie wir können; wir können das Tempo unmöglich noch steigern.« Oder: »Sicher, wir können den Zeitrahmen stauchen, aber das bedeutet, dass wir Unsummen ausgeben müssen, um Personal einzustellen oder bessere Systeme zu installieren.«

Das ist nicht akzeptabel.

Ich würde niemals empfehlen, für die Schnelligkeit auf Qualität zu verzichten, aber ich werde Ihnen eine bessere Möglichkeit zeigen, wie Sie Schnelligkeit erzeugen können, sodass Ihre Qualität nicht leidet (und im Gegenteil noch besser wird). Sprechen wir zuerst über Ferraris. Betrachten Sie drei Versionen des Autos, die in unterschiedlichen Jahren produziert wurden: 1977, 1997 und 2017. In der Abbildung auf der nächsten Seite sehen Sie, wie lange es braucht, sie jeweils von 0 auf 100 Stundenkilometer zu beschleunigen:

Was würden Sie angesichts dieses Trends vermuten, wozu der Ferrari von 2037 fähig sein wird? Was halten Sie von 1 Sekunde?

Es scheint unmöglich zu sein, in der Zeit eines Wimpernschlags von 0 auf 100 Stundenkilometer zu beschleunigen. Zweifellos sagten die Leute 1977: »Das kann ein Ferrari niemals in 5,1 Sekunden schaffen.« Zweifellos sagten die Leute 1997: »Das schafft ein Ferrari niemals in 3 Sekunden.«

Was können Sie tun, um Ihre Zeitrahmen zu stauchen, wenn Sie an die verschiedenen Funktionen Ihres Unternehmens – Vertrieb, Mitarbeiterrekrutierung, Kundenservice und so weiter – denken? Es mag schwierig oder gar unmöglich klingen, aber ich garantiere Ihnen, dass es für jede dieser Funktionen eine Möglichkeit gibt, die Zeit zu reduzieren, die Sie dafür benötigen.

Und bevor Sie jetzt einwenden, dass Sie bereits tun, was in Ihrer Macht steht, will ich Ihnen von einer weiteren Geschichte berichten, in der es ebenfalls um Autos geht. Wie ich aus Jeffrey Likers Buch *Der Toyota-Weg* weiß, war ausschlaggebend für Toyotas Erfolg die Entscheidung, jedes Problem, das entlang des Fließbands auftrat, binnen weniger als 59 Sekunden zu lösen. Das Unternehmen gab jedem Fließbandarbeiter eine Glocke an die Hand. Sobald ein Mitarbeiter auf ein Problem stieß, betätigte er die Glocke und ein Vorgesetzter eilte zu ihm, um das Problem zu lösen.

Das ist der wesentliche Grund, warum Toyota seine Branche dominieren konnte. Es waren weder besseres Marketing noch bessere Preise. Vielmehr hatte das Unternehmen gelernt, seine Zeitrahmen zu verkürzen. Es konnte schneller umsetzen als die Konkurrenz.

Werfen wir einen Blick auf die Fastfood-Branche. Warum dominiert McDonald's hier seit Jahren? Nicht, weil das Essen oder der Service besser wären. Der Grund ist: Sie erhalten hier schneller Ihr Essen. Folgen Sie diesem Beispiel. Stellen Sie ein Team kluger Leute zusammen und beauftragen Sie es damit, herauszufinden, wie Sie eine Funktion schneller machen können. Nehmen Sie ein Blatt Papier und erstellen Sie eine Liste sämtlicher Schritte einer Funktion in Ihrem Unternehmen. Überlegen Sie, wie Sie einen dieser Schritte erübrigen können. Stellen Sie fest, welche Schritte Sie abkürzen können. Unterziehen Sie Ihre überarbeiteten Schritte einem Beta-Test. Nehmen Sie auf der Grundlage dieses Tests Korrekturen vor. Setzen Sie jedes verfügbare Tool ein, um Ihre Zeitrahmen zu verkürzen.

Vier Möglichkeiten der Beschleunigung

Indem Sie die folgenden vier Geschwindigkeiten steigern, können Sie Ihr Unternehmen schneller voranbringen.

1. **Funktionsgeschwindigkeit.** Dies ist das Unterstützungssystem, das Sie Ihrem Team zur Verfügung stellen. Überlegen Sie, wer Ihre Leute sind und welche Fähigkeiten sie mitbringen. Können Sie ihnen mittels Trainings und anderem helfen, besser zu werden, damit sie für eine Funktion weniger Zeit benötigen? Müssen Sie jemanden hinzunehmen, der Talent hat, um die Dinge zu beschleunigen? Ihre Funktionsgeschwindigkeit ist das Herz Ihres Unternehmens.
2. **Prozessgeschwindigkeit.** Es gibt eine Reihe von Funktionen und Prozessen, die Ihre Organisation am Laufen halten. Wie schnell bekommen Sie Ihre Produkte von A nach Z? Oben schlug ich Ihnen vor, eine gegebene Funktion in ihre Schritte zu zerlegen und diese unter dem

Aspekt der Zeit zu analysieren. Angenommen, Sie haben einen Online-Store. Folgende Faktoren tragen zur Prozessgeschwindigkeit eines Verkaufsgeschehens bei: Der Kunde findet die Website über eine Suche; er besucht die Website; er klickt auf die Seite mit den konkreten Produkten, die er sucht; er studiert die Preise und andere Angaben; er fügt das Produkt seinem Warenkorb hinzu; er gibt seine Kreditkartendaten ein; er wählt eine Versandform; er bestätigt den Kauf. Mit großer Wahrscheinlichkeit können Sie bei mindestens einem dieser Schritte die Zeit reduzieren, die der Kunde braucht, um ihn auszuführen. Sie glauben mir nicht? Schon mal von der »Ein-Klick-Bestellung« von Amazon gehört? Das Unternehmen verdankt seine dominierende Stellung im E-Commerce seinem Fokus auf die Prozessgeschwindigkeit.

3. **Expansionsgeschwindigkeit.** Hier geht es darum, wie schnell Sie in neue Märkte eindringen, Übernahmen tätigen und neue Produkte einführen. Wie viel Zeit benötigen Sie im Schnitt als Einzelhändler, um in einen neuen Markt einzutreten? Identifizieren Sie auch hier Ihren Zeitrahmen und analysieren Sie Ihre Schritte. Gibt es einen speziellen Schritt, der Sie jedes Mal ausbremst, wenn Sie in neue Märkte im Ausland expandieren? Identifizieren Sie Engpässe und finden Sie Wege, wie Sie sie zügig passieren können. Rechnen Sie aus, wie viel Zeit, Ärger und Geld es Sie kostet, wenn Sie regelmäßig durch die Bürokratie blockiert werden, sobald Sie im Ausland Geschäfte machen wollen. Die einfache Lösung könnte sein, einen gut vernetzten Anwalt mit internationaler Erfahrung und den richtigen Kontakten hinzuzuziehen.
4. **Terminierungsgeschwindigkeit.** Die Frage »Wann?« kann Wunder bewirken. Indem Sie Ihre Schritte richtig timen, können Sie Wettbewerber schlagen, die über mehr Ressourcen verfügen als Sie. Sie wissen, dass die Regierung in Kürze eine größere Studie zu einem Vitamin veröffentlichen wird, von dem festgestellt wurde, dass es hilft, die Folgen einer bestimmten Krankheit zu lindern. Ihnen ist nicht bekannt, um welches Vitamin es sich handelt, aber Sie wetten, dass es das hochwirksame Vitamin ist, das Sie zuletzt entwickelt haben. Sie planen Ihre

Produkteinführung für genau den Tag, an dem die Regierung die Ergebnisse ihrer Studie zu verkünden beabsichtigt.

Ein Timing kann eine Vielzahl von Aktionen betreffen: Wann kündigen Sie eine Initiative an? Wann starten Sie einen Angriff auf einen Wettbewerber? Wann kündigen Sie einem Mitarbeiter oder stellen einen Mitarbeiter ein? Wann geben Sie jemandem einen Bonus? Wann eine Beteiligung? Mit dem richtigen Timing verdoppeln Sie die Wirkung Ihrer Aktionen. Im Englischen gibt es den Spruch: *Speed kills*. Und das können Sie wörtlich nehmen: Schnelligkeit tötet die Konkurrenz.

Ein siebenstufiges System zur Stauchung von Zeitrahmen

1. **Wählen Sie einen Prozess.** Vom Kauf eines Hauses über die Bestellung eines Taxis bis zum Verschicken von Bildern an Ihre Freunde – für alles gibt es einen Prozess, den es zu befolgen gilt. Eine großartige Möglichkeit, potenzielle Geschäftsideen zu identifizieren, ist das Aufspüren von fehlerbehafteten Prozessen, die Sie beschleunigen können.
2. **Erstellen Sie eine Liste der Schritte des Prozesses.**
3. **Verzichten Sie auf einen der Schritte.** Hier geschieht die Magie. Schauen Sie, ob Sie auf einen Schritt verzichten können. Wie würde der Prozess ohne diesen Schritt funktionieren? Das ist die Geburtsstunde der Disruption. Wenn Sie nicht überzeugt sind, blättern Sie am besten ein paar Seiten zurück und schauen Sie, warum mein Unternehmen mehr als zwei Millionen US-Dollar ausgab, um seine Prozessgeschwindigkeit zu steigern.
4. **Minimieren Sie die Schritte.** Stauchen Sie den Zeitrahmen der übrigen Schritte. Indem Sie die verbleibenden Schritte komprimieren, verschlanken Sie den Prozess, dem jetzt einer der ursprünglichen Schritte fehlt.
5. **Unterziehen Sie den neuen Prozess einem Beta-Test.** Bestimmen Sie eine Untermenge Ihrer Kunden, um an ihnen zu testen, wie der neue Prozess funktioniert. Wie reagiert der Markt darauf und wo müssen Sie noch Verbesserungen vornehmen?

6. **Passen Sie den Prozess an.** Justieren Sie Ihren Prozess auf der Basis der Ergebnisse Ihres Beta-Tests. Hier können Sie den Prozess an eine konkrete Anforderung anpassen.
7. **Verfeinern Sie den Prozess.** Sie haben Ihren Prozess einem Beta-Test unterzogen und der überarbeitete Prozess kann nunmehr installiert werden. Verkaufen Sie Ihr Produkt jetzt schneller in alle Winkel Ihres Marktes und vergessen Sie nicht, diese Schritte ein ums andere Mal zu wiederholen, um exponentielles Wachstum zu schaffen.

Planen Sie (optimistisch und klug) für Wachstum

Steve Jobs sagte: »Es gibt ein altes Zitat von Wayne Gretzky, das ich liebe: ›Ich skate immer dorthin, wo der Puck sein wird, nicht dorthin, wo er sich gerade befindet.‹ Bei Apple haben wir das immer versucht.« Obwohl dieses Zitat mittlerweile durch häufigen Gebrauch abgedroschen klingt, steckt viel Weisheit darin. Gretzky war der ultimative Großmeister im Eishockey. Seine Fähigkeit, mehr Schritte vorauszusehen als seine Gegner, ist der Grund, warum er immer noch als *The Great One* bezeichnet wird.

Sie werden in einem fort Entscheidungen in der Gegenwart treffen müssen, während Ihr Geist und Herz in einer »zukünftigen Wahrheit« leben. Nehmen wir Ihre Bürofläche als Beispiel. Wenn Ihr Unternehmen erfolgreich ist, wird diese Fläche wachsen. Wenn es extrem erfolgreich ist, wird die Wachstumskurve steil sein. Das bedeutet, dass Sie mehr Mitarbeiter, Ausrüstung und Fläche benötigen. Als die High-Tech-Drehscheibe Built in Chicago im September 2019 bekannt gab, dass der medizinische Primärversorgungsanbieter VillageMD in einer zweiten Finanzierungsrunde 100 Millionen US-Dollar eingeworben hatte, hieß es in der Pressemitteilung: »Das Unternehmen hat bis jetzt insgesamt 216 Millionen eingeworben … und ist seit seinem Start 2013 über vier Unternehmenszentralen hinausgewachsen.«

Ein rasantes Wachstum kann zu Chaos führen, aber Sie können das Chaos bis zu einem gewissen Grad in Schach halten, indem Sie folgende einfache Regel befolgen: Wenn Sie das Kapital haben, können Sie auf der Basis dessen, was Sie in anderthalb Jahren benötigen, Büroraum leasen. Für viele Unternehmen ist »wenn« ein ziemlich wichtiges Wort. Mit vier Umzügen in sechs Jahren scheint das rasant wachsende Unternehmen VillageMD die richtige Balance gefunden zu haben.

Wenn Ihr Unternehmen rasch wächst und nicht genug Fläche hat, stapeln sich bei Ihnen vermutlich die Mitarbeiter. Wenn Ihre Mitarbeiter zu eng aufeinanderhocken, wird es zu Reibungen kommen. Die Menschen werden häufiger und lauter miteinander streiten. Sie werden sich um die Nutzung der vorhandenen Konferenzräume zanken. Sie werden einander auffordern, nicht bei ihren Telefongesprächen mitzuhören. Ohne Zweifel verlangsamt ein Mangel an Fläche Ihren Schwung.

■ ■ ■ ■ ■

Romeo warb 750 000 US-Dollar ein, um damit ein finanzielles Marketingunternehmen in Long Beach in Kalifornien zu starten. Wie viele Entrepreneure war Romeo ein begnadeter Verkäufer. Mit seinem Charisma war er brillant darin, Menschen zu überreden, »ihre Unterschrift bei der gestichelten Linie zu setzen«, wie Alec Baldwin als Blake in *Glengarry Glen Ross* so schön sagt. Doch selbst die besten Verkäufer können schreckliche Geschäftsleute sein.

Ich begab mich ins World Trade Center in Long Beach, um Romeos Betrieb zu sehen. Er hatte das gesamte 19. Stockwerk des Gebäudes geleast – nahezu 2800 Quadratmeter. Bei 320 US-Dollar pro Quadratmeter und Jahr betrug die monatliche Miete allein nahezu 75 000 US-Dollar. Und dabei waren Telefon, Internet, Strom und die übrigen Unkosten, die beim Betrieb eines Büros anfallen, noch gar nicht eingerechnet – ganz zu schweigen vom Support-Team. Es war offensichtlich, dass Romeo nicht mehr als ein oder zwei Schritte vorausdachte.

Romeos Investor fragte mich, ob ich dächte, dass er eine gute Investition getätigt hätte.

»Nichts Unvernünftiges«, sagte ich. »Die nächsten sechs, ja, die nächsten zwölf Monate werden klargehen.«

Ich begann, mir eingehender Gedanken zu machen, und mir schien klar, dass das Unternehmen auf eine Klippe zusteuerte. Rechnen Sie nach: Das Unternehmen müsste einen Bruttoverdienst von 100 000 US-Dollar erzielen, allein um die Bürokosten zu decken, und weitere 62 500 monatlich während des ersten Jahres, um den Investor auszuzahlen. Ganz zu schweigen von persönlichen Unkosten wie Essen, Kleidung und Autos für Romeo, der einen teuren Geschmack hatte.

Ich traf mich vor meiner Abreise mit Romeo zum Abendessen. Er bat mich um mein aufrichtiges Feedback und ich forderte ihn auf, seine Unkosten jetzt sofort zu reduzieren, solange er noch die Chance dazu hatte. Ich erklärte ihm, dass es nicht sinnvoll war, für nur fünf Vollzeit und 30 Teilzeitkräfte so viel Bürofläche vorrätig zu halten. Mit seinen 40 leeren Tischen in den Büroräumen und -nischen wirkte der Ort wie ein Leichenhaus. Wie Sie sich denken können, war er nicht besonders glücklich über meinen Rat.

Romeo hatte das Talent und die Fähigkeiten, eine Geschäftsidee zu verwirklichen. Nur war er nicht bereit zu akzeptieren, dass zur Führung eines erfolgreichen Unternehmens eine gesunde finanzielle Entscheidungsfindung gehörte. Mit der Zeit häufte er einen großen Schuldenberg an und musste sein Unternehmen schließen. Finden Sie, dass Romeo wie ein Großmeister handelte? Hätte er drei Schritte vorausgedacht, hätte er diesen katastrophalen Ausgang verhindern können.

Ich verstehe, dass es eine delikate Balance darstellt, die Gegenwart und die Zukunft zugleich zu managen. Wenn Sie fünf Vollzeitkräfte beschäftigen, mag Ihre Ideallösung ein Büro sein, das Platz für 15 oder 20 Mitarbeiter bietet. Wenn Sie klug sind, finden Sie eine Lösung, bei der Sie benachbarte Flächen hinzumieten können, *wenn* Sie sie benötigen.

Ja, planen Sie für Wachstum. Und ja, planen Sie klug, sodass Sie Ihr Kapital dort einsetzen können, wo es den größten Nutzen bringt. Menschen können sich alles Mögliche einreden. Bevor Sie beim Thema Bürofläche verrücktspielen, wollen wir ein kleines Spiel spielen. Mal sehen, ob Sie die Unternehmen ihren jeweiligen Geburtsorten zuordnen können.

Von Apple und seiner Entstehungsgeschichte haben Sie vermutlich schon gehört. Versuchen Sie jetzt, auch die übrigen Unternehmen ihrem ersten Büro zuzuordnen.

Unternehmen	Erstes Büro
Apple	Garage in Cupertino, Kalifornien
Mattel	Homeoffice
Google	Vollgerümpelter Holzschuppen hinter der Werkstatt eines Freundes
Disney	Eigene Garage
eBay	Garage des Onkels
Harley-Davidson	Schlafsaal
Dell	Gemietete Garage

Reueminimierung

Amazon-Gründer Jeff Bezos spricht viel über Reueminimierung – darüber, sich in die Zukunft zu projizieren und sich dann zu überlegen, was er theoretisch bereuen könnte, nicht getan zu haben. Für Bezos ist das eine Möglichkeit, sicherzustellen, dass er kalkulierte Risiken eingeht, denn selbst wenn er scheitert, kann es nicht schlechter sein, als wenn er es gar nicht versucht hätte.

Tatsächlich hat Wayne Gretzky, der beste Torschütze in der NHL-Geschichte, noch einen weiteren zeitlosen Ausspruch getan: »Du verfehlst 100 Prozent der Torschüsse, die du nicht unternimmst.«

Hier ist eine Frage, die dieses Konzept klarmachen wird: Mit 89 Jahren ist Warren Buffett 90 Milliarden US-Dollar wert (Stand: Januar 2020). Was denken

Antworten: *Mattel: eigene Garage; Google: gemietete Garage; Disney: Garage des Onkels; eBay: Homeoffice; Harley-Davidson: vollgerümpelter Holzschuppen hinter der Werkstatt eines Freundes; Dell: Schlafsaal*

Sie, war er mit 47 Jahren wert? Fünf Milliarden US-Dollar? 20 Milliarden US-Dollar? Wenn Sie wie die meisten Menschen sind, würden Sie vermuten, dass es mindestens so viel gewesen sein muss. Schließlich leuchtet es ein, dass er, selbst wenn 42 Jahre dazwischenliegen, schon damals viel Geld gehabt haben muss, um heute auf 90 Milliarden zu kommen.

Mit 47 war Buffett 67 Millionen US-Dollar wert.

Wie ist das möglich? Er hatte viel aufzuholen, um den Sprung von 67 Millionen auf 90 Milliarden zu schaffen, nicht wahr? Wie also hat er das angestellt?

Buffett schaffte es, weil er keine schlechten Angewohnheiten hatte und seine Reue minimierte. Nun kenne ich Mr. Buffett nicht persönlich. Vielleicht gab es andere Dinge, die er bereute und von denen wir nichts wissen. Aber nach allem, was ich über ihn gelesen habe, ist er privat und beruflich immer als ein anständiger Mensch mit einem starken Gerechtigkeitsempfinden in Erscheinung getreten.

Buffett ist nicht drogenabhängig, er betrügt nicht seine Partner, er verspielt sein Geld nicht und verstrickt sich nicht in gerichtliche Auseinandersetzungen. Nichts dergleichen ist öffentlich bekannt. Buffett scheint seine Reue minimiert und auf diese Weise seinen Schwung bewahrt zu haben. Das hat wesentlich dazu beigetragen, seinen Wert binnen 42 Jahren von 67 Millionen auf 90 Milliarden zu steigern.

Vergleichen Sie Buffetts Weg mit dem Weg, den der Talkshow-Moderator Morton Downey, Jr., eingeschlagen hatte.

Ende der 1980er-Jahre war Downeys syndizierte Show größer als die von Phil Donahue. Es war Reality-TV, bevor dieses existierte, und Downey war ganz obenauf.

Bis er sich selbst zerstörte.

Angeblich wurde Downey am 24. April 1989 in einer Flughafen-Toilette von drei weißen Rassisten angegriffen. Sie prügelten auf ihn ein, schnitten ihm das Haar ab und malten mit einem Marker Hakenkreuze auf sein Gesicht. Die Polizei unterzog ihn einem Lügendetektortest, den er bestand.

Kurz darauf gab Downey zu, dass er den gesamten Vorfall selbst inszeniert hatte. Am 19. Juli 1989 wurde seine Show abgesetzt. Im Februar 1990 meldete Downey Konkurs an.

Betrachten Sie jetzt den zweiten Vorfall. In einer seiner Shows sprach ein Gast, eine Vegetarierin, über ihre gesunde Lebensweise. Er antwortete darauf mit den Worten: »Lassen Sie mich eines sagen, Liebling. Ich rauche täglich vier Packungen Zigaretten. Ich trinke täglich vier Gläser Alkohol. Ich esse rotes Fleisch. Ich bin 55 und sehe so gut aus wie Sie.«

Downey starb mit 68 an Lungenkrebs, nachdem der schon lange aus dem Blickfeld der Öffentlichkeit verschwunden war. Wenn er zurückblicken könnte, was glauben Sie, hätte er einige seiner Verhaltensweisen bereut?

Eigentlich lief alles gut für ihn, aber er konnte den Schwung nicht aufrechterhalten. Nehmen Sie ihn als warnendes Beispiel für das, was Sie nicht später einmal bereuen wollen.

Vizemanagement

Es gibt nur wenige Heilige und manche Entrepreneure haben Laster, aber indem sie lernen, sie in Schach zu halten, verhindern sie, dass sie ihnen die Karriere zerstören. Ich habe von Pastor Dudley Rutherford gelernt, dass es vier Dinge gibt, die einen Menschen/ein Unternehmen zerstören können.

Die vier Risiken

1. Habgier
2. Fresssucht
3. Sexsucht
4. Spielsucht

Viele von uns können Versuchungen nur schwer widerstehen. Wie viele Menschen haben ihre Karriere und ihr Leben mit ihrer Spielsucht zerstört? Aber es braucht noch nicht einmal ein »Standardlaster« wie Spielsucht, Alkohol oder Drogen zu sein. Manche Menschen haben Laster, die mit Geld zu tun haben: Sie sind entweder knauserig oder sie werfen mit Geld nur so um sich. So versäumen sie es entweder, die richtigen Investitionen (in Technik, Personal usw.) zu tätigen, oder sie schmeißen ihr Geld zum Fenster hinaus und können ihren Betrieb am Ende nicht aufrechterhalten.

Manche Menschen frönen dem Laster der Arroganz: Alles dreht sich um sie. Sie verweigern anderen die verdiente Anerkennung und beanspruchen Rampenlicht und Geld für sich allein. Früher oder später kriegen die Menschen um sie herum das spitz und die Besten unter ihnen machen sich aus dem Staub.

Falschspielerei ist auch so ein Laster, für das manche Entrepreneure besonders anfällig sind. In meiner frühen Zeit als Versicherungsvertreter buhlte ich mit Larry um Kunden und er gab mir ständig eins drauf und machte dreimal so viel Umsatz wie ich. Es war aus mehr als einem Grund demütigend. Ich hatte damals eine hyperehrgeizige Freundin, die demselben Geschäft nachging wie wir und ebenfalls gegen ihn verlor. Es machte sie wild.

Um sie zu beruhigen, sagte ich: »Hör zu, lass es mich dir so erklären: Das ist ein langfristiges Spiel. Die Umsetzung unserer Strategie erfordert Zeit. Wir werden so weitermachen wie bisher, weil es ein langfristiges Spiel ist.«

Sechs Monate später beschuldigte die Börsenaufsichtsbehörde SEC Larry damit, Kunden überredet zu haben, Geld aus Hypothekendarlehen in fondsgebundene Rentenversicherungen zu investieren. Er verlor seine Börsenlizenz – zusammen mit neun anderen Personen aus seiner Agentur, die seine Taktik kopiert hatten.

Larry war talentiert, aber er ließ zu, dass sein Laster die Oberhand über ihn gewann. All der Schwung, den er aufgebaut hatte, während er wie verrückt verkaufte, kam zum Erliegen – für immer.

Die fünf Todsünden des Entrepreneurs

Die Liste der Laster ist endlos, aber für bestimmte Versuchungen sind Entrepreneure besonders anfällig. Es sind Sünden, die Sie unter allen Umständen vermeiden sollten, weil sie allen Schwung zunichtemachen werden, den Sie in Ihrem Unternehmen aufgebaut haben.

Hier sind die tödlichen fünf:

1. Zu billig sein oder unklug protzen
2. Den falschen Personen Einfluss gewähren
3. Eine »herrschaftliche« Mentalität haben
4. Sich nicht anpassen
5. Sich besessen mit anderen vergleichen

1. Zu billig sein oder unklug protzen

Wenn Sie Sportfan sind, haben Sie sicherlich schon einmal einen Fußballtrainer erlebt, der seine in Führung liegende Mannschaft auf Nummer sicher spielen ließ. Ohne das aggressive Spiel, mit dem die Führung erzielt wurde, bekommt jedoch die andere Mannschaft die Chance zum Aufholen. Der Trainer denkt, er handle klug, indem er die Führung absichert. In Wirklichkeit aber führt seine extreme Vorsicht dazu, dass jeder sich fürchtet, einen Fehler zu machen, und die andere Mannschaft an Boden gewinnen kann. Das »Spiel auf Sicherheit« kostet der vorsichtig spielenden Mannschaft am Ende den Sieg.

Wenn Entrepreneure billig sind, reden sie sich ein, dass sie genügsam wären und genug Geld verdient (d.h. einen hinreichend großen Vorsprung aufgebaut) hätten, um es jetzt langsamer angehen zu lassen. Aber denken Sie an den alten Spruch: Sie müssen Geld ausgeben, um welches zu verdienen. Wenn Sie nicht das nötige Geld ausgeben, um Ihre Software zu modernisieren oder ein notwendiges neues Produkt auf den Markt zu bringen, werden Sie dafür bezahlen.

Andere Entrepreneure ruinieren ihren Schwung, indem sie mit Geld um sich werfen, als wären sie Krösus. Sie sind überzeugt, dass sie – im Gegensatz zu jedem anderen – niemals einen Einbruch erleben werden. Sie geben zu schnell zu viel Geld aus, häufig für die falschen Dinge, und wenn sie es dann für etwas Wichtiges brauchen, ist es nicht mehr da. Paff – weg ist der Schwung.

2. Den falschen Personen Einfluss gewähren

Ihr Berater rät Ihnen, die Größe Ihres Unternehmens zu verdoppeln. Ihr Lebenspartner besteht darauf, dass Sie Ihre Belegschaft halbieren. Ihr Freund schlägt Ihnen vor, Ihr Unternehmen mit seinem zu verschmelzen. Keiner dieser Ratschläge ist notwendigerweise schlecht, aber Sie müssen die Quelle analysieren. Entscheiden Sie, welcher Person zu folgen richtig ist und welcher nicht. Die falsche Person verfolgt ihre eigenen Ziele. Die falsche Person ist mehr daran interessiert, Ihre Gunst als Jasager zu gewinnen, als Ihnen einen objektiven Rat zu geben. Die falsche Person ist eifersüchtig auf Ihren Erfolg und wünscht sich insgeheim, Sie scheitern zu sehen. Die falsche Person ist vielleicht auch nur ein geliebter Mensch, der nicht über alle Informationen und Daten verfügt, zu denen Sie Zugang haben.

Denken Sie über diese Fragen nach. Geben Sie nicht dem Einfluss anderer nach, ohne zuerst zu analysieren, wer sie sind und welchen Charakter und welche Motivation sie haben. Bedenken Sie: Nur, weil sie sich schon lange kennen – als Kollegen, Freunde oder Lebenspartner –, heißt das noch lange nicht, dass ihre Ratschläge vernünftig sind.

3. Eine »herrschaftliche« Mentalität haben

Sie fühlen sich berechtigt, allmächtig und unfehlbar. Wie ein König oder eine Königin herrschen Sie über Ihre Untertanen und erwarten von ihnen Gehorsam, aber nicht, dass sie jede Ihrer Verlautbarungen hinterfragen. Sie sind zweifellos erfolgreich und haben das Gefühl, Ihr Reich zu beherrschen. Halten Sie jedoch inne und überlegen Sie einen Augenblick lang, was Sie mit Ihrem selbstherrlichen Auftreten bewirken:

- Niemand hinterfragt Ihre Entscheidungen.
- Niemand traut sich, eine anderslautende Meinung zu äußern.
- Niemand ist bereit, Risiken einzugehen (aus Angst, einen Kopf kleiner gemacht zu werden).

Führungskräfte, die sich herrschaftlich aufführen, verlieren ihren Thron. Wenn die Bauern revoltieren, wird ein neuer Regent, der nicht diese Mentalität mitbringt, das Territorium übernehmen.

4. Sich nicht anpassen

Agilität ist aus einem guten Grund in Organisationen heute sehr gefragt. Im 12. Kapitel werden wir darüber sprechen, wie rasch Unternehmen aus dem Fortune 500 und dem S&P 500 fallen. Wenn Sie sich nicht anpassen können, werden Sie schon bald scheitern. »Wende« ist ein nützliches Schlagwort; es steht für die Fähigkeit, rasch auf veränderte Umstände zu reagieren.

Zu viele Entrepreneure sind überzeugt, dass sie ihren Kurs halten und eine Strategie, die nicht funktioniert, nur mit doppelter Kraft verfolgen müssten. Nur weil eine Strategie Ihnen im letzten Jahr zum Erfolg verholfen hat, heißt das noch lange nicht, dass sie auch in diesem Jahr funktioniert.

5. Sich besessen mit anderen vergleichen

Sie verlieren den Blick für das größere Bild, wenn Sie nur immerzu neidisch auf einen Wettbewerber blicken. Ich bin sehr kämpferisch veranlagt, und wenn in meiner Branche jemand erfolgreicher ist als ich, suche ich reflexartig nach einer Möglichkeit, ihn zu schlagen. Dagegen ist grundsätzlich nichts zu sagen. Falsch ist nur, wenn Sie sich in jemanden – einen Wettbewerber, Ihren Schwager, Ihren Mentor - verbeißen, statt sich auf die eigene Strategie und die eigenen Ziele zu fokussieren. Sie wollen dann nur noch das Objekt Ihres Neides schlagen, und wenn Sie sich nur noch dafür interessieren, interessieren Sie sich für das Falsche, und Ihr Unternehmen wird vom Kurs abkommen. Großmeister besitzen die unglaubliche Fähigkeit der Fokussierung. Sie wissen, dass sie ihren Vorsprung rasch verlieren werden, wenn sie zulassen, dass sich Ablenkungen in ihr Bewusstsein schleichen.

Der Nachteil der Schnelligkeit: die Versuchung des raschen Geldes

Sind Sie wild entschlossen, Ihr Unternehmen wachsen zu sehen? Die meisten Entrepreneure sind so. Sie sind ehrgeizig und entwerfen eine Strategie, die ihnen hilft, neue Produkte und Dienstleistungen hinzuzufügen, ihren Umsatz zu steigern, ihr Territorium zu erweitern und in anderer Weise zu wachsen.

Sie werden die Versuchung verspüren, Abkürzungen zu nehmen. Glauben Sie mir. Es werden sich Ihnen Gelegenheiten bieten, rasches Geld zu verdienen, oder Abkürzungen, um zu wachsen. Sie werden möglicherweise versucht sein, sich mit jemandem zusammenzutun, der im Ruf steht, es mit der Moral nicht so genau zu nehmen, aber wichtige Kontakte hat. Vielleicht werden Sie versuchen, einen Regierungsvertreter oder eine andere Person zu »beschenken«, in deren Macht es steht, über eine Unregelmäßigkeit hinwegzusehen oder Ihrem Angebot eine bevorzugte Behandlung zu sichern. Vielleicht gehen Sie ein lukratives Geschäft ein, bei dem Sie von der Missachtung Ihres moralischen Verhaltenskodexes profitieren.

Ich sage nicht, dass Sie irgendeine Gesetzwidrigkeit begehen werden. Aber Sie könnten im Interesse des Wachstums Ihre Werte und Prinzipien verraten. Das hat jedoch Auswirkungen.

Als meine Agentur zu wachsen begann, erhielt ich Anrufe von Leuten, die mit uns viele Versicherungsgeschäfte betrieben und mich fragten, ob ich an Nebengeschäften interessiert wäre. Sie können sich nicht vorstellen, wie stark die Versuchung war, Ja zu sagen. Ich war nicht gierig nach Geld. Ich war gierig nach *Schwung*. Wenn jemand mir ein »Nebengeschäft« anbietet, das mir 200 000 US-Dollar einbringt, ist es leicht, das damit zu rechtfertigen, dass ich das Geld nutzen kann, um mehr Führungskräfte einzustellen, oder für unsere nächste innovative Kampagne.

Diese Arten von Geschäften werden für Sie eine Versuchung darstellen, aber Sie müssen fünf Schritte vorausdenken, um zu erkennen, dass das in ihnen enthaltene Gift ausreicht, um Ihr Unternehmen zu zerstören. Hätte ich jemals diese Art von Nebengeschäften getätigt und hätten meine Getreuen davon Wind bekommen, wäre das Spiel aus gewesen.

Hintergehen Sie niemals Ihre Getreuen. Wenn jene herausfinden, dass Sie zweifelhafte Geschäfte getätigt haben, werden zwei Dinge passieren. Erstens werden jene sagen: »Hej, ich will auch so ein Geschäft.« Natürlich können Sie nicht jedem von ihnen so ein Geschäft geben. Und zweitens: Kommt es jemals zu einem Zerwürfnis mit einem dieser Leute, mit denen Sie Ihre Nebengeschäfte betrieben haben, wird er es überall herumerzählen. Er könnte Ihnen sagen: »Gib mir diesen Vertrag und ich werde niemandem etwas sagen.« Aber wenn er sich über Sie ärgert, tut er es doch, und dann weiß jeder, was für Spiele Sie spielen.

Die Bewahrung der Integrität ist immer eine erfolgversprechende Strategie. Wenn Sie Ihre Integrität kompromittieren, jagen Sie kleinen Wachstumsbereichen hinterher – auf Kosten sehr viel größerer Wachstumsziele. Sie entscheiden sich für kleine statt für große und nachhaltige Gewinne. Das ist die perfekte Formel für den Aufbau eines mittelmäßigen Unternehmens und die Lähmung durch Paranoia. Sie können es besser.

Masse × Geschwindigkeit = Schwung (Impuls)

Wenn Ihr Unternehmen die Wucht eines abwärts rollenden Felsbrockens bekommt, beginnt es, gefährlich zu werden. Entscheidend ist, die Geschwindigkeit zu zügeln. Wenn Sie auf den Schwung bauen, geraten Ihre Wettbewerber in Schwierigkeiten. Wenn Sie sich selbst überholen, ereilt dasselbe Schicksal Ihre Gläubiger.

Chaos ist für die unternehmerische Tätigkeit wie gefährliche Wellen für das Wellensurfen. Es kommt mit dem Gelände, und wenn Sie nicht wissen, wie Sie damit effektiv umgehen können, kommen Sie in Schwierigkeiten. Sie können Informationen auch dann noch effektiv verarbeiten, wenn Ihre Welt Kopf steht. Sie können sogar aus dem Chaos Energie schöpfen und nutzen, um Ihre Anstrengungen zur Steuerung Ihres Unternehmens zu verdoppeln. Es hat in Wahrheit seinen Grund, warum ich den Schritt, in dem es um Systeme geht, unmittelbar hinter diesen Schritt setze. Wenn Sie die Geschwindigkeit nervös macht, sind Systeme zu ihrer Beobachtung und Kontrolle das perfekte Gegenmittel.

11

Moneyball oder wie Sie Tracking-Systeme für Ihr Unternehmen entwerfen

Es ist ein kapitaler Fehler, Theorien zu spinnen, bevor es Daten gibt.
Sherlock Holmes

In der Welt des Business sollten Sie sich ständig fragen: Was kann ich messen?

Entrepreneure lieben die Formulierung »die Nadel bewegen«. Zuerst aber müssen Sie sich klarmachen, *was* die Nadel misst!

Wenn Sie keine messbaren Zahlen haben, auf die Sie als Erstes schauen, wenn Sie morgens aufwachen, managen Sie ineffizient. Führungskräfte, die in allen Aspekten ihres Unternehmens praxisbezogen vorgehen, müssen erst noch lernen, wie nützlich Daten sein können. Die Schaffung von Systemen und Protokollen mindert den Bedarf an Mikromanagement. Sobald Sie gelernt haben, die wichtigsten Kennzahlen Ihres Unternehmens zu verfolgen, wissen Sie genau, wo Sie Ihre Energie und Ihr Wissen einsetzen müssen.

Ein CEO ist dafür verantwortlich, dass etwas passiert, und in den alten Tagen mag das mit viel Präsenz im Werksgeschehen und der Schaffung von Implementierungssystemen verbunden gewesen sein. Heute hängt alles von Daten ab. CEOs besitzen häufig eine starke Persönlichkeit und ausgeprägtes Talent. Manche von uns sind forsch und mutig und nutzen ihre Aggressivität, um Umsatz zu machen. Manche von uns sind gewitzt und kreativ und unterstützen ihr Unternehmen mit ihren innovativen Ideen. Sie verlassen sich folglich mehr auf ihre Persönlichkeit als auf Systeme.

Wenn Sie nicht so ehrgeizig sind, ist dieser Ansatz möglicherweise okay. Aber wenn Sie etwas Großes und Dauerhaftes in die Welt setzen wollen, werden Sie ohne Systeme nicht auskommen.

Ich bin ein großer Verfechter von Systemen: Datensystemen; Systemen von Verfahren; Systemen von Prozessen. Systeme unterstützen die konsequente und nachhaltige Umsetzung und helfen uns, eine Kultur zu schaffen, in der niemals etwas unklar ist. Wenn Sie versuchen, die nächste Stufe des Unternehmenswachstums zu erklimmen und nicht sicher sind, welche Option die beste ist, können Ihnen Daten zu unterschiedlichen Märkten helfen, die richtige Entscheidung zu treffen. Wenn Sie versuchen, ein quälendes Problem im Kundenservice zu lösen, können Daten Ihnen helfen, ein System zu implementieren, das andere Kunden bereits glücklich gemacht hat. Das Wissen, wie Sie Daten lesen und nutzen können, um Ihr Unternehmen im Blick zu behalten, ist für jeden CEO von entscheidender Bedeutung. Ihre Qualitäten als Verkäufer oder als brillanter Stratege machen Sie vielleicht zur Stimmungskanone, aber irgendwann benötigen Sie mehr als eine wundervolle Persönlichkeit, um Ihr Unternehmen zum Erblühen zu bringen.

Datenbasierte Umsetzung

Als Teenager pflegte ich die *Los Angeles Daily News* zu kaufen und den Sportteil zu verschlingen. Englisch zu lesen, war für mich damals frustrierend, aber von den Zahlen konnte ich nicht genug kriegen. Wie ein verrückter Wissenschaftler grübelte ich stundenlang über Ergebnistabellen. Von allen Sportarten stellte sich mir, auf dem Papier zumindest, Baseball als das verwirrendste Puzzle dar.

Als ich 2011 *Moneyball – The Art of Winning an Unfair Game* von Michael Lewis las, dämmerte mir, dass ich all das, was ich aus Jahren des Studierens von Ergebnistabellen gelernt hatte, auf mein Unternehmen übertragen könnte. Obwohl ich stets ein starker Verkäufer gewesen war und mich zu einem soliden Vertriebsmanager entwickelt hatte, machte mich die Erweiterung meines Werkzeugkastens um die Datenanalyse mit einem Schlag zu einem echten CEO, der sein Unternehmen skalieren konnte.

Moneyball erzählt die Geschichte davon, wie Billy Beane, der Geschäftsführer der Oakland A's (in der gleichnamigen Verfilmung des Buches gespielt von Brad Pitt), die prädiktive Analyse auf Baseball anwendet. Zu seinen Offenbarungen gehört die Entdeckung, dass die On-Base Percentage* als Gewinnfaktor wichtiger war als der Batting Average** – eine Kennzahl, die von Spielern, Managern und Sportautoren stets verehrt wurde. Im Rückblick scheint es so klar zu sein, aber Jahrzehnte lang wurde die On-Base Percentage als Maß unterschätzt. In der Little League sagen die Trainer: »Ein Walk ist so gut wie ein Hit.« Und dennoch analysierten die Besten und Klügsten im Baseball einfach nur deshalb die falschen Daten, weil sie es schon immer so gemacht hatten.

Es ist unsere Pflicht als Entrepreneure, konventionelles Denken zu hinterfragen und uns zu überlegen, wie unsere nächsten Schritte unsere Branche auf den Kopf stellen können. In derselben Weise, wie ich mich von Billy Beane (den ich 2019 interviewte) inspirieren ließ, möchte ich, dass Sie die Analytik auf Ihr eigenes Unternehmen anwenden. Was Ist Ihr Äquivalent zur On-Base Percentage? Legen Sie zu viel Gewicht auf den Umsatz und zu wenig auf die Marge? Belohnt Ihre Vergütungsstruktur die Gewinnung von Neukunden auf Kosten der Pflege bestehender Kunden?

Wie Sie sehen werden, schuf die Lektüre all dieser Ergebnistabellen die Grundlage für meinen größten Sprung hin zur Skalierung meines Unternehmens.

Nutzen Sie Daten und Logik (oder stellen Sie jemanden dafür ein), um die Zukunft vorherzusagen

Die besten Entrepreneure blicken stets mindestens fünf Schritte voraus. So fokussiert auf das Hier und Jetzt Sie auch sein mögen, müssen Sie doch auch eine Vorstellung davon haben, was die Zukunft bringen wird. Sie müssen sich beweglich halten, um auf jede Veränderung, die über Sie hereinbricht, mit derselben Geschwindigkeit reagieren zu können.

---

* Anm. d. Verl.: In der Baseballstatistik misst die On-Base-Percentage (OBP), wie häufig ein Schlagmann die Base erreicht.

** Anm. d. Verl.: »Batting Average« ist einfach nur der Schlagdurchschnitt des Schlagmanns.

Sehen Sie einen neuen Wettbewerber am Horizont auftauchen? Wenn ja – welche Schritte können Sie jetzt unternehmen, um diesem Wettbewerber die Stirn zu bieten? Glauben Sie, dass Ihre Branche an der Schwelle zur Fragmentierung und zur Umwandlung in lauter Nischenmärkte steht? Wenn ja – welche heute implementierte Strategie wird Ihnen im nächsten und den darauffolgenden Jahren helfen, Ihre Nische zu dominieren?

Wenn Sie sich auf eine wahrscheinliche Zukunft vorbereiten, werden Ihre Wettbewerber, die dies nicht getan haben, hilflos zusehen müssen, wie Sie ihnen ihre Märkte stehlen. Andere Unternehmensführer werden sich die Augen reiben, während Sie in aller Ruhe auf Trends und andere Veränderungen reagieren.

Niemand kann die Zukunft sehen, aber indem Sie Daten sammeln und Szenarien durchspielen, können Sie logische Schlussfolgerungen zu möglichen Entwicklungstrends ziehen. Ein weiteres Buch von Michael Lewis, *The Big Short – Wie eine Handvoll Trader die Welt verzockte*, illustriert dieses Konzept sehr schön. Es erzählt die wahre Geschichte von Michael Burry (in der gleichnamigen Verfilmung des Buches gespielt von Christian Bale), einem Hedgefonds-Manager, der 2005 vorhersagte, dass die Immobilienblase die gesamte Bankenbranche zum Einsturz bringen würde. Laut Burry zeichnete sich die kommende Krise für jeden ab, der Augen hatte zu schauen, aber seine Kollegen waren allzu sehr damit beschäftigt, Geld zu scheffeln, um sich Gedanken über ihre nächsten Schritte zu machen. Eine Weile zumindest schienen die Amateure die Klügeren zu sein, weil sie kurzfristig erfolgreich waren. Unterdessen entwarf der Großmeister Burry seine zukünftigen Schritte, indem er den Blick auf das größere Bild des Schachbretts richtete und Prognosen anstellte, wohin sich der Markt am Ende bewegen würde.

Burry ging zu allen größeren Banken, darunter Bear Stearms, Deutsche Bank und Merrill Lynch, und überredete sie, ein neues Finanzprodukt zu schaffen, das es ihm gestatten würde, gegen die Branche zu wetten. Sowohl Burrys Mitarbeiter als auch die Investoren des Fonds dachten, er sei von Sinnen – schließlich teilte niemand in der Branche seine Vorstellung davon, dass die Immobilienblase in absehbarer Zeit platzen könnte. Aber weil Burry bereits so häufig die Zukunft richtig vorhergesehen hatte, hatten ihm seine Investoren freie Hand gegeben, mutige Schritte zu unternehmen.

Er kaufte »Kreditausfall-Swaps« im Wert von mehreren Hundertmillionen US-Dollar. Als sein anfänglicher Schritt gegen ihn zu arbeiten schien, waren seine Investoren nahe dran zu rebellieren. Burry aber hielt unbeirrt an seiner Position fest. Als der Subprime-Hypothekenmarkt einbrach, brachten diese Swaps eine Rendite von über 500 Prozent.

Sämtliche Investoren hatten Zugang zu denselben Daten wie Michael Burry, aber sie waren zu sehr damit beschäftigt, im Augenblick zu agieren, um sich Gedanken darüber zu machen, was die nächsten Jahre bringen könnten. Weil Burry fleißig genug war, die Daten zu zerlegen, und die Weitsicht eines Großmeisters besaß, konnte er von seiner Vorhersage der Zukunft profitieren. In Ihrem Geschäftsfeld braucht es vielleicht diesen Grad an Planung und Geduld, um eine innovative Kampagne zu starten.

Mir ist bewusst, dass Sie vielleicht nicht die Zeit oder den mathematischen Kopf eines Michael Burry haben. Das führt mich zu meinem nächsten Punkt. Ich wurde im Lauf der Jahre unzählige Male gefragt: »Was ist die beste Investition, die ich tätigen kann, um mein Unternehmen zu skalieren?« Meine Antwort auf diese Frage hat sich mit der Zeit etwas gewandelt. Heute lautet sie regelmäßig: »Investieren Sie eine sechsstellige Summe und stellen Sie einen Experten in prädiktiver Analytik ein.«

Wenn Sie *Moneyball* gesehen haben, erinnern Sie sich vielleicht, dass Paul DePodesta (im Film gespielt von Jonah Hill und jetzt der Chefstratege der Cleveland Browns) Billy Beanes Geheimwaffe wurde. Er war der Zahlentyp, der nicht nur statistische Daten verschlang, sondern sie auch auf ganz neue Art und Weise analysierte. DePodesta war der Nerd im Frontoffice – der Typ mit dem Harvard-Abschluss in Wirtschaftswissenschaften. Beane entwickelte niemals DePodestas Fähigkeiten in prädiktiver Analytik. Weil er ihn einstellte, brauchte er das auch nicht.

Suchen Sie sich Ihren DePodesta. Eine wichtige Fähigkeit erfolgreicher Entrepreneure besteht darin, Mitarbeiter einzustellen, die intelligenter sind als sie selbst und ihre Schwächen kompensieren können. So, wie das Spiel heute gespielt wird, ist prädiktive Analytik ein Feld, auf dem Sie tunlichst Spitzenleistung erbringen.

Um zu skalieren, sollten Sie Ihr Wissen kodifizieren – dann ist es übertragbar

Stellen Sie sich vor, Sie würden Leonardo da Vinci, Michelangelo oder Pablo Picasso bitten, Ihnen zu zeigen, wie man malt. Jene hätten Schwierigkeiten, Ihnen ihre Methode zu erklären, und selbst wenn sie es könnten, wäre die Umsetzung Glückssache. Die Gabe eines Künstlers – oder eines anderen Genies – ist nicht übertragbar. Wie steht es mit jener eines Entrepreneurs, einer Führungskraft oder eines Trainers?

Wir sprachen darüber, wie die Brillanz eines Bill Belichick zu sechs Super-Bowl-Siegen führte. In der Annahme, Belichicks Genie wäre übertragbar, heuerten mehrere NFL-Teams seine Assistenten als Cheftrainer an. Ihre Logik ist denkbar einfach: Wer, wenn nicht die Trainer, die Belichicks Genie aus der Nähe beobachten konnten, wäre besser geeignet, selbst Teams zu führen? Eine ausgezeichnete Idee – außer, dass sie nicht funktioniert, wie das Scheitern von Romeo Crennel, Eric Mangini und Josh McDaniels als Cheftrainer gezeigt hat.

Die NFL-Eigentümer sind so verzweifelt hinter Belichicks Geheimnis her, dass sie weiter seine Jünger wie beispielsweise Matt Patricia beschäftigen. In Patricias ersten beiden Saisons als Cheftrainer der Detroit Lions gewann die Mannschaft nur neun von 32 Spielen. Vielleicht will uns das sagen, dass die Fähigkeiten eines Super-Bowl-gewinnenden Coachs nicht übertragbar sind. (Die Belichick-Schüler Mike Vrabel, Bill O'Brien und Brian Flores haben sich als vielversprechend erwiesen und könnten diesen Trend möglicherweise umkehren.)

Schauen wir uns jetzt Bill Walsh an. Walsh führte die San Francisco 49er von nur zwei Siegen aus 16 Spielen im Jahr 1979 zur Super-Bowl-Meisterschaft drei Jahre später (dem ersten von Walshs drei Super-Bowl-Siegen). Er hatte in seiner ersten Riege sieben Assistenten, die Cheftrainer wurden – darunter die Super-Bowl-Gewinner George Seifert und Mike Holmgren. Holmgren wiederum hatte fünf Assistenten, die selbst wieder Cheftrainer wurden. Im Jahr 2007, 19 Jahre nach Walshs Rückzug von den 49ern, waren von den 32 Cheftrainern der NFL 14 entweder direkte Schüler von Walsh oder seine Abkömmlinge in zweiter oder dritter Generation.

Was ist der entscheidende Unterschied zwischen Belichick und Walsh? Belichick ist bekannt für Geheimniskrämerei und Walsh ist bekannt für seine Listen. Ja, *Listen*. Der Grund, warum Walshs Genie sich auf andere übertragen konnte, ist, dass er sein Wissen kodifizierte und weitergab.

Manche könnten meinen, Bill Belichicks Genie würde sich gerade auch darin zeigen, dass es seinen Assistenten nach seinem Weggang schwerfällt, ihn zu übertreffen. Warum in aller Welt sollte er es seinen Assistenten leicht machen zu lernen, wie sie ihn schlagen könnten? Er hätte nichts gewonnen, wenn er sein Wissen allgemein verfügbar gemacht hätte. Sie hingegen können alles gewinnen, wenn Sie Ihr Wissen verfügbar machen. Sie können Ihr Unternehmen schlicht nicht skalieren, solange Sie nicht die Systeme schaffen, die es ihm ermöglichen, auch ohne Sie zu funktionieren.

Sie müssen Listen erstellen. Sie müssen Anleitungen verfassen (Video-Bibliotheken sind unter Umständen effektiver als gedruckte). Sie müssen Ihr Wissen kodifizieren. Falls es bislang nur in Ihrem Kopf existiert, haben Sie jetzt eine Aufgabe. Wenn Sie sich ein nachhaltiges Unternehmen wünschen, müssen Sie Ihr Wissen kodifizieren und dafür sorgen, dass es auf jeden anderen in Ihrer Organisation übertragbar wird.

Machen Sie Ihre Zahlen sichtbar, um Lecks und Trends zu identifizieren

Wenn Sie durch unsere Büros gehen, werden Sie überall Monitore und Datenströme sehen. Indem wir unsere Daten im Büro sichtbar machen, schaffen wir Verantwortlichkeit und unterstreichen die radikale Transparenz.

Weil jeder alles sieht, ist es eine wunderbare Weise, Zuckerbrot und Peitsche gleichzeitig einzusetzen – ohne irgendetwas sagen oder tun zu müssen. Weil die Zahlen offen zutage liegen, weiß jeder, dass seine Leistung, ob gut oder schlecht, »gesehen« wird. Wenn das die Leistungsschwachen wurmt, umso besser! Sie werden sich desto stärker ins Zeug legen, um weitere Unannehmlichkeiten zu vermeiden, oder das Unternehmen verlassen. Transparenz ist die ultimative leistungssteigernde Droge. Und wenn es Ihre leistungsschwachen Mitarbeiter nicht motiviert, werden sie von selbst gehen – was genau das ist, was Sie wollen.

Sie mögen das harsch nennen. Ich nenne es effektiv.

Kommen wir zur Analytik zurück. Mit all den Daten vor mir halte ich nach zwei Dingen Ausschau: Lecks und Trends. Lecks weisen mich auf Ineffizienzen hin. Wenn ich beispielsweise einen starken Anstieg an eingereichten Policenanträgen sehe, aber die Bearbeitungszeit von unserer Zentrale zum Versicherungsträger abnimmt, vermute ich ein Leck.

Die Zahlen geben mir Hinweise darauf, wo ich suchen muss. Liegt das Problem in der Zahl der Mitarbeiter, die die Anträge bearbeiten, dem Mangel an kompetenten Mitarbeitern oder dem Prozess selbst? Sollte ich morgen erneut eine Abnahme der Bearbeitungszeit feststellen, wäre ich ernsthaft in Sorge, dass wir es da mit einem Problem zu tun haben. Vorläufig gehe ich davon aus, dass wir die richtigen Leute beschäftigen und die Investition in unsere Technik funktioniert. Warum aber ist dann die Bearbeitungszeit langsamer? Zwar liefern mir die Daten keine Antwort, aber sie machen mich darauf aufmerksam, dass da ein Problem existiert, um das wir uns kümmern müssen.

Ich schaue mir auch Trends an. Wie ein Börsenanalyst blicke ich auf Liniendiagramme, um zu sehen, wie schnell sich die Dinge entwickeln. Warum hatten wir in den ersten drei Monaten des Jahres einen Rückgang? Warum ist der Umsatz im Mai durch die Decke gegangen? Was machen wir richtig und was sollten wir eher nicht tun? Ein tiefer Blick in die Zahlen hilft uns, unseren Ansatz zu korrigieren und noch effektiver zu machen.

Die meisten Unternehmen erleben saisonale Schwankungen. Einzelhändler leben vom Black Friday wie Filmateliers von Urlaubsfilmen. Das ist auch der Grund, warum Einzelhändler willkürliche Ereignisse wie »Back-to-School Sales« und Online-Händler den Cyber Monday geschaffen haben. Das Problem, das ich häufig sehe, ist das blinde Akzeptieren dieser Trends. In unserer Branche galt lange als ausgemacht, dass Dezember bis Februar und Juni bis August flaue Monate wären. Als ich begann, die Daten zu analysieren, sah ich, dass 75 Prozent der Policen in sechs Monaten des Jahres verkauft wurden (März bis Mai und September bis November). Als ich genauer hinschaute, sah ich, dass es dafür keinen plausiblen Grund gab. Schließlich betrieben wir keinen Skilift, bei dem das Wetter mitspielen musste, damit die Leute kamen.

Daraus schloss ich, dass sich in diesen Monaten die Versicherungsvertreter mental ausklinkten. Sie folgten damit schlicht ihrer eigenen Erwartungshaltung. Weil die Branche insgesamt und damit auch die Kollegen in bestimmten Zeiten auf Sparflamme schalteten, taten sie es ihnen nach. Und weil meine Wettbewerber dies als gegeben akzeptierten – und folglich während bestimmter Zeiten schlechte Ergebnisse tolerierten –, sah ich hier eine Chance.

Wie nun reagierte ich auf diese Daten?

Ich startete innovative Kampagnen, die ausdrücklich darauf abzielten, den Umsatz während der flauen Monate zu steigern. Ich veränderte auch die Parameter unserer renommiertesten Incentive-Konferenz, um den sommerlichen Umsatz zur wichtigsten Komponente zu machen.

Anschließend nahm ich eine Seite aus Ray Dalios Buch und schuf Baseball-Karten mit den Jahreskennzahlen jedes Versicherungsvertreters. Weil diese wussten, dass die Karten am 15. Januar in den Druck gehen würden – und jeder im Unternehmen ihre Leistung würde sehen können –, machten die Umsätze im Dezember einen Sprung. Binnen zweier Jahre, nachdem ich diese Daten entdeckt und analysiert hatte, verschoben sich unsere Umsatzanteile von 75/25 (Spitzenmonate/flaue Monate) auf 55/45. Mit anderen Worten: Wir eliminierten fast alle Saisonschwankungen aus unserem Unternehmen. Die Daten allein lösten nicht das Problem, aber sie machten uns auf das Problem aufmerksam und ermöglichten es uns, unseren Fortschritt in Richtung der Lösung zu verfolgen.

Mit diesem Gewinn in der Tasche begann ich mir die Einzelabschnitte der einzelnen Monate anzuschauen. So konnte ich sehen, wo wir schwach waren und wie wir Anreize schaffen konnten, um die aufgeregte Jagd nach Umsätzen gegen Monatsende zu vermeiden. Nachdem wir anfingen, hierauf zu schauen, begannen die Umsätze sich innerhalb der Monate gleichmäßiger zu verteilen.

Alle CEOs sollten auf ihre Zahlen schauen, nach Lecks und Trends Ausschau halten und ihre Umsetzung dann an dem Gelernten ausrichten.

Vertrauen Sie Zahlen, nicht Menschen

Wenn Sie ein Unternehmen führen, können Sie nicht immer darauf vertrauen, dass andere Ihnen die Wahrheit sagen. In Wahrheit können Sie nicht einmal sich selbst trauen. Andere haben ihre eigenen Agenden; sie wollen an einem bestimmten Projekt arbeiten und sind überoptimistisch in ihren Erfolgserwartungen. Manchmal ist ihnen nicht einmal bewusst, wie sie die Wahrheit verbiegen.

Entrepreneure können dieselben Fehler machen. Vielleicht reden Sie sich selbst ein, dass Sie ein neues Produkt zum Erfolg führen können, aber was da spricht, ist Ihr Ego und nicht Ihr logisches Denken. Oder Sie befördern jemanden, weil er Ihnen sympathisch ist, und nicht, weil er es verdient hat.

Zahlen helfen allen, ehrlich zu bleiben.

■ ■ ■ ■ ■

Die meisten Ihrer Umsatzbeschaffer haben eine Persönlichkeit vom Typ A. Sie sind aggressiv, selbstsicher und entschlussfreudig, und diese Qualitäten sind in diversen Bereichen des Geschäftsbetriebs nützlich. Aber Menschen vom Typ A sind auch gute Selbstvermarkter und als CEO müssen Sie zwischen Selbstvermarktung und Errungenschaft unterscheiden.

Hier ist, wie wir das machen. Wenn ein Mitarbeiter mir erzählt, wie hart er arbeitet und welche Ergebnisse er dabei erzielt, frage ich ihn als Erstes: »Wie sieht deine Abschlussquote aus?«

Angenommen, ich führe dieses Gespräch mit Paul. Er antwortet: »50 Prozent.«

»Wunderbar. Dann frage ich Sie: Wie viel Umsatz machen Sie pro Kunde?«

»2000 US-Dollar.«

»Wenn Sie also zehn Angebote abgeben und die Hälfte davon zum Abschluss bringen, landen Sie bei 10 000 US-Dollar.«

»Das ist richtig.«

»Dann frage ich Sie: Wie kommt es, dass Ihr bester Monat im letzten Quartal nur 6000 US-Dollar einbrachte?«

Sie denken, Sie wüssten bereits die Antwort. Was Sie aber vielleicht nicht wissen, ist, dass Ihre Trumpfkarte das Schweigen ist. Das ist nicht die Zeit, um den (von Alec Baldwin gespielten) Blake in *Glengarry Glen Ross* herauszukehren und zu schreien: »Stell den Kaffee hin! Kaffee ist nur was für *Closers*. … ›Die *Leads* sind schwach.‹ … Ihr seid schwach!«

Anstatt eine Vermutung auszusprechen und Pauls Arbeitsmoral infrage zu stellen, sagen Sie besser gar nichts. Überlassen Sie die Beantwortung der Frage ihm.

Irgendwann beginnt Paul zu sprechen. Und natürlich wird er wütend und protestiert, er sei schließlich nicht faul.

»Warum regen Sie sich so auf?«, frage ich. »Ich spiele Ihnen nur die Zahlen zurück, die Sie mir selbst genannt haben.«

Paul hat bereits begonnen nachzudenken. Er protestiert, er sei nicht faul, weil er weiß, dass die Daten etwas anderes sagen. Es besteht kein Bedarf, auf ihn einzudreschen. Halten Sie sich einfach an das normale Verfahren.

Schlechte Manager nutzen qualitative Daten. Sie analysieren so eine Situation mit Worten statt mit Zahlen. Sie sagen, dieser Mensch sei faul, unaufrichtig und unmotiviert. Solche Worte tragen jedoch nicht zur Lösung des Problems bei. Daten hingegen zeigen Lösungen auf.

Indem Sie die Daten sprechen lassen, nehmen Sie die Emotionen aus der Situation heraus. Indem Sie sich auf die Zahlen fokussieren, helfen Sie der anderen Person, sich der Realität zu stellen. Das liefert nicht nur den Antrieb für Verbesserungen, sondern bewahrt auch Ihre Beziehung.

Eine Auflösung nach x scheint in dieser Situation der beste Weg zu sein. Die einzigen Variablen in Pauls Einkommen sind die Zahl der Angebote, die Abschlussquote und der durchschnittliche Umsatz pro Kunde. Angenommen, die letzte Variable liegt bei konstant 2000 US-Dollar. Dann lässt sich der Umsatz nur auf zwei Weisen steigern: Entweder wir geben mehr Angebote ab oder wir verbessern die Abschlussquote. Wenn Sie sich die Daten genauer anschauen, erkennen Sie, dass Pauls Abschlussrate tatsächlich bei 50 Prozent liegt. Das Problem ist, dass er nur sechs Angebote abgegeben hat.

In ähnlicher Weise wie im Fall der IZR-Analyse müssen wir uns auch hier die Zahlen genauer anschauen. Die Daten erzählen uns, dass Paul nicht genügend

Angebote abgibt. Die Zahl der Angebote wird bestimmt durch das, was ihn in die Angebotsphase führt: die Identifizierung potenzieller Kunden. Das Problem ist, dass er nicht ausreichend *Leads* produziert. Das ist das *x*, nach dem wir die Gleichung auflösen müssen.

Hat seine Vermarktungsaktivität in den sozialen Medien nachgelassen? Ist sein Netzwerk geschrumpft? Hat er aufgehört, Bestandskunden zu aktivieren oder Kaltakquise zu betreiben? Sie waren auf der richtigen Spur, als Sie die Anzahl seiner Angebote und seine Abschlussquote maßen. Bei genauerer Betrachtung sehen Sie, dass Sie als Nächstes seine Kundengewinnungsstrategie überprüfen und Methoden zu ihrer Messung finden müssen. Um hier auf Ideen zu kommen, schauen wir uns am besten an, wie ein größeres Unternehmen Daten nutzt, um seine Vertriebskräfte zu managen.

Datenanalyse ist mehr als nur die Auflösung nach x

Lanier Worldwide (heute eine Tochter von Ricoh USA) ist ein für die Qualität seiner Verkäuferausbildung bekannter Hersteller von Büroartikeln mit Hauptsitz in Atlanta. Seine Kennzahlen für die Verkäufer von Kopiergeräten (im Jahr 1994, als Greg Dinkin dort arbeitete) waren einfach:

- 20 Kaltakquiseanrufe pro Tag
- zwei Produktvorführungen (Demos) pro Tag
- eine 10-prozentige Abschlussquote
- ein Geschäft pro Woche, 1200 US-Dollar Provision pro Geschäft
- deshalb: 1200 US-Dollar Provision pro Woche

Sie können sehen, wie attraktiv dieses Angebot für frische Hochschulabsolventen ist: Verkaufe ein Kopiergerät pro Woche und verdiene 60 Riesen im Jahr. Und noch besser: Sie müssen nur 10 Prozent Ihrer Demos in ein erfolgreiches Geschäft verwandeln, um auf Ihre Quote zu kommen. Lanier entwickelte diese Formel auf der Basis langjähriger Daten. Der schwierigere Teil war natürlich, dass Sie

100 Kaltakquiseanrufe pro Woche tätigen mussten, um am Ende ein Gerät zu verkaufen.

Angenommen, Chris ist exzeptionell und erzielt eine Abschlussquote von 50 Prozent. Wenn Sie auf seine wöchentlichen Zahlen schauen, sehen Sie, dass er im Schnitt 2400 US-Dollar pro Woche verdient. Damit ist er absolute Spitze. Er ist der beste Verkäufer im Büro. Was für ein Hecht.

Sehen Sie das Problem?

Wir müssen zu den qualitativen Daten zurückkehren. »Hecht« sagt uns erst einmal gar nichts.

Wenn wir uns die Zahlen genauer anschauen und sehen, dass Chris eine Abschlussquote von 50 Prozent hat, kratzen wir uns am Kopf. Es ist Zeit, nach *x* aufzulösen. Seine monatlichen Zahlen sehen so aus:

- x Kaltakquiseanrufe pro Tag
- x Demos pro Tag
- eine 50-prozentige Abschlussquote
- zwei Verkäufe pro Woche, 1200 US-Dollar pro Verkauf
- deshalb: 2400 US-Dollar Provision pro Woche

Die Zahl der Demos lässt sich leicht ermitteln. Weil er die Hälfte davon zum Abschluss führt, sind es offensichtlich vier. Aber wie steht es mit der Zahl der Kaltakquiseanrufe? Sie finden sich nirgends.

Erinnert Sie diese Geschichte im Übrigen nicht an die, die ich gerade von Paul erzählt habe? Der Grund ist: Ich möchte, dass Sie den Trend erkennen. Häufig können wir beobachten, dass unsere talentiertesten Kräfte sich ganz auf ihr Talent verlassen. Es ist nur menschlich, dass wir, wenn uns die Dinge leichtfallen, einen Gang runterschalten. Als Führungskraft ist es Ihre Aufgabe, Ihre talentiertesten Kräfte herauszufordern, ihr Talent auch wirklich einzusetzen. Solange Sie die Zahlen nicht kennen, werden sich Chris und Paul ein bequemes Leben machen – und dabei weit unter ihren Möglichkeiten bleiben. Aber das sollten sie nicht – nicht, solange sie bei Jobs im Dienst stehen oder bei Belichick, und hoffentlich auch nicht bei Ihnen.

Um zu sehen, was mit Chris geschah, wollen wir uns die Mathematik anschauen. Hätte er zehn Demos in der Woche gemacht, hätte er fünf statt zwei Verkäufe tätigen müssen. Das hätte ihm in der Woche 6000 statt 2400 US-Dollar eingebracht. Weil er der Platzhirsch im Büro war und sein Chef keine *Moneyball*-Mentalität hatte, machte sich niemand die Mühe, seine Aktivität zu verfolgen. Folglich hörte Chris auf, auf Kundensuche zu gehen. Wenn Sie noch genauer hinschauen, sehen Sie, dass er keinerlei Kaltakquiseanrufe tätigte. Die Demos betrafen allesamt Empfehlungen oder Bestandskunden.

Die simple Antwort? Lassen wir Chris mehr Kaltakquise betreiben.

Sie hätten wissen können, dass es sich hierbei um eine Fangfrage handelte. Es gibt in der Welt des Business keine einfachen Antworten. Die Daten verleiteten uns zu der Annahme, der Grund für Chris' fehlende Leistung wäre ein Mangel an potenziellen Kunden. Aber Daten allein sind nicht das, was die Billy Beanes und Paul DePodestas dieser Welt von anderen Menschen unterscheidet. Sondern Daten in Kombination mit Analytik. Wenn Chris ein so guter *Closer* ist, wäre mein erster Reflex, ihm mehr potenzielle Kunden zuzuspielen. Insbesondere dann, wenn ich Mitarbeiter im Betrieb habe, die gut im Aufspüren potenzieller Kunden und schlecht im Dealmaking sind, würde ich nach einer Möglichkeit suchen, beide Talente zu kombinieren.

Bevor ich das täte, würde ich Chris fragen (Sie erraten es): »Wer willst du sein?«

Großartige Führungskräfte finden die Schnittmenge von Daten und menschlicher Natur. Wie kluge Ärzte einen Bluttest durchführen, so nutzen sie ihre Daten, um Probleme zu diagnostizieren. Anschließend nutzen sie ihr Fachwissen, um Lösungen zu finden.

Für einige Entrepreneure sind Daten der langweilige Teil des Geschäfts. Sie interessieren sich nicht für die Zahlen. Aber ich hoffe, dass diese Geschichten Ihnen gezeigt haben: Ich bin besessen von Daten – besonders, wenn ich mit ihrer Hilfe einen Wettbewerbsvorteil erringen kann.

Wie ich schon viele Male gesagt habe, werden Sie nicht weit kommen, solange Sie nur darüber lesen, wie man ein Problem löst. Sie müssen diese Informationen in Ihrem eigenen Unternehmen praktisch umsetzen. Ich habe Ihnen eine einfache

Formel für die Verfolgung des Vertriebserfolgs genannt. Wenn Sie im Speditionsgeschäft sind, werden Ihre Formeln ganz anders aussehen. Denken Sie sich, noch bevor Sie die nächste Seite aufschlagen, drei Formeln aus, die es Ihnen ermöglichen, Ihre Geschäftstätigkeit zu verfolgen. Idealerweise werden das die ersten Zahlen sein, auf die Sie zu Beginn jedes Geschäftstages blicken.

Wenn Sie kein System haben, sind Ihre Chancen auf exponentielles Wachstum begrenzt

Sie können mittlerweile sehen, dass Worte nicht ausreichen, um zu beschreiben, was wirklich in Ihrem Unternehmen geschieht. Hier sind vier Wendungen, die häufig von Menschen gebraucht werden, die über keine Daten oder Systeme verfügen:

»Grob geschätzt …«
»Ich denke, wir sind bei …«
»Ungefähr …«
»Ich bin überzeugt, wir …«

Unternehmen, die skalieren und wachsen, schaffen früher oder später ein effektives System. Wenn Sie glauben, Sie könnten Ihrem Unternehmen allein durch Ihre Persönlichkeit zum Wachstum verhelfen, wird Ihr Geschäft unberechenbar bleiben. Sie müssen Systeme und Protokolle schaffen, die es Ihnen gestatten, auf Mikromanagement weitestgehend zu verzichten.

Fünf Gründe für die Implementierung von Systemen

1. Was gemessen wird, kann skaliert und verbessert werden.
2. Sie werden wissen, wohin und zu wem Sie Energie und Expertise leiten müssen.
3. Sie können auf Mikromanagement verzichten und Ihre Beschäftigten machen lassen.

4. Ihre Beschäftigten – insbesondere Ihre Top-Performer – können Sie nicht täuschen.
5. Sie werden gleichzeitig effektiver und haben mehr Freiheit.

Es ist eine Sache, über die Schaffung von Systemen zu reden, und eine andere, Systeme tatsächlich einzuführen. Wenn Sie auf Vertrieb fokussiert sind, fällt es Ihnen schwer, etwas anderes zu tun, als Umsatz zu machen. Für mich war es nicht leicht, Anleitungen und Systeme zu erstellen, und Ihnen wird es auch nicht anders ergehen. Es ist auch leichter, Schecks einzulösen, als sie auszustellen. Die Technik und die Kräfte, die Sie einstellen müssen, werden nicht billig sein. Und wenn Sie ein Ein-Mann-Unternehmen bleiben und nicht wachsen wollen, brauchen Sie auch nicht in Systeme zu investieren.

Wie Sie den Wert Ihres Unternehmens steigern

Wenn Sie gerade mitten dabei sind, ein Unternehmen zu führen, ist es leichter gesagt als getan, auf die Bremse zu treten und Systeme einzurichten. Wenn Sie aus der Vertriebsecke kommen, haben Sie vermutlich eine Mentalität nach dem Motto: »Bring das Geschäft über die Bühne und verschiebe deine Sorgen auf später.« Wenn Sie Solopreneur bleiben wollen, mag das funktionieren. Wenn Sie aber daran interessiert sind, Wert und nicht nur Gewinn zu erzeugen, müssen Sie lange genug den Fuß vom Gas nehmen, um Systeme zu schaffen.

Ein Unternehmen, das mit Systemen statt nur mit Know-how arbeitet, nimmt an Wert zu. Sie müssen dokumentieren, wie das System fließt. Welche Schritte unternehmen Sie, um neue Beschäftigte zu integrieren? Sie müssen jeden Schritt dokumentieren. Dasselbe gilt für alles andere in Ihrem Unternehmen – wie beispielsweise die Schritte, die nötig sind, nachdem jemand ein Produkt gekauft hat, wann Sie nach einem Verkauf erneut den Kontakt zum Kunden suchen müssen, und so weiter. Unternehmen, die mit Systemen und Verfahren arbeiten, nehmen an Wert zu, weil sie ein Eigenleben führen, ohne von einer bestimmten Person abhängig zu sein. Ihr Unternehmen benötigt natürlich einen Lenker, aber Systeme heben seinen Wert auf eine ganz neue Stufe.

Gewinn kurzfristiger Fokus	Wert langfristiger Fokus
Arbeit im Unternehmen, um jetzt Geld zu verdienen	Arbeit am Unternehmen, um den späteren Wert zu steigern
Sofortige Befriedigung	Verzögerte Befriedigung
Verkäufermentalität	CEO-Mentalität
Freelancer-Mentalität	Eigner-Mentalität

■ ■ ■ ■ ■

Sie können nicht bloß die Daten messen; Sie müssen sie auch analysieren. Wie es an der Wall Street heißt: *Don't fight the tape* oder schwimme nicht gegen den Strom. Wenn die Zahlen ein unschönes Bild zeichnen, meldet sich Ihr Ego zu Wort. Dann suchen Sie nach Möglichkeiten, den Einbruch zu rationalisieren. Indem Sie diesen Mechanismus antizipieren, können Sie ihn vermeiden. Die Daten lügen nie.

Es wird eine Menge Arbeit erfordern, bis Sie die Daten haben, die Sie verfolgen können. Ich weiß zudem aus Erfahrung, dass es sich langweilig und schmerzhaft anfühlen wird – besonders, wenn Sie sich als Visionär begreifen oder ein Verkäufer sind, dem es an der Geduld fehlt, etwas zu tun, was keine sofortige Rendite abwirft. Ich habe mich lange dagegen gewehrt. Und ganz gleich, ob es die Lektüre von *Moneyball* oder meine Panikattacken waren – zuletzt lernte ich, dass die einzige Möglichkeit, ein Unternehmen mit Wachstumsperspektive zu führen, darin besteht, Systeme zu implementieren, die Daten verfolgen.

12

Bleiben Sie paranoid – Der Großmeister ist immer auf der Hut

Ich schreibe Intels Fähigkeit, über lange Zeit erfolgreich zu sein, der konstanten Wachsamkeit gegenüber Bedrohungen zu, mögen sie technologischer oder wettbewerbsbedingter Art sein. Das Wort »Paranoia« dient der Beschreibung dieser Einstellung – einer Einstellung, die ununterbrochen den Horizont nach Gefahren für Ihren Erfolg absucht.

Andy Grove, ehemaliger CEO und Chairman, Intel

Business ist Krieg. Oder anders formuliert: Ein Unternehmen kennt keine Friedenszeit. Sie können Marktführer sein, Sie können Rekordgewinne einfahren, Sie können noch so sehr glauben, dass Sie entspannt auf der Welle reiten können – irgendwer sitzt schon in den Startlöchern, Sie anzugreifen. Sie mögen sich der Illusion des Friedens hingeben, solange alles glatt läuft, aber es bleibt eine Illusion. Wenn Sie auch nur eine Sekunde unachtsam sind, machen Sie sich angreifbar.

Die Geschichte gehört zu unseren besten Lehrern. Wir reden so häufig von den »Fortune 500«, dass wir womöglich ihren Ursprung vergessen haben. Im Jahr 1955 veröffentlichte Edgar P. Smith, einer der Herausgeber der Zeitschrift *Fortune*, eine Liste der 500 größten US-Unternehmen gemessen an ihrem Gesamtjahresumsatz. Heute umfasst diese Liste Publikums- ebenso wie Personengesellschaften (sofern ihre Umsätze öffentlich verfügbar sind). Raten Sie, wie viele von den ursprünglichen 500 Unternehmen noch immer auf der Liste stehen? Die Hälfte? 200? Selbst wenn es nur jedes fünfte geschafft hätte, wären es immer noch 100.

Versuchen Sie es mit 52.

Glauben Sie, es wäre einfach, relevant zu bleiben? Boeing, Campbell Soup Company, Colgate-Palmolive, Deere & Company, General Motors, IBM, Kellogg Company, Procter & Gamble und Whirlpool Corporation stehen für jene Minderheit von Firmen, die sowohl 1955 als auch 2019 auf der Liste standen. Glauben Sie, andere Unternehmen stünden nicht bereit, ihre Wettbewerber zu zerstören – besonders ihre größten Wettbewerber? 89 Prozent der ursprünglichen Fortune 500 gingen entweder pleite oder fielen aus der Liste (manche, indem sie aufgekauft wurden). Die Welt des Business ist ein einziges Blutbad. Der Augenblick, in dem Sie denken, Sie hätten sicheren Grund erreicht, ist der Augenblick, in dem Sie am verwundbarsten sind.

Je nachdem, wo Sie sich in Ihrem Konjunkturzyklus befinden, werden die folgenden Daten Sie faszinieren oder erschrecken. Ich habe sie auf der Website der Foundation for Economic Education (FEE) gefunden.

> *Laut einem Bericht von Innosight von 2016 (»Corporate Longevity – Turbulence Ahead for Large Organizations«) blieben Unternehmen, die 1965 im S&P 500 vertreten waren, dort im Schnitt noch weitere 33 Jahre. Unternehmen, die 1990 im S&P 500 vertreten waren, blieben dort im Schnitt noch 20 Jahre, und diese Zahl wird Prognosen zufolge für Unternehmen, die 2026 dort vertreten sein werden, auf 14 Jahre sinken. Gemäß der gegenwärtigen Fluktuationsrate wird rund* ***die Hälfte der heutigen S&P-500-Unternehmen während der nächsten zehn Jahre ihren Platz räumen,*** *denn »wir betreten eine Periode erhöhter Volatilität für führende Unternehmen einer ganzen Reihe von Branchen, zeichnet sich doch ab, dass die nächsten zehn Jahre sich als die potenziell turbulentesten in der modernen Geschichte herausstellen werden.«*

Technologie und soziale Medien sind starke Gleichmacher. Umso schwieriger ist es, relevant zu bleiben. Und umso leichter ist es, die Platzhirsche zu Fall zu bringen. Sie können nicht relevant bleiben, ohne sich zu verändern. Wer nur für eine Minute der Selbstgenügsamkeit verfällt, kann einpacken.

Jeder Tag ist dringend: Bleiben Sie auf der Hut; bleiben Sie am Leben

Ein gesteigerter Sinn für Dringlichkeit ist eine Eigenschaft, die die meisten erfolgreichen Entrepreneure verbindet. Für sie ist jeder Tag eine Schlacht und sie behandeln ihn, als ginge es um Leben und Tod. Das verleiht ihnen die dringliche Energie, die sie in einen Wettbewerbsvorteil verwandeln. Gegen sie anzutreten, ist kein Vergnügen. Nicht, dass sie klüger oder fähiger wären; sie lassen nur einfach niemals locker. Sie sind versessen darauf zu gewinnen.

In *33 Gesetze der Strategie* schreibt Robert Greene:

> *Sie selbst sind Ihr schlimmster Feind. Sie verschwenden wertvolle Zeit damit, von der Zukunft zu träumen, anstatt sich in der Gegenwart zu engagieren. Weil Ihnen nichts dringlich erscheint, sind Sie bei dem, was Sie tun, nur halb dabei. … Kappen Sie Ihre Verbindungen zur Vergangenheit und betreten Sie unbekanntes Gelände, wo Sie allen Witz und alle Kraft aufbringen müssen, um zu bestehen. Begeben Sie sich auf »toten Grund«, wo Sie mit dem Rücken zur Wand stehen und höllisch kämpfen müssen, um lebend herauszukommen.*

Ich behaupte nicht, dass Sie dem paranoiden Wahn verfallen sollten. Aber paranoide Vorsicht ist schon am Platze. So halten Sie ein waches Auge auf alles, was schiefgehen kann, ohne davon besessen zu sein. Sie sind sich potenzieller Gefahren und Fallen bewusst und halten Ihre Antennen hoch für Anzeichen dafür, dass etwas aus dem Ruder laufen könnte.

Denken Sie an eine übliche Szene in Kriegsfilmen: Eine Einheit zieht zu Felde und gewinnt eine Schlacht, nimmt einen Bösewicht gefangen und richtet sich für die Nacht ein. Die Männer feiern ihren Sieg, trinken und vergnügen sich mit den Frauen vor Ort, bis sie schließlich in Tiefschlaf fallen. Und was passiert in der Mitte der Nacht? Sie werden überfallen. Sie werden unvorsichtig und der Feind nutzt seine Chance. Als ich in der Armee war, pflegten wir zu sagen: »Bleibe auf der Hut, bleibe am Leben.«

Dasselbe gilt in der Welt des Business. Sie müssen sorgsam auf alles achten, was schiefgehen könnte. Seien Sie nicht naiv; bilden Sie sich nicht ein, alle Ihre Leute wären loyal und fleißig und würden ohne Überwachung perfekt funktionieren. Denken Sie nicht, dass Sie Ihre Wettbewerber samt und sonders in die Schranken gewiesen hätten und niemand in der Lage wäre, Ihre Position anzugreifen. Vertrauen Sie nicht darauf, dass die Innovation, die Ihnen den Weg zum Erfolg gebahnt hat, Ihnen auch den Weg in die Zukunft ebnen wird.

Gute Generäle sind paranoid und antworten auf diese Paranoia, indem sie eine große Strategie nach der anderen entwickeln. Solange Sie die besseren Strategien haben als Ihre Wettbewerber, können Sie sich vor Dingen schützen, die schiefzugehen drohen. Versuchen Sie nicht, sich durchzumogeln. Bleiben Sie nicht bei einer Strategie, bis sie abgestanden ist. Machen Sie immerzu frische Pläne auf der Grundlage veränderter Umstände. Antizipieren Sie Trends und bereiten Sie eine Strategie vor, wie Sie von ihnen profitieren können.

Alle Generäle – von Napoleon bis Patton – beherrschten und beherrschen diese Technik und auch Unternehmenslenker sind auf sie angewiesen. Warum hängen Ihre Zahlen immer im Februar durch? Warum bricht immer vor Fristablauf so eine Hektik aus? Warum verkommen viele Ihrer Meetings zu Schrei- und Beschuldigungsorgien? Warum haben Sie in den letzten sechs Monaten drei Großkunden verloren? Das sind die Art Fragen, die Sie dazu bringen sollten innezuhalten. Erforschen Sie den tieferen Grund. Schauen Sie, ob Sie das Problem identifizieren können, das unter der Oberfläche der Dinge lauert. Wenn Paranoia zu Neugier führt und diese wiederum zu Lösungen, erfüllt sie eine Funktion.

Je besser Sie sind, desto verwundbarer sind Sie

Erfolg mindert die Paranoia. Das mag der Intuition widersprechen, aber überlegen Sie einmal, was passiert, wenn alles bestens läuft. Sie haben vermutlich schon Folgendes erlebt: Sie hatten einen Erfolg nach dem anderen und dann auf einmal wie aus heiterem Himmel ging nichts mehr. Was war passiert?

Sie sind überheblich und selbstgefällig geworden. Sie waren nicht länger der hungrigste Mensch der Branche. Sie hatten den Eindruck, Sie wären nun über den Punkt hinweg, paranoid sein zu müssen.

Ich will Ihnen erzählen, was mit Rick geschah, einem guten Freund von mir, der als Strafverteidiger in Los Angeles arbeitete – nicht irgendein Strafverteidiger, sondern einer der besten. Zuletzt vertrat er in den 1970er- und 1980er-Jahren mächtige und reiche Drogenbosse, und sie luden Rick zu ihren Partys ein. Eine »Line« Kokain führte zur nächsten und schon bald kokste er kräftig mit. Sie machten ihn mit Playboy-Playmates bekannt und schon bald ging Rick nicht mit einer, sondern mit zweien von ihnen aus – und zwar gleichzeitig! Nach einer Reihe schlechter Entscheidungen und Rechtsbrüchen im Zusammenhang mit Kokain wurde Rick zu 20 Jahren Gefängnis verurteilt. Er verlor seine Anwaltslizenz, und als er schließlich aus dem Gefängnis kam, verdiente er monatlich 3000 US-Dollar mit dem Verkauf von Werbespezialartikeln wie Stiften und Hemden.

Er war Ende 60, als ich ihn fragte, was für ein Typ er in Schulzeiten gewesen war. Er sagte: »Ich war ein ganz normaler Junge. Ich heiratete meine Jugendliebe.«

Im Gespräch wurde klar, dass er seinem Erfolg erlegen war. Als seine Karriere abhob, begannen die Leute ihn wie den Kapitän des Football-Teams zu behandeln und die Frauen stürzten sich auf ihn. Er war ein Spätzünder-Goldjunge und der Glanz der Drogenszene tat es ihm an. Rick konnte nicht widerstehen. Wie viele erfolgreiche Menschen konnte er sich nicht vorstellen, dass seine Karriere durch irgendetwas vereitelt werden könnte (erinnern Sie sich noch an Morton Downey, Jr.?). Folglich war er nicht auf den Erfolg vorbereitet, der ihn schließlich ruinierte. Die Erinnerung an Rick, der 2019 starb, stimmt mich traurig. Er war ein guter Freund mit einem großen Herzen, der einen schlechten Schritt unternahm (indem er Kokain probierte), was dann zu einer Reihe weiterer Schritte führte, die ihn schließlich privat und beruflich schachmatt setzten.

Brené Brown, Forschungsprofessorin und Bestsellerautorin, hielt auf TED einen Vortrag über »The Power of Vulnerability« oder die Kraft der Verwundbarkeit, der mehr als 46 Millionen Mal aufgerufen wurde. Sie weiß, wie leicht wir dem Gruppendruck erliegen. Sie sagt: »Sich zu trauen, Grenzen zu setzen, hat damit zu tun, dass wir den Mut haben, uns selbst zu lieben, selbst wenn wir riskieren, andere zu enttäuschen.« Sich selbst zu lieben, heißt in vielen Fällen, Nein zu sagen. Ich wünschte, Rick wäre klug genug gewesen, diesen Rat zu beherzigen.

Vielleicht erinnern Sie sich an Robert Shapiro als den Anwalt, der bei der Verteidigung O. J. Simpsons mitwirkte. Er war und ist ein höchst erfolgreicher Anwalt, der trotz seines Erfolgs seinen Schwung aufrechterhalten hat. Er hat den Wechsel vom Straf- zum Zivilverteidiger vollzogen, und als ich ihn interviewte, fragte ich ihn nach seiner Arbeit als Strafverteidiger und ob Klienten, die ihn hätten mit Drogen und schönen Frauen versorgen können, für ihn jemals eine Versuchung dargestellt hätten.

Shapiro sagte: »Ich habe niemals eine Beziehung im Sinne einer Freundschaft zu meinen Klienten aufgebaut. Ich habe stets die Distanz gewahrt.«

Im Gegensatz zu Rick hielt Shapiro seinen Schwung aufrecht, indem er Grenzen setzte – selbst nachdem er zu Ruhm und Erfolg gekommen war.

Entrepreneure müssen auf unerwartete Aufmerksamkeit, Schmeicheleien und andere Begleiterscheinungen des Erfolgs gefasst sein – besonders, wenn sie solche Formen der Aufmerksamkeit nicht gewohnt sind. Sie müssen sich dessen bewusst sein, dass ihnen ein hartes Erwachen droht, sollten sie ihrem eigenen Hype verfallen.

In ähnlicher Weise raten Robert Green und Jordan Peterson auch zur Vorsicht, wenn es um die Übermittlung guter oder schlechter Nachrichten geht. Diese Männer kennen sich mit der menschlichen Natur aus und wissen, dass es nicht viele Menschen gibt, die sich über Ihren Erfolg freuen. Bevor Sie irgendjemandem etwas mitteilen, sollten Sie sich überlegen, wer – tief im Inneren – Ihnen Erfolg wünscht und wer sich eher wünscht, dass Sie scheitern. Manche Menschen, die Sie als Ihre Freunde betrachten, geben Ihnen möglicherweise nicht die besten Ratschläge – besonders, wenn sie mit Ihnen im Wettbewerb stehen.

Trotz Ungewissheit zentriert bleiben

Hier sind drei Taktiken, die es Ihnen erlauben, bei Verstand zu bleiben, wenn jeder um Sie herum den seinigen verloren zu haben scheint.

1. Freunden Sie sich mit Murphys Gesetz an

Kluge Entrepreneure respektieren Murphys Gesetz. Fragen Sie sich, bevor Sie ein neues Produkt herausbringen, eine Investition tätigen, für eine Übernahme grünes Licht geben oder einen anderen maßgeblichen Schritt unternehmen: Wie sehen die denkbar schlechtesten Ereignisse aus, zu denen diese Entscheidung führen könnte?

Unternehmen Sie anschließend Schritte, um diese schlimmsten Folgen, so sie denn eintreten sollten, abzumildern.

Vielleicht sind Sie jemand, der stets positiv denkt, was natürlich wunderbar ist. Das rechtfertigt jedoch keine Naivität. Und das gilt für kleinere Ereignisse und Entscheidungen ebenso wie für große. Wenn Sie im Begriff stehen, eine größere Präsentation zu halten, sollten Sie den Projektor überprüfen … und noch einmal überprüfen. Vielleicht hat er in der Vergangenheit hunderte Male anstandslos funktioniert, aber irgendetwas im Universum wird dafür sorgen, dass er dieses eine Mal, wenn Sie ihn für Ihre PowerPoint-Präsentation vor Investoren brauchen, seinen Dienst versagt. Und wenn er nicht funktioniert, wird das Chaos zuschlagen – vielleicht nicht das komplette Chaos, das Ihr Unternehmen in den Abgrund reißt, aber doch zumindest die Art Chaos, die Ihnen die Präsentation und den Tag ruiniert. Die Art, die Sie aus dem Spiel wirft und Fragen seitens Ihrer potenziellen Investoren provoziert.

Hier ist eine Technik, mit der ich regelmäßig Murphy ein Schnippchen schlage. Ich setze mich mit den besten Köpfen meines Teams zusammen – nicht mehr als fünf. Wir sprechen darüber, was wir antizipieren sollten und wo wir verhindern müssen, dass etwas schiefgeht. Und ich muss Ihnen sagen, dass wir nicht selten im Ergebnis dieser Gespräche beschließen, eine geplante Produkteinführung zu verschieben, weil uns bewusst wird, dass wir noch nicht hinreichend vorbereitet sind oder dass die Gefahr, dass etwas schiefgeht, einfach zu groß ist. Manchmal beerdigen wir sogar eine Idee, die uns, als sie uns erstmals kam, wie Dynamit vorgekommen war. Ein solcher Braintrust stellt eine wertvolle Kontrolle dar.

2. Geben Sie sich geschlagen, indem Sie kleine Verluste akzeptieren

Als Groupon und LivingSocial erstmals Verbreitung fanden, sah ich die Gelegenheit gekommen, einen konkurrierenden Dienst anzubieten. Ich stellte mir etwas wie Groupon und Yelp angereichert mit einer Gaming-Komponente vor und investierte 100 000 US-Dollar in die Erstellung und Erprobung früher Versionen. Mehrere Investoren waren bereit, sich mir anzuschließen, aber bevor ich den Startschuss gab, beschloss ich, die Idee über mehrere vertraute Freunde laufen zu lassen. Darunter waren der CEO eines großen Lebensversicherers und der Chef eines der größten Speditionsunternehmen in den Vereinigten Staaten.

Als ich ihnen meinen Geschäftsplan und meine Prognosen vorstellte, wiesen sie mich auf Lücken hin, die mir entgangen waren. Nachdem ich ihre Fragen beantwortet hatte, akzeptierte ich ihre Bedenken, dass das Produkt Aufmerksamkeit von meinem erfolgreichen Kerngeschäft abziehen würde. Ich ging nicht von einem Scheitern meiner Idee aus, aber es konnte sehr gut sein, dass es ein Chaos erzeugen würde, das sich negativ auf mein Unternehmen auswirken würde. Im Sinne von Murphys Gesetz tat ich das einzig Vernünftige: Ich nahm Abstand von meiner Idee.

Große Entrepreneure akzeptieren Verluste. Anstatt Geld in schlechte Investitionen zu pumpen, gestehen sie Niederlagen ein und heben sich ihr Geld für künftige Unternehmungen auf. Zeigen Sie mir einen Spieler im Spielcasino, der verbissen versucht, seine Verluste wieder hereinzuspielen, und ich zeige Ihnen jemanden, der nur wenige Schritte davon entfernt ist, alles zu verlieren.

3. Identifizieren Sie Ihre nächsten drei (oder mehr) Schritte

Sobald Sie in eine chaotische Situation geraten, sind Sie anfällig für eine Entscheidungslähmung. Wenn die Dinge verrücktspielen, möchten Sie am liebsten in Deckung gehen und auf Nummer sicher spielen. Aber Entrepreneure haben nicht den Luxus der Untätigkeit. Das ist etwas, das wir leicht vergessen, wenn das Chaos zuschlägt.

Um diese Probleme zu vermeiden, sollten Sie Ihre nächsten Schritte zügig beschließen. Ich weiß, wie viel wir darüber sprechen, fünf Schritte vorauszudenken. Aber wenn Sie rasch handeln müssen, sollten Sie sich auf drei Schritte fokussieren, die Sie unternehmen können, um dem Problem zu begegnen, vor dem Sie augenblicklich stehen. Diese Schritte können Lösungen oder vorläufige Maßnahmen sein, um die Blutung zu stoppen.

Nehmen wir beispielsweise an, eine wichtige Kundin würde Ihnen erzählen, dass sie beabsichtigt, die Beziehung zu Ihrem Unternehmen zu beenden. Sie könnten …

- … den Vertriebsvertreter anrufen, der die Kundin akquiriert hatte, und sich von ihm die ganze Geschichte erzählen lassen.
- … die Kundin selbst kontaktieren und sie ihr Leid klagen lassen.
- … der Kundin eine zusätzliche Produktlieferung frei Haus zukommen lassen.

Wie Sie sehen, muss es sich bei diesen Schritten nicht um Durchbrüche oder komplexe Pläne handeln. Sie verhindern jedoch, dass Sie in Ihrer Suche nach der einen perfekten Lösung (die möglicherweise gar nicht existiert) am Ende gar nichts tun. Gehen Sie nicht in diese Falle. Machen Sie einen Plan und handeln Sie danach. Die Lösungen werden sich von selbst finden, sobald Sie wieder in Bewegung gekommen sind.

Halten Sie Ihr Ego im Zaum und bilden Sie Allianzen

Niemand, der nicht über ein großes Ego verfügt, wird CEO eines großen Unternehmens. Niemand! Gegen ein großes Ego ist nichts zu sagen – solange Sie ein Unterstützungssystem errichtet haben, um es im Zaum zu halten. Wenn Sie es nicht kontrollieren, wird es Sie in den Untergang führen. Wenn Sie sehr erfolgreich werden und beginnen, viel Geld zu scheffeln und Ruhm und Anerkennung zu ernten, wird jeder versuchen, an Ihr Geld zu kommen und in Ihren innersten Kreis vorzustoßen. Folglich wird man Sie mit Komplimenten überschütten.

Sie werden mit Lob überschwemmt, weil Sie von Menschen umgeben sind, die sich vor Ihren Entscheidungen fürchten. Die Mitglieder Ihres Teams beispielsweise könnten befürchten, dass Sie ihnen den Laufpass geben. Einer wie der andere wird Ihnen also erzählen, wie phantastisch Sie sind. Lassen Sie mich Ihnen sagen: 90 Prozent davon ist gelogen. Die meisten Menschen werden Ihnen nicht das erzählen, was Sie hören müssten.

Sie benötigen um sich herum einen kleinen Kreis von Leuten, die Ihnen die Wahrheit sagen. Nur so können Sie Ihr Ego in Schach halten (wobei drei Kinder ebenfalls hilfreich sein können). Wenn Sie nicht über einen kleinen Kreis von Personen verfügen – mögen es die Mitglieder Ihres Direktoriums oder Mentoren sein –, die sich nicht scheuen, Ihnen die Stirn zu bieten, können Sie sich auf Schwierigkeiten gefasst machen. Ich habe das im Vertrieb viele Male erlebt. Jemand beginnt, das große Geld zu machen, und alle erzählen ihm, wie wunderbar er ist. Er ist nicht länger für Ratschläge empfänglich und entwickelt sich nicht mehr weiter. Das zeigt, dass er verlernt hat, sein eigenes Ego im Zaum zu halten.

Paranoid zu bleiben, heißt zugleich, Demut zu bewahren. Wenn Sie die Demut verlieren, können Sie keine Menschen zusammenbringen. Ohne Demut werden Menschen, die nicht mit Ihnen einer Meinung sind, keine Geschäfte mit Ihnen machen wollen. Wie können Sie neue Ideen generieren oder frische Sichtweisen willkommen heißen, wenn Sie nicht die Vielfalt und die abweichenden Stimmen im Raum zulassen? Wenn Sie nur Menschen um sich haben, die Ihnen in allem zustimmen, werden Sie unweigerlich selbstgefällig, was das Gegenteil von paranoid ist.

■ ■ ■ ■ ■

Indem Sie Ihr eigenes Ego im Zaum halten, signalisieren Sie, dass Ihnen bewusst ist, dass Sie nicht alles selbst tun können. Wenn Sie übermäßig paranoid sind, schenken Sie niemandem Vertrauen. Wenn Sie hinreichend paranoid sind, bauen Sie starke Allianzen. Es ist wichtig, Partner zu haben, die ebenfalls auf der Suche nach Wettbewerb sind. Stellen Sie sich das als eine Möglichkeit vor, die Intelligenz zu stärken.

Das 18. Gesetz in Robert Greenes Buch *Power – die 48 Gesetze der Macht* lautet: »Die Welt ist gefährlich und die Feinde sind überall – jeder muss sich selbst schützen. Eine Festung erscheint am sichersten. Aber Isolation setzt uns eher mehr Gefahren aus, als dass sie uns vor ihnen schützt – sie trennt uns von wertvollen Informationen und macht uns zu einem leicht erkennbaren Ziel.«

Greenes These lautet: So schwer es uns fallen mag, anderen Vertrauen zu schenken – die Alternative, in Isolation zu arbeiten, ist sehr viel schlechter.

Sie werden überrascht sein, wo Sie überall Verbündete finden können. Als Apple im August 1997 mit großen Schwierigkeiten zu kämpfen hatte, gab es wenige, die Steve Jobs hätten helfen können. Was einst undenkbar erschienen wäre – zu einem Feind zu gehen –, wurde möglich, weil er bereit war, über den Schatten seines Egos zu springen. Er biss in den sauren Apfel und wandte sich an seinen Erzfeind Bill Gates, um ihn lediglich um einen kleinen Gefallen zu bitten: eine Investition von 150 Millionen US-Dollar durch Microsoft.

Wie Stephen Silver auf *AppleInsider* berichtet, gab es laut Jobs »bei Apple und im Apple-Ökosystem zu viele Menschen, die das Spiel spielten: Damit Apple gewinnt, muss Microsoft verlieren. Und es war klar, dass wir dieses Spiel nicht spielen durften, weil Apple Microsoft niemals würde schlagen können. Apple brauchte Microsoft aber auch gar nicht zu schlagen. Die Leute von Apple mussten sich darauf besinnen, wer Apple war, denn genau das hatten sie vergessen.«

In Wahrheit war es kein echter »Gefallen«. Microsoft investierte 150 Millionen US-Dollar in Apple-Aktien und das Unternehmen erklärte sich bereit, einen Schlussstrich unter die bestehenden gerichtlichen Auseinandersetzungen zu setzen, was beiden Unternehmen Zeit und Unkosten ersparte.

Zusätzlich erklärte sich Apple bereit, Microsoft Office mit dem Mac kompatibel zu machen. Kurz: Aus Rivalen wurden Partner.

Stellen Sie sich vor, was geschehen wäre, wäre Jobs nicht diese Allianz eingegangen. Wir haben es hier nicht gerade mit einem kleinen Ego zu tun. Als es aber darauf ankam, wurde er nicht dickköpfig und bestand nicht darauf, alles selbst zu machen. Heute können wir iPhones und andere Apple-Geräte nutzen, weil ein paranoider Typ mit großem Ego Manns genug und klug genug war, die richtige Allianz einzugehen.

Das nächste Beispiel unterstreicht sowohl die Notwendigkeit, Allianzen einzugehen, als auch die Notwendigkeit, paranoid zu sein. Im August 2000 trafen Amazon und Toys »R« Us eine »bahnbrechende Vereinbarung«, wie das *Wall Street Journal* schrieb: »Amazon würde zehn Jahre lang einen Teil seines Internetauftritts den Spielzeug- und Baby-Produkten von Toys ›R‹ Us widmen. Der Spielzeughändler hätte die Wahl, welche Produkte beworben würden, und würde die Lagervorräte für die virtuellen Regale beschaffen.« Bedenken Sie, dass die Dot.com-Blase am 11. März 2000 geplatzt war. Amazon kämpfte ums Überleben. Hätte es keine Allianz gegeben, möchte ich wetten, dass es Amazon heute nicht mehr gäbe. Neben dem Umsatz, den die Allianz erzeugte, trug die Partnerschaft mit Toys »R« Us dazu bei, Traffic auf Amazon zu lenken, was wiederum half, die übrigen Produkte auf der Seite zu verkaufen. Amazon konnte in der Folge weitere Partnerschaften eingehen.

Fünf Jahre später bekämpften sich die beiden Unternehmen vor dem Obersten Gericht von New Jersey. Was als Allianz begonnen hatte, endete als Krieg. Das größte Opfer war Toys »R« Us, das 2018 die Tore schloss.

Die Moral von der Geschichte? Bleiben Sie auch nach der Bildung einer Allianz paranoid!

Suchen Sie klugen Rat

Wenn es hart auf hart kommt, werden Sie Hilfe benötigen. Wenn Sie ein kluges Team geschaffen haben – wenn Sie es mit den richtigen Personen bestückt und diese richtig trainiert haben –, kann es Sie im Fall der Fälle retten. Sie benötigen

Verbündete – besonders dann, wenn Ihr Unternehmen ins Schlingern gerät. Diese geben Ihnen die Stärke, Hindernisse zu überwinden, wieder auf die Beine zu kommen und zu wachsen.

Ich bin vielen klugen Entrepreneuren begegnet, die mit ihren Unternehmen auf die Nase gefallen sind, aber ich habe noch keinen weisen Entrepreneur erlebt, der nicht die Kurve gekriegt hätte. Der Unterschied zwischen klug und weise ist, dass ein kluger Mensch denkt, er wüsste alle Antworten, während ein weiser Mensch gut damit leben kann, dass er nicht alle Antworten kennt. Weisheit ist besonders wertvoll in chaotischen Zeiten.

Ich habe diese Lektion so gelernt: Bis ich 22 war, hatte ich ein Kreditkartendefizit von 49 000 US-Dollar angehäuft und einen FICO-Kreditwürdigkeitswert von weniger als 500. Meine Beziehung zu meiner Freundin war nahe am Zerbrechen, was vor allem meiner finanziellen Situation geschuldet war. Ich hatte eine Offenbarung: Wenn ich mich auf das beschränkte, was ich bereits wusste, würde sich mein Leben weiter in dieselbe Richtung entwickeln.

Ich beschloss, nach Weisheit zu suchen. Ich entwickelte mich von jemandem, der sich über Nerds in der Schule lustig gemacht hatte, zum größten Nerd von allen. Ich wollte nur noch lernen. Ich verschlang Bücher. Ich sog wie ein Schwamm auf, was meine Mentoren mir sagten. Und, was das Wichtigste war: Ich umgab mich mit den weisesten Menschen, die ich finden konnte, damit sie mir etwas über das Leben und die Welt des Business erzählten. Einer dieser Mentoren stellte mir die Fragen, aus denen schließlich die Persönliche Identitätsprüfung wurde (über die wir im 2. Kapitel sprachen und die Sie im Anhang finden).

Wie findet man weise Mentoren? Ich will Ihnen einige hart verdiente Tipps verraten. Ich habe mit vielen Coachs und Beratern gearbeitet, und ich habe festgestellt, dass das, was die meisten von ihnen erzählen, überwiegend aus Büchern und nicht aus eigener Erfahrung stammt. Mir wurde bewusst, dass sich Mentoren und Berater in drei verschiedene Kategorien einteilen lassen: Theoretiker, Zeugen und Praktiker (TZP).

- **Theoretiker.** Das sind belesene Menschen mit Abschlüssen von angesehenen Universitäten. Die meisten Berater und Professoren fallen in diese Kategorie. Sie sind klug, aber nicht unbedingt weise. Weisheit kommt von praktischer Erfahrung und diese Menschen bieten theoriebasierte Empfehlungen. Sie bringen Ihnen bei, wie Sie ein Unternehmen führen können, aber wenn Sie sie fragen, ob sie jemals selbst ein Unternehmen geführt haben, sagen sie: »Nein, aber ich habe viele beraten. Ich habe alle Bücher gelesen, die man gelesen haben muss.« Das sind Mentoren der Theoretiker-Kategorie. Dagegen ist nichts zu sagen. Sie können Ihnen immer noch gute Ratschläge geben, aber es sind Mentoren der untersten Stufe.

- **Zeugen.** Diese Berater haben unmittelbar mit erfolgreichen Unternehmern zusammengearbeitet und können Ihnen dank diesem Einblick genau sagen, wie erfolgreiche Unternehmenslenker ihre Häuser führen. Guy Kawasaki beispielsweise gibt häufig weiter, was er an der Seite Steve Jobs' im ursprünglichen Macintosh-Team gelernt hat. Zeugen haben nicht selbst ein Unternehmen geleitet, aber sie haben eng mit jemandem zusammengearbeitet, der selbiges getan hat. Wenn Sie sich beispielsweise jemanden zum Mentor wünschen, der sich in der Immobilienbranche auskennt, könnten Sie fragen: »Haben Sie schon einmal im Immobiliengeschäft gearbeitet?« Wenn der Betreffende antwortet: »Ich selber habe keine Immobiliengeschäfte getätigt, aber ich war lange Assistent der wichtigsten Immobilienmaklerin in Beverly Hills und habe viel von ihr gelernt«, ist das für Sie von Wert. Er kann Ihnen sagen, was jene Immobilienmaklerin tat, wie sie arbeitete, wie sie ihre Kunden behandelte, was sie tat, als es ihrem Unternehmen schlecht ging, und so weiter.
- **Praktiker.** Praktiker beziehen ihre Informationen unmittelbar aus der Quelle. Sie können Ihnen erzählen, was sie getan haben und was für sie funktionierte. Die wertvollsten Mentoren sind jene, die ihren Worten haben Taten folgen lassen. Wer selbst Entrepreneur ist, kann auf eine Weise berichten, was in seinem Unternehmen nicht funktioniert hat, wie es kein Theoretiker und Zeuge tun könnte.

Diejenigen, die alle drei Charakteristiken besitzen – die Theoretiker, Zeugen und Praktiker zugleich sind – heißen »Trifectas«. Sie aufzuspüren, ist nicht leicht.

Viele, die YouTube-Videos herstellen, sind reine Theoretiker oder Zeugen. Nur sehr wenige sind Praktiker. Machen Sie sich also die Mühe und recherchieren Sie, zu welcher Kategorie ein Mentor gehört. Alle drei Stufen können nützlich sein, auch wenn die Praktiker mit Abstand die besten sind – besonders, wenn Sie versuchen, schwierige Zeiten zu überstehen. Das ist der Grund, warum der Großmeister Magnus Carlson sich seinen ehemaligen Konkurrenten, den Weltmeister Garri Kasparow, zum Coach erkor.

■ ■ ■ ■ ■

Das Spiel des Business kann mitunter hässlich werden. Wenn Sie kriegerisch veranlagt sind, werden Sie es nicht persönlich nehmen. Ihre Wettbewerber können Frust, Ärger und Verwirrung stiften. Sie können so gut wie sicher sein, dass so mancher Schlag Sie unter die Gürtellinie treffen wird. Oder einer Ihrer besten Leute macht plötzlich den Abgang – jemand, den Sie gepäppelt haben, dem sie wachsen geholfen haben und den sie unterstützt haben, als er in Not war. Sie werden den Stachel des Undanks spüren. Oder eine Verbraucheraktivistengruppe oder eine staatliche Behörde haben es auf Sie abgesehen; Ihr Eindruck ist, dass Sie ohne ersichtlichen Grund zur Zielscheibe ihrer Pfeile geworden sind – einfach nur, weil jemandem Ihre Nase nicht passte.

Machen Sie sich klar, wie unproduktiv es ist, Dinge persönlich zu nehmen. Ihr Ego ist Ihr Feind. Ein Unternehmen aufzubauen, ist nicht nur eine hässliche, sondern eine chaotische Angelegenheit. Es stellt nicht nur eine kognitive, sondern auch eine emotionale Leistung dar. Wenn Sie die Dinge persönlich nehmen, werden Sie in das Chaos hineingezogen und können nicht mehr klar denken. Sie werden aufbrausend und rachsüchtig.

Sie müssen, so schwer es Ihnen fällt, einen Schritt zurücktreten und die Situation durch die analytische Brille betrachten. Lassen Sie sich in Ihren Entscheidungen nicht von Wut oder Scham leiten. Ich behaupte nicht, dass Sie sich sämtlicher Emotionen entledigen sollten. Sie haben ein Recht auf Gefühle, welche auch immer es sein mögen. Nur dürfen Sie sich in Ihrer Urteilsfähigkeit nicht von diesen Gefühlen beeinträchtigen lassen. Die besten Entrepreneure verstehen es, ihre emotionalen Reaktionen beiseitezuschieben und inmitten des Chaos objektive Entscheidungen zu treffen.

Zeigen Sie mir einen erfolgreichen CEO, der auf Jahrzehnte erfolgreicher Unternehmertätigkeit zurückblickt, und ich zeige Ihnen einen CEO, der paranoid geblieben ist. CEO zu sein, bedeutet, eins und eins zusammenzuzählen und Dinge anders zu machen als jemals zuvor. Bleiben Sie auf der Hut; bleiben Sie am Leben.

SCHRITT 4

PERFEKTIONIEREN SIE DIE SKALIERBARKEIT IHRER STRATEGIE

SKALIEREN FÜR EXPONENTIELLES WACHSTUM

1. Beschließen Sie, wie Sie das nötige Kapital für Ihr Unternehmen beschaffen wollen. Verwenden Sie Strategien sowohl für exponentielles als auch für lineares Wachstum. Führen Sie Mitarbeiter, indem Sie ihnen das Beste abverlangen und sie in die Verantwortung nehmen.

MACHEN SIE SICH DEN SCHWUNG ZUM FREUND – UND SEIEN SIE AUF CHAOS GEFASST

2. Schaffen Sie Strategien, um das Tempo des Wachstums zu steigern, ohne Ihr Unternehmen an die Wand zu fahren. Suchen Sie nach Möglichkeiten, Zeitrahmen zu komprimieren. Halten Sie Ihr Ego in Schach, um Versuchungen zu widerstehen und nicht zu Ihrem eigenen ärgsten Feind zu werden.

MONEYBALL ODER WIE SIE TRACKING-SYSTEME FÜR IHR UNTERNEHMEN ENTWERFEN

3. Entscheiden Sie, was die wichtigsten Formeln Ihres Unternehmens sind, und verfolgen Sie sie gewissenhaft. Kodifizieren Sie, was sich in Ihrem Kopf befindet, indem Sie Manuale erstellen, die Ihr Wissen übertragbar machen. Stellen Sie fest, ob neue Mitarbeiter gebraucht werden, um diesen Wissenstransfer umzusetzen.

BLEIBEN SIE PARANOID – DER GROSSMEISTER IST IMMER AUF DER HUT

4. Je größer Ihr Unternehmen wird, desto verwundbarer wird es. Machen Sie sich klar, wo Sie angegriffen werden könnten, und bleiben Sie auf der Hut. Versetzen Sie sich regelmäßig in die Lage Ihrer Feinde und fragen Sie sich, wie Sie sich selbst aus dem Geschäft drängen würden, wenn Sie jene wären. Nehmen Sie es nicht persönlich, wenn jene es tatsächlich versuchen.

SCHRITT 5

Perfektioneren Sie das Spiel mit der Macht

13

Wie Sie Goliath schlagen und das Narrativ bestimmen

I'm not a businessman. I'm a business, man.

Jay-Z

Jeder, der unternehmerisch unterwegs ist, hat einen Goliath und dabei muss es sich keineswegs um das größte Unternehmen in der Branche handeln. Ihr Goliath kann ein Anbieter sein, der in einer bestimmten Region Marktanteile hinzugewinnt, oder, noch lokaler, ein anderer Verkäufer in Ihrer eigenen Vertriebsabteilung, der erfahrener und größer ist und die lukrativeren Kunden hat.

Bevor Sie beschließen, gegen Goliath vorzugehen, müssen Sie sich klarmachen, dass Goliath größer ist als Sie und über mehr Kapital, Erfahrung und Ressourcen (vor allem Anwälte) verfügt. Goliath genießt auch einen guten Ruf und nennt eine zugkräftige Marke sein Eigen. Folglich hat es Goliath bequemer als Sie.

Wenn Sie, obgleich Ihnen dies alles bewusst ist, noch immer entschlossen sind, Goliath die Stirn zu bieten, sollten Sie tunlichst auch die Hindernisse kennen, vor denen Sie stehen. Hoffentlich sehen Sie auch eine Chance. Wenn Goliath ein bequemes Leben führt und deshalb weniger paranoid ist als Sie, bieten sich Ihnen ein oder mehrere Eröffnungszüge an.

Ich möchte eine Sache von Anfang an klarstellen: Dieser Kampf ist nicht für jeden etwas. Die Chancen, einen echten Goliath zu schlagen, stehen nicht zu Ihren Gunsten. Wer hätte gedacht, dass das kleine Walmart den Riesen Kmart praktisch schachmatt setzen könnte? Auf jede Geschichte von Amazon, Microsoft und Google kommen Zehntausende von Geschichten von Einzelpersonen und Unternehmen, die alles verloren haben. Es ist nicht unmöglich, Goliath zu schlagen, aber das setzt voraus, dass Sie Schmerzen aushalten können. Wenn Sie immer noch die Idee haben, dass Sie es versuchen möchten, dann lesen Sie weiter.

Was passiert, wenn Sie es mit Goliath aufnehmen?

1. **Sie werden Angst haben.** So beängstigend die Vorstellung ist, Geld zu verlieren – noch viel schmerzlicher ist es möglicherweise, das eigene Ego zu exponieren und damit auf die Nase zu fallen.
2. **Sie werden Panikattacken bekommen.** Falls nicht, ist das ein sicheres Zeichen dafür, dass Sie sich nicht aus der Deckung gewagt haben. Den Kampf aufzunehmen, heißt, alles aufzubieten, was man hat. Und das wird enormen Stress mit sich bringen.
3. **Man wird Sie hänseln und auslachen.** Und das kommt nicht nur daher, dass Sie sich gegen Goliath aufzulehnen wagen, sondern dass Sie denken, dass das überhaupt möglich ist. Das wird viel kritische Neugier erzeugen und Sie tun gut daran, sich auf negative Aufmerksamkeit gefasst zu machen.
4. **Sie müssen wahnbesessen sein.** In diesem Fall ist es nur zu Ihrem Vorteil, wenn Sie nicht ganz bei Sinnen sind. Sie sollten schon etwas »neben der Spur« sein, wenn Sie denken, Sie könnten Goliath vom Thron stoßen.
5. **Sie müssen zehnmal härter arbeiten, als Sie denken.** Wenn Sie gerade denken, Sie wären an Ihrem Limit angelangt, müssen Sie Ihre Anstrengungen noch einmal verzehnfachen, um eine Chance gegen Goliath zu haben. Sie werden selbstverständlich weniger Zeit mit Ihrer Familie verbringen und Hobbys können Sie gleich ganz vergessen – weshalb dies nicht für jeden etwas ist.
6. **Sie müssen sich Ihre Gesundheit bewahren, um die Energie zu haben, im Wettbewerb zu bestehen.** Ich trainiere regelmäßig bis zur Erschöpfung, was schon mehrmals mit einem Krankenhausaufenthalt endete. Das hilft mir jedoch, mich für die harte Arbeit zu stählen, denn jedes Mal bin ich gestärkt zurückgekehrt. Ich erzähle Ihnen das nicht, um Ihnen Angst zu machen, Sie könnten ausbrennen, sondern damit Sie darauf gefasst sind, sobald Sie sich auf den großen Kampf einlassen.

In Schritt 2 erzählte ich Ihnen im Zusammenhang mit der Methode der Auflösung nach *x* die Geschichte davon, wie Aegon mich gleich nach Gründung meines eigenen Unternehmens verklagte und wie das beinahe das Ende desselben bedeutet hätte. Goliath hatte mich bei der Gurgel gepackt und zählte mich bereits an. Erst als ich Aegons Klauen entrann, war ich zuversichtlich, Goliath schlagen zu können. Vor allem aber wusste ich jetzt, *warum* es möglich war, ihn zu schlagen.

Warum es möglich ist, Goliaths zu schlagen

Fürchten Sie sich immer noch? Das ist gut zu hören, denn jetzt kommt die gute Nachricht: Wenn Sie auf den Kampf vorbereitet sind, können Sie ihn gewinnen. Und das ist der Grund: Goliaths neigen dazu, desto weicher zu werden, je mehr sie gewinnen, und früher oder später aufzuhören, so hart zu arbeiten, wie sie es anfangs taten. Goliaths verlieren häufig den Kontakt zu den neuesten Vermarktungsmethoden, weil sie nur selten noch unmittelbar mit den Kunden sprechen. Goliath ist nicht so beweglich wie Sie. Goliath hat zu viel zu verlieren, um Risiken einzugehen.

Goliaths können nicht die ausgeflippten und hungrigen Typen beschäftigen, weil jene sich zu den Underdogs hingezogen fühlen, die verrückt danach sind, es mit einem Goliath aufzunehmen. Sie würden viel eher gegen einen Goliath antreten, als sich ihm anzuschließen. Das erklärt, warum so viele Menschen skeptisch waren, als Kevin Durant zu den Golden State Warriors ging, nachdem diese im Jahr zuvor mit 73 Siegen in einer Saison den NBA-Rekord gebrochen hatten. Das erklärt möglicherweise auch, warum Durant »Goliath« wieder verließ, nachdem sie zwei Titel in drei Saisons gewonnen hatten.

Selbst wenn Sie die Herausforderung suchen, sollten Sie Goliath immer mit dem nötigen Respekt begegnen. Ein Jota der Selbstgefälligkeit genügt, damit Goliath Ihnen den Rest gibt. Goliath wurde nicht durch bloßen Zufall das, was er ist. Seine Überlegenheit hat einen Grund. Das macht es so viel lohnender, ihn zu besiegen. Und das geht folgendermaßen.

Ein Dutzend Möglichkeiten, Goliath zu schlagen

1. **Machen Sie sich Ihre Schwächen bewusst.** Die eigenen Stärken zu kennen, ist einfach, aber wenn Sie Ihre eigenen Schwächen kennen, können Sie Goliath flink und wendig attackieren.
2. **Machen Sie sich Goliaths Schwächen bewusst.** Sie können Goliath nicht dort besiegen, wo er stark ist. Sie müssen seine Achillesferse finden und ihn dort angreifen.
3. **Perfektionieren Sie drei Dinge, in denen Sie besser sind.** Sie bestimmen die Bedingungen für die Schlacht im Markt. Nutzen Sie Ihre Stärken, um die drei Dinge zu perfektionieren, die Goliath nicht beherrscht, und machen Sie sie besser, als er es kann.
4. **Versuchen Sie nicht, Goliath zu sein.** Sie können von Goliath Schritte lernen und Wissen abgucken, aber wie wollen Sie ihn schlagen, solange Sie ihn nur kopieren? Sie haben den Vorteil Ihrer eigenen Stärken und nicht der seinigen.
5. **Spezialisieren Sie sich.** Goliath neigt zur Diversifizierung, um seinen Einfluss und seine Macht auszuweiten. Sie müssen sich spezialisieren, um ihm Marktanteile abzuknöpfen.
6. **Lassen Sie sich größer erscheinen, als Sie sind.** Gehen Sie erhobenen Hauptes und lassen Sie sich nicht von Goliaths Größe und Stärke einschüchtern. Verkörpern Sie Ihre »zukünftige Wahrheit« und treten Sie mit ihm in den Wettbewerb, als wären Sie derjenige mit dem Startvorteil.
7. **Halten Sie sich anfangs bedeckt.** Sie werden viel Hilfe benötigen und Sie werden Zeit brauchen, um besser zu werden. Vergeuden Sie Ihre ersten Jahre nicht damit, anderen gegen das Schienbein zu treten und viel Lärm zu machen. Arbeiten Sie zuerst an Ihrem Unternehmen, bevor Sie sich einen Goliath suchen, um gegen ihn anzutreten.
8. **Bewegen Sie sich flink.** Bringen Sie gegen Goliath Ihre natürlichen Stärken und Ihre Beweglichkeit ins Spiel. Goliath kann sich nicht so schnell bewegen wie Sie.
9. **Tun Sie sich mit Wettbewerbern zusammen, mit denen Sie einen gemeinsamen Feind haben.** Goliath macht sich viele Feinde. Suchen Sie

nach Synergien mit diesen Feinden und bilden Sie strategische Allianzen.

10. **Studieren Sie die Vergangenheit.** In ihr finden Sie Kontext und Strategien, an die Sie in Ihrem Kampf gegen Goliath niemals gedacht hätten. Wissen wartet dort nur darauf, von Ihnen geerntet und angewendet zu werden.
11. **Überlassen Sie es Wettbewerbern, Ihren Gegner zu zermürben.** Goliath muss sich vieler Wettbewerber erwehren und Sie brauchen sich nicht immer in die vorderste Reihe zu stellen. Indem Sie anderen die Plätze im Rampenlicht überlassen, können Sie sich besser auf Ihre Ressourcen fokussieren und einen Vorsprung vor Goliath gewinnen.
12. **Legen Sie nicht alle Aspekte Ihrer Strategie offen.** Für einen Großmeister sollte das eine Selbstverständlichkeit sein.

Das Narrativ bestimmen

Es ist an der Zeit, darüber nachzudenken, wie und was Sie der Welt erzählen wollen, denn alle Augen werden auf Sie gerichtet sein. Wenn Sie nicht darüber sprechen, was Sie glauben, wie Sie die Dinge sehen und wer Sie als Mensch sind, wird die Welt beschließen, wer Sie sind. Es ist Ihre Aufgabe, die Kontrolle über das Narrativ zu gewinnen und über das zu sprechen, was Sie tun. Wenn Sie es nicht tun, werden es andere tun.

Die sozialen Medien sind der große Gleichmacher.

Als ich meine Agentur startete, nutzte Goliath alle ihm zur Verfügung stehenden Ressourcen, um mir Knüppel zwischen die Beine zu werfen. Meine Wettbewerber verbreiteten schreckliche Dinge über mich und erfanden ekelhafte Gerüchte, die meinen Ruf leicht hätten zerstören können. Das war der Augenblick, in dem ich begriff, dass ich mithilfe der sozialen Medien das Narrativ steuern konnte.

Es gibt viele verschiedene Formen, Gegner fertigzumachen. Sie haben sich über viele Jahre entwickelt. Wenn Ihr Unternehmen klein ist, werden die Menschen Ihren Charakter in Zweifel ziehen und Gerüchte über Sie verbreiten. Ich kam zu dem Schluss, dass ich mich dagegen am besten schützen konnte, indem ich das Narrativ steuerte.

Als die Leute schreckliche Dinge über mich zu hören bekamen, gingen sie zu Google, um sich die Bestätigung für ihren Verdacht zu holen. Und was fanden Sie dort? Dass das Monster, von dem sie gehört hatten, etwas völlig anderes war als der Mensch, den sie online erblickten. Es gelang mir, das Narrativ zu steuern, und viele Menschen, die negative Gerüchte über mich vernahmen, wurden so am Ende meine Partner.

Überlegen Sie einmal, wie anders das war, als es das Internet noch nicht gab. Steve Jobs musste beim *Playboy* anrufen, damit dieser eine Story über ihn brachte, die sein Narrativ transportierte. Vom Zeitpunkt des Interviews mit Job bis zum Erscheinen der Zeitschrift vergingen zwei Monate. Heute vergehen zwei Millisekunden, bis die Leute lesen können, was jemand gerade erst geschrieben hat.

Goliath kann Millionen US-Dollar für PR ausgeben. In der Zwischenzeit können Sie ein Video mit Ihrem iPhone aufnehmen und mehr Views generieren – und mehr Wirkung erzielen.

■ ■ ■ ■ ■

Wenn Sie posten, sollten Sie sich so geben, wie Sie sind. Uns wurde eingebläut, Professionalismus würde bedeuten, uns nur von unserer besten Seite zu zeigen. Das Problem ist: Die Menschen fühlen sich von perfekten Robotern nicht angesprochen. Sie möchten Sie mit allem sehen, was Sie sind. Zeigen Sie Ihre Fehler und seien Sie verwundbar. Wenn Sie nur über das sprechen, was Sie richtig machen, locken Sie damit niemanden hinterm Ofen hervor. Niemand in der Welt schafft es bis an die Spitze, ohne Fehler zu machen. Menschen identifizieren sich mit Ihnen eher, wenn Sie Ihre trüben Momente nicht verheimlichen.

Die Menschen werden sich auch mit Ihnen identifizieren, wenn Sie sie herausfordern, ihre Ansichten zu hinterfragen. Bitten Sie sie, ihre Gedanken auszusprechen. Bitten Sie sie um konkrete Lösungsvorschläge für Probleme. Erstes lernen Sie so etwas und zweitens steigern Sie so das Engagement Ihrer Zuschauer oder Leser.

Ein anderer Schlüssel zur Pflege Ihrer Beziehung zum Publikum ist Verlässlichkeit. Ihr Publikum sollte wissen, wann es von Ihnen hören wird, und die Inhalte sollten einem verlässlichen Muster folgen. Zwei Bestsellerautoren haben hier unterschiedliche Ansätze. Menschen, die Seth Godin folgen, wissen, dass sie täglich auf einen kurzen und durchdachten Blogbeitrag hoffen dürfen. Daniel Pink wiederum versendet seinen *Pinkcast* alle zwei Wochen. Entscheidend für beide Strategien ist, dass das jeweilige Publikum eine Erwartung hat, die auch erfüllt wird.

Hand in Hand mit der Verlässlichkeit geht die Integrität. Besonders dann, wenn Sie vermehrt Follower gewinnen, werden Sie Angebote bekommen, andere Personen zu promoten. **Prostituieren Sie nicht Ihre Marke.** Wenn Sie einen Sponsor ins Boot holen, müssen die Marken passen. Ihre Follower werden es Ihnen hoch anrechnen, wenn Sie fest zu Ihrer Botschaft stehen und sich nicht verkaufen. Das verlangt von Ihnen, dass Sie nicht dem schnellen Geld hinterherlaufen, sondern die Geduld für das lange Spiel aufbringen und sich Ihre Integrität bewahren.

Seien Sie schamlos in Sachen Eigenwerbung

Die erste Regel der Selbstvermarktung lautet, dass Sie keine Scham haben dürfen. Was die Menschen zurückhält, ist die Angst davor, schief angesehen zu werden. Visionäre haben das hinter sich gelassen. Wer Werbung für sich machen will, darf keine Angst davor haben, beurteilt zu werden. Schließlich *wollen* Sie ja, dass die Leute Sie wahrnehmen. Phil Knight von Nike kennt keine Scham. Jerry Jones von den Dallas Cowboys kennt keine Scham. Dwayne »The Rock« Johnson kennt keine Scham. Kevin Hart kennt keine Scham. Denken Sie, Hart hätte seine fast 100 Millionen Follower auf Instagram mit Schüchternheit gewonnen? Solange Sie nicht frei von Scham sind, wird niemand wissen, wer Sie sind.

Was uns davon abhält, schamlos zu sein, ist die Angst vor Demütigung. Aber was wäre daran das Unglück? Kennen Sie irgendjemanden, der noch nicht gedemütigt wurde? Vielleicht die Menschen, von denen niemand etwas weiß –

Menschen, die sich in sicheren Unternehmenspositionen verstecken. Wenn ich sage: »Seien Sie schamlos«, dann meine ich nicht, Sie sollten prahlen. Ich meine, dass Sie so viel tun sollten, wie Sie (innerhalb Ihres Narrativs und Ihrer Marke) nur können, um sicherzustellen, dass Sie bemerkt werden. Selbstvermarktung ist eine Kunstform.

Prahlen weckt in Ihnen vielleicht Unbehagen, aber Sie können es behutsam über die Geschichten tun, die Sie erzählen. Angenommen, Sie arbeiten in der Kanzlei eines Rechtsanwalts, der eine Reihe Plaketten an der Wand hängen hat. Sie könnten sagen: »Das sind eindrucksvolle Plaketten. Also ich kann Ihnen sagen, das braucht viel Arbeit, um als Topanwalt Anerkennung zu finden. Ich weiß das zu würdigen, denn ich weiß noch, welche Mühe es mich gekostet hat, bis ich meine Auszeichnung als bester Makler unseres Unternehmens bekam. Das Verrückte ist: Vielen Menschen ist gar nicht klar, wie viel Aufwand dahinter steckt. Deshalb mein Glückwunsch für das, was Sie geschafft haben!«

Eine andere Möglichkeit der Selbstvermarktung ist, Vorhersagen zu machen. Erstellen Sie Prognosen auf Basis Ihrer Intuition und Ihrer Recherchen. Warum ist das wichtig? Weil es genügt, dass einige Ihrer Vorhersagen eintreffen, damit Sie Glaubwürdigkeit gewinnen und wie ein Weiser erscheinen.

Jemand könnte nun entgegnen: »Was für ein alberner Rat, Pat! Wollen Sie mir wirklich erzählen, ich möge mich in dieser Weise exponieren? Was, wenn ich danebenliege und am Ende blöd dastehe?« Bedenken Sie die Alternative: Sie würden niemals falschliegen und niemand würde Sie kennen.

Conor McGregor, der ehemalige UFC-Champion, sagte: »Ich bin übermütig in Sachen Prognosen. Ich bin selbstbewusst in der Vorbereitung, aber ich bin stets demütig im Siegen und Verlieren.« Er setzt sich schamlos in Szene und ob er nun gewinnt oder verliert, McGregor bestimmt stets das Narrativ, indem er mutige Vorhersagen macht.

Großartige Immobilienentwickler machen ebenfalls Vorhersagen. Großartige Börsenmakler ebenso. Sie sorgen dafür, dass sie in den Nachrichten erscheinen. Denken Sie, Jim Cramer wäre mit seiner TV-Show erfolgreich, wenn er schüchtern wäre und sich niemals exponieren würde? Seine Show heißt nicht *Shy Money*, sondern *Mad Money*. Er schafft es, dass die Leute über ihn sprechen. Manche halten ihn für einen Idioten; andere schwören auf seinen Rat. Ich bin Jim Cramer nie begegnet, aber ich möchte wetten, dass er damit eine Menge Geld verdient.

Scheuen Sie sich nicht, in Ihrer Branche Vorhersagen zu machen. Und achten Sie auf die richtige Verpackung. Hier sind ein paar Überschriften von Artikeln des Anlageberaters Peter Schiff:

> *»Peter Schiff: Negative Zinssätze sind Blödsinn«*
> *»Peter Schiff: Die einzigen Gewinner werden die Käufer von Gold und Silber sein«*
> *»Peter Schiff: Was die Fed vorhat, stinkt zum Himmel«*

Schiff singt dieses Lied schon seit Jahrzehnten. Mal liegt er damit richtig, mal auch nicht. Aber er ist immer in den Nachrichten. Er betreibt Selbstvermarktung. Er macht gewagte Vorhersagen. Und so wurde er zum Synonym für die Investition in Gold. Wenn für eine Finanzsendung im Fernsehen ein Goldexperte gebraucht wird, klingelt bei Schiff das Telefon.

Mir ist klar, dass ich Sie mit Beispielen geradezu überschüttet habe. Die wichtigsten Regeln für die sozialen Medien lauten zusammengefasst so:

- Haben Sie eine Persönlichkeit.
- Seien Sie mutig.
- Seien Sie aufdringlich (wenn das Ihrer Natur entspricht).
- Seien Sie verbindlich.
- Trommeln Sie laut, wenn Sie recht haben.
- Nehmen Sie sich selbst auf die Schippe, wenn nicht.
- Akzeptieren Sie den Verlust, wenn Sie danebenliegen.

Sie müssen ununterbrochen trommeln. Hier ist noch eine weitere Technik: Statt Namen fallen zu lassen, werfen Sie mit Buchtiteln um sich. Angenommen, Sie sitzen in einem Meeting und Sie erwidern auf einen Kommentar: »Ich habe da neulich das Buch soundso gelesen, in dem es um dieses Thema ging, und mein Eindruck ist, dass genau das die Situation hier im Unternehmen ist. Und ich kann euch dieses Buch nur empfehlen.« Wenn andere im Meeting ambitioniert sind, werden Sie sich den Namen des Buches notieren. Wenn Sie während eines geschäftlichen Gesprächs mit jemandem zwei oder drei Buchempfehlungen geben, werden Sie in der Vorstellung des Betreffenden ein belesener Autodidakt sein. Ob Sie einen Universitätsabschluss haben oder nicht, ist dann uninteressant.

Die nächste Form der Selbstvermarktung besteht darin, zu Themen in Ihrem Fachgebiet mit dezidierten Meinungen aufzuwarten. Sie könnten beispielsweise erklären, dass Sie mit der Richtung, in die der Markt sich entwickelt, nicht einverstanden sind, oder sich über einen Fehler auslassen, den die Branche gerade begeht. Ein guter Ort, dies zu tun, ist Ihr Blog, Vlog oder Podcast. Wenn ein Thema zur Sprache kommt, können Sie dann sagen: »Wissen Sie, ich habe darüber vor Kurzem in meinem Blog geschrieben. Das hat eine hitzige Kontroverse ausgelöst, weil meine These soundso war. Ich werde dir den Link schicken, dann kannst du es lesen.«

Ich schrieb einen Artikel darüber, warum Hausbesitz nicht der amerikanische Traum ist. Er ging viral. Fox kontaktierte mich. CNN kontaktierte mich. Die *Denver Post* brachte einen Sonderartikel darüber. Sie schrieb über diesen Entrepreneur, der nicht an Hausbesitz glaubte. Das war meine Meinung. Der Kessel kochte, nur weil ich in einem Artikel behauptet hatte, der amerikanische Traum sei nicht der Hausbesitz, sondern die unternehmerische Tätigkeit. Teilen Sie also Ihre Gedanken und Ansichten mit, und rühren Sie dann für die von Ihnen verfassten Artikel die Trommel.

Sie müssen bis zu einem gewissen Grad überzeugt sein von dem, was Sie behaupten. Die Menschen können spüren, ob Sie sich Ihrer Sache sicher sind. Glauben Sie mir: Zu erkennen, ob sich jemand dessen, worüber er redet, sicher ist, ist nicht allzu schwer. Und diese Gewissheit selbst ist bereits eine Form der Selbstvermarktung.

Übertreiben Sie es jedoch nicht damit und spielen Sie den Menschen nichts vor. Haben Sie eine Meinung, sammeln Sie Belege für Ihre Meinung und tragen Sie Ihre Meinung mit Überzeugung vor.

Meine Herausforderung an Sie lautet: Betreiben Sie Eigenwerbung. Machen Sie sich frei von der Angst, sich zu exponieren. Sprechen und handeln Sie mutig. Lassen Sie die Menschen wissen, wer Sie sind und wofür Sie stehen.

Bringen Sie Ihre Marke mit Ihrer Meistervision in Einklang

Als ich das erste Mal YouTube-Stoff produzierte, nannte ich den Kanal Patrick Bet-David und die einzelnen Episoden »Zwei Minuten mit Pat«. Als ich mir mehr Gedanken über meine inhaltlichen Vorstellungen machte, wurde mir bewusst, dass es in dem Kanal um Bildung gehen sollte. Ich wollte Wert und Unterhaltung bieten, um damit Entrepreneure in aller Welt zu inspirieren.

Mein selbstloser Grund für die Erzeugung dieser Inhalte war, mich zu revanchieren. Ich wollte der Allgemeinheit etwas bieten, von dem ich wünschte, ich hätte es gehabt, als ich mich vom Verkäufer zum Entrepreneur und später zum CEO entwickelte. Ich stellte eine Liste von Fragen zusammen, die ich den verschiedenen Stadien meiner Karriere gehabt hatte, als ich mich macht- und orientierungslos fühlte – und machte mich daran, sie zu beantworten. Viele von uns taten sich in der Schule schwer, weil die Unterrichtsmethoden so verdammt langweilig waren. Ich wollte Inhalte schaffen, die die Menschen neugierig machten – die sowohl lehrreich als auch unterhaltsam waren.

Ich hatte auch zwei eigennützige Gründe, Inhalte zu produzieren. Erstens wollte ich, dass meine Kinder und meine (künftigen) Enkelkinder Zugang bekämen zu dem, was ich über das Leben dachte. Ich stellte mir vor, wie meine Kinder sich diese Videos eines Tages reinziehen würden – vielleicht zu einer Zeit, in der sie dachten, ich wäre nicht besonders zufrieden mit ihnen, nur um festzustellen, wie sehr Daddy sie liebte.

Der zweite Grund? Sie haben es erraten: um meine Narrativ zu kontrollieren.

Als ich mir noch einmal die Gründe für die Entwicklung des YouTube-Kanals *Valuetainment* vergegenwärtigte, wurde mir klar, dass ich, wenn die Marke skalieren wollte, den Fokus von mir weg und stattdessen auf die Vision lenken musste.

Ich nehme an, dass Sie das Problem sofort identifiziert haben. Der Name der wöchentlichen Episoden – »Zwei Minuten mit Pat« – handelte ausschließlich von mir. Er hatte nichts mit meiner Vision zu tun.

Sie haben mich leidenschaftlich darüber sprechen hören, dass Sie wie ein Schachgroßmeister denken sollten. Wenn es darum geht, eine neue Idee mit einer Meistervision in die Welt zu setzen, ist es an der Zeit, sich der Denkweisen eines Großmeisters zu bedienen und 15 Schritte im Voraus zu entwerfen. Kommen Ihnen einige in den Sinn? Können Sie sich in meine Schuhe von damals versetzen und eine Strategie entwickeln, wie ich mich vom Solopreneur, der mühsam seine Videos produziert, zum führenden Lehrer entwickeln konnte? Ich vermute, Ihnen würden sogar ein paar Dinge einfallen, die ich damals übersehen habe. Und wenn Sie meine Liste sehen, werden Sie wahrscheinlich Löcher in meine Strategie stechen. Ja, nur zu!

Okay, es ist Zeit, dass wir uns anschauen, wie ich meinen Plan umsetzte, meine Videoreihe zu dem zu machen, was sie heute ist.

15 Schritte, um eine wöchentliche Glosse in einen Kanal zu Fragen des Lebens als Entrepreneur zu verwandeln

1. Zeit allein damit verbringen, mir über die Vision klar zu werden.
2. Mich mit dem Kreativteam beraten, wie der neue Name für den Kanal lauten könnte.
3. Alle verfügbaren Bücher über Marketing und Medien kaufen und lesen.
4. Mir klar werden, wer ich nicht sein will und wer ich sein will.
5. Den Fokus des Kanals auf meine Mission und nicht auf meine Person richten.
6. Ein neues Logo, einen Namen und eine Website schaffen, die einen führenden Anbieter von Lerninhalten verkörpern.
7. Branchenkonferenzen zu sozialen Medien besuchen und andere Strategien kennenlernen.
8. Mich mit der Sprache der Medien vertraut machen und lernen, was getrackt werden muss.
9. In Bereichen, in denen ich schwach bin, Mitarbeiter rekrutieren. In den nächsten 90 Tagen einen Experten in SEO (*search engine optimization*) einstellen.
10. Allmählich den Umfang der geposteten Inhalte steigern.
11. Im Lauf der nächsten 30 Tage einen Vollzeit-Redakteur einstellen.
12. Eine Strategie für Instagram, Twitter, Facebook und YouTube entwerfen – und bereit sein, schnell zu handeln, wenn die nächste Social-Media-Plattform den großen Vieren den Rang abläuft.

13. Mich im Markt als Experte präsentieren. Als Experte einen Beitrag verfassen und ihn auf diversen Plattformen posten.
14. Klare Kriterien definieren, welche Gäste, die mit der Marke *Valuetainment* harmonieren, ich zur Show einlade.
15. Diesen Schritt verrate ich noch nicht, aber Sie werden nicht lange darauf warten müssen.

Das Ergebnis dieser 15 Schritte? Wir änderten den Namen in *Valuetainment* und der Rest ist Geschichte. Bis heute haben *Valuetainer* in aller Welt Milliarden Minuten Inhalt angeschaut. Das Faszinierende ist: Jedes Mal, wenn ich beschloss, ein neues Thema anzuzeigen, hat sich ein neues Publikum aus dieser Community gezeigt. Das führte zu vielen Geschäften und Verträgen, die die Marke weiter gefestigt und nebenbei meinem Unternehmen zusätzliche Kundschaft eingebracht haben. Bis März 2020 war die Zahl unserer YouTube-Follower auf mehr als zwei Millionen angewachsen. Damit wurden wir zum führenden Kanal zum Thema Entrepreneurship.

Schalten Sie den Lärm aus und schneiden Sie das Fett weg

Im Jahr 2005 veröffentlichte die US-amerikanische National Science Foundation einen Artikel, in dem es hieß, der durchschnittliche Mensch hätte täglich zwischen 12 000 und 60 000 Gedanken. 80 Prozent davon sind negativ und 95 Prozent sind exakt dieselben wie am Tag zuvor.

Eine wirkungsvolle Maßnahme besteht darin, den Lärm auszuschalten. Sobald Sie Ihr eigenes Narrativ kontrollieren, müssen Sie auch die Zeit reduzieren, die Sie damit verbringen, auf den Lärm anderer zu achten. Glauben Sie, dass große Denker dem Celebrity-Tratsch Aufmerksamkeit schenken? Sie überfliegen die morgendliche Kurzzusammenfassung, weil sie über das aktuelle Geschehen auf dem Laufenden bleiben müssen, aber sie verschwenden keine Zeit auf Verschwörungstheorien oder Clickbait. Das ist ihnen viel zu viel Lärm.

Regeln Sie auch den Lärm von negativen Freunden und kleinen Denkern herunter. Drehen Sie Familienangehörigen den Ton ab, die Sie in Ihren Vorhaben nicht unterstützen. Verzichten Sie darauf, in deren Gegenwart über Ideen zu sprechen, wenn Sie wissen, dass Sie ausschließlich negative Reaktionen ernten werden. Bedenken Sie: Es ist etwas ganz anderes, ob jemand Ihnen konstruktive Kritik geben will oder ob er offen negativ reagiert.

Sie müssen auch das Fett aus Ihrem Leben schneiden. Wenn Sie nicht gerade planen, mit Videospielen Geld zu verdienen, lassen Sie es ganz sein. Wenn Sie mehrere parallele Beziehungen pflegen oder dreimal in der Woche im Nachtklub Party feiern: Machen Sie Schluss damit! Posten Sie täglich 20 Selfies oder checken Sie alle 30 Sekunden die Fußballtabelle? Lassen Sie es stecken! Haben Sie schlechte Angewohnheiten und Laster, von denen niemand weiß? Suchen Sie nach Möglichkeiten, sich ihrer zu entledigen!

Was auch immer Sie daran hindert, groß zu denken, muss aufhören. Sie wissen genau, was ich damit meine. Ich muss es Ihnen nicht erst erklären. Denken Sie nach. In diesem Augenblick überlegen Sie, was Sie sein lassen sollten. An was denken Sie gerade? Verzichten Sie darauf. Jetzt sofort. Es hält Sie auf und ist es nicht wert. Es wird Ihnen nicht so viel Erfüllung geben, wie wenn Sie groß denken und Ihre Vision dann auch umsetzen.

Ich will Ihnen ein Beispiel geben. Ich liebe Frauen. Als ich jünger und Single war und jemand Gesellschaft brauchte, um die Nightclubs unsicher zu machen, war ich zur Stelle. Ich ließ mich in Radio-Talksendungen interviewen und sprach über meine Pläne und Ziele. Einer meiner Gastgeber fragte mich: »Was war das Größte, das sich in Ihrem Leben verändert hat?«

Ich erwiderte: »Als ich Mitte 20 war, beschloss ich, nicht länger Sex zu haben, und ich verdiente meine erste Million.«

»Sie müssen diese Million sehr schnell verdient haben.«

Leider nein. Ich »fastete« 17 Monate lang. Es fiel mir schwer. Aber ich erreichte damit zwei Dinge gleichzeitig. Erstens verdankte ich dieser Entscheidung die nötige Disziplin und Motivation, mein Ziel zu erreichen. Zweitens zwang sie mich, meine Zeit in Dinge zu investieren, die zählten. Bevor ich mir dieses Ziel setzte, hatte ich ungezählte Stunden in Nachtklubs verbracht – ganz zu schweigen von der mentalen Energie, die es gekostet hatte, nach Frauen Ausschau zu halten und ihnen den Hof zu machen. Das war alles nur Lärm. Sobald ich diesen Lärm durch Einkommen generierende Aktivitäten ersetzte, schoss meine Produktivität in die Höhe – und ich begegnete schließlich meiner Frau und richtete mich mit ihr ein.

Es bleibt kein Raum für Fehler, wenn Sie Goliath schlagen wollen. Sie können es sich nicht leisten, Zeit zu verschwenden, wenn Sie auf der höchsten Stufe erfolgreich sein wollen. Das hat auch Konsequenzen für Ihre Social-Media-Strategie. Glücklicherweise existierte Instagram damals, als ich keine Party ausließ, noch nicht. Andernfalls würden Sie in den Social Media das eine oder andere ziemlich abgefahrene Bild von mir entdecken.

Ich sage nicht, dass Sie meinem Beispiel folgen sollten. Ich bin kein Durchschnittstyp und was bei mir funktioniert hat, muss nicht auch bei Ihnen funktionieren. Lassen Sie mich es so sagen: Wenn Sie sich Ihrer Schwäche bewusst sind, ob Sie sich nun mit Süßigkeiten vollstopfen, eine Netflix-Serie nach der nächsten schauen oder von Fußball nicht genug kriegen können, können Sie den Fokus darauf legen. Manche Menschen denken sich nichts dabei, wenn sie den ganzen Sonntag über und am Montag dann auch noch einmal zwei Stunden Fußball schauen. Das sind gut und gern zwölf Stunden. Sie müssen nicht gleich Ihrer Lieblingsmannschaft abschwören und das Fußball-Gucken ganz bleiben lassen, aber wenn Sie sich auf ein Spiel pro Woche beschränken, haben Sie gleich mal zehn Stunden in der Woche gewonnen. Können Sie sich vorstellen, was ein ganzer Tag mehr für Ihre Arbeitswoche bringen kann?

Selbstdisziplin kann viele Formen annehmen. Sie können die Zeit begrenzen, die Sie mit Surfen im Internet verbringen. Sie können täglich fünf Stunden der wichtigsten Aufgabe für Ihr Unternehmen widmen. Sie können sich mindestens einmal täglich Gedanken über mögliche Gefahren für Ihr Unternehmen machen. Die Strenge, die Sie hier walten lassen, wird sich auszahlen. Selbstdisziplin führt zu fortgesetzter Spitzenleistung.

»Zukünftige Wahrheit« vs. positive Affirmationen

Gerade haben wir gesehen, dass Sie täglich bis zu 60 000 Gedanken haben. Was Ihnen so durch den Kopf geht, ist wichtig – sehr wichtig.

Glaubt man dem gewaltigen Erfolg des Buchs *The Secret – Das Geheimnis* beziehungsweise des zugehörigen Films *The Secret – Trau dich zu träumen*, sind positive Affirmationen der große Hype. Die Menschen scheinen den Worten so viel Kraft zuzutrauen, dass wir »Dinge wahr werden lassen können, indem wir sie aussprechen«. Wenn Sie mich fragen, so ist das Gesetz der Anziehung einerseits wahr, während es andererseits missverstanden wird. Deshalb möchte ich, dass Sie erkennen, was das Leben der eigenen »zukünftigen Wahrheit« von der Verwendung positiver Affirmationen unterscheidet.

Ich bin nicht grundsätzlich gegen motivierende Zitate oder positive Botschaften. Ich finde sie lediglich nutzlos, solange sie ohne Emotionen und Überzeugung vorgebracht werden. Sie müssen die richtige Affirmation zusammen mit einer Geschichte finden, die dieser Affirmation in Ihren Augen Realität verleiht. Statt »Ich bin großartig. Ich bin mächtig. Ich bin reich an Ressourcen« sagen Sie besser: »Ich bin mächtig, weil ich zur Stelle war, als meine Familie mich brauchte, und regelte für sie die Situation.«

Stellen Sie sich einen Regisseur vor, der versucht, einem Schauspieler eine emotionale Darstellung zu entlocken. Er muss ihn dazu bewegen, seine eigenen Gefühle sichtbar zu machen. Damit das auch Ihnen gelingt, sollten Sie Folgendes tun:

Legen Sie ein mentales Inventar an und notieren Sie:

1. Ihre fünf schmerzlichsten Augenblicke
2. Ihre fünf erfolgreichsten Augenblicke
3. Fünf Augenblicke, in denen Sie sich unantastbar vorkamen

Formulieren Sie die Affirmationen und ergänzen Sie sie um die passende Geschichte:

1. Beginnen Sie mit »Ich werde eine große Führungspersönlichkeit sein« oder: »Ich werde das größte Comeback aller Zeiten hinlegen.«

2. Fügen Sie die Geschichte hinzu und schöpfen Sie dazu aus Ihrem Schmerz und Ihren Triumphen. Leiten Sie mit dem Wort »weil« zur Geschichte über: »… *weil* ich zur Stelle war«; »*weil* ich dort schon einmal war«; »… *weil* ich schon mehr überstanden habe.«

Leute fragen mich: Was gab Ihnen das Selbstvertrauen, der zu sein, der Sie heute sind? Vier Dinge:

1. Schicksal: Ich bin überzeugt, dass es mir vorbestimmt ist, Großes zu tun.
2. Glaube: Ich bin überzeugt, dass eine höhere Macht hinter mir steht.
3. Ich machte mir klar, was ich wollte. Ich entwickelte meine Vision. Ich ließ die Welt wissen, wer ich sein wollte, und die richtigen Menschen tauchten auf.
4. Ich bin überzeugt, dass mir das Glück holder ist als jedem anderen Menschen auf der Welt.

Entscheidend ist, dass Sie in diesem Augenblick Ihre »zukünftige Wahrheit« verkörpern. Wenn Sie sich Ihre »zukünftige Wahrheit« vorstellen, haben Sie bereits, was Sie sich wünschen. Jetzt geht es darum, dass Sie die Person werden, die es braucht, damit daraus Wirklichkeit wird.

Ein großartiges Beispiel dafür liefert der Film *Swingers* aus dem Jahr 1996, in dem Vince Vaughn (als Trent) Jon Favreau (als Mikey) darin coacht, die Bekanntschaft von Frauen zu machen. Mikey ist verängstigt und schüchtern. Er scheint Lichtjahre davon entfernt zu sein, aus sich einen selbstsicheren Typen zu machen. Aber er will *jetzt* eine Frau beeindrucken – nicht erst nach Jahren des Trainings. Trent versteht das. Anstatt seinem Freund zu sagen: »Verhalte dich, wie wenn …«, nutzt er Emotionen, um Mikey dazu aufzufordern, seine »zukünftige Wahrheit« zu verkörpern. Wie ein Trainer, der zu seinem Spieler spricht, oder ein Regisseur, der zu einem Schauspieler spricht, sagt er:

> *Wenn du hingehst, um mit ihr zu sprechen, Mann, möchte ich nicht, dass du der nette Typ aus dem Film mit der Freigabe ab 12 Jahren bist, von*

dem nun wirklich jeder hofft, dass er es schafft. Ich will, dass du der Typ aus dem Erwachsenenfilm bist, verstanden? Der Typ, von dem du nicht weißt, ob du ihn leiden kannst. Von dem du nicht weiß, aus welcher Ecke er kommt. Hey, du bist ein schlechter Mann, ein schlechter Mann.

Das ist nicht tiefe Psychologie; es ist ein klassischer Power Move. Wenn Sie sich selbst nicht für wert halten, werden es auch andere nicht tun. Wenn Sie nicht selbst von Ihrem Produkt (oder sich selbst) überzeugt sind, wird auch niemand anderes es sein. Wenn Sie wie ein Tölpel daherkommen, werden die Menschen Sie auch als solchen wahrnehmen. Wie wir in dieser Filmszene sehen können, benötigen wir häufig einen Coach, der uns anspornt, unsere »zukünftige Wahrheit« zu verkörpern.

Wenn Sie beabsichtigen, Ihre Geschichte wahr werden zu lassen, indem sie über sie reden, tun Sie gut daran, die richtige Geschichte zu haben – mitsamt den Emotionen, die sie stützen. Und wenn Sie beabsichtigen, sie in die Welt hinauszuposaunen, macht es sich besser, wenn Sie sie auch selbst leben. So und nicht anders behalten Sie die Kontrolle über das Narrativ Ihres Lebens.

Inkrementelles Wachstum: Wie gut sind Sie im Bankdrücken?

Ich hoffe, Ihr Geist bewegt sich im Eilschritt. Ich möchte, dass Sie so auf Achse sind, dass Ihr Fuß sich in Goliaths Kehle bohrt, bis er um Gnade fleht. Ich hoffe, dass Sie in den sozialen Medien bereits eine mutige Prognose abgegeben und Schritte zur bewussten Gestaltung Ihres Narrativs unternommen haben. Ich verstehe auch, wenn Sie da ziemlich ratlos davorstehen. Und deshalb wollen wir hier einen Schritt zurücktreten und uns bewusst machen, dass das alles Zeit braucht. Anstatt vor der Herausforderung zu kapitulieren, sollten Sie Ihre Ziele lieber in kleine Schritte unterteilen.

Als ich 14 Jahre alt war, war ich über 180 Zentimeter groß, wog aber nur 60 Kilo. Ich erwähnte bereits, dass unsere Familie sich die Monatsgebühr von 13,50

US-Dollar für die YMCA-Mitgliedschaft nicht leisten konnte. Vermutlich, weil ich so dünn war, hatten einige der Jungs dort Mitleid mit mir und öffneten mir eine Seitentür, um mich einzulassen. Alle nannten mich dort »den Somalier« – eine weder freundliche noch politisch korrekte Bezeichnung, aber eine, die verrät, dass ich aussah, als würde eine steife Brise genügen, um mich umzuwerfen. Ich war beschämt darüber, wie mager ich war, und zog mir Sweaters an, die meine dürre Gestalt verdeckten.

Ein Kerl namens Fred, der bei dem Verein trainierte, entwickelte ein Interesse an mir. Als wir im Kraftraum waren, bemerkte er, wie ich mich nach anderen Gewichtshebern umsah, die gewaltige Muskeln hatten. Er erriet, dass mich ihr Anblick entmutigte. Es schien, als gehörten sie einer anderen Spezies an. Fred beobachtete mich dabei, wie ich Mühe hatte, meine 20 Kilogramm zu stemmen. Und wirklich: Ich schaffte es kaum, ein einziges Mal auch nur die Stange anzuheben.

»Das ist okay«, sagte Fred. Er zeigte auf eine Ein-Kilo-Scheibe und sagte: »Die ist dein Freund.«

»Wie meinst du das?«

»Ich möchte, dass du von jetzt an dein Gewicht jede Woche um zwei Kilogramm erhöhst – ein Kilo auf jeder Seite. Schauen wir, was passiert.«

»Das ist beschämend«, sagte ich mit Blick auf die kleinen Gewichtszuwächse.

»Mach dir darum keinen Kopf. Mach es einfach und schau, was passiert.«

Widerwillig befolgte ich Freds Rat. Jede Woche konnte ich ein kleines Bisschen mehr stemmen. Allmählich wurde ich stärker. Ich hielt durch. Ich befolgte Freds Rat mit religiöser Hingabe. 18 Wochen später konnte ich 60 Kilo stemmen, ganz wie Fred es vorhergesagt hatte. Ein paar Jahre später waren es schon 174 Kilo. Ich sah aus wie der Typ, den ich stets beneidet hatte.

Übersetzen Sie das Zwei-Kilo-Prinzip auf Ihr Unternehmen und Ihre Karriere. Vergleichen Sie sich nicht länger mit Menschen und Unternehmen, die Ihnen Lichtjahre voraus zu sein scheinen. Konzentrieren Sie sich stattdessen auf regelmäßige Verbesserungen, die Sie schaffen können.

Ich garantiere Ihnen, dass andere Menschen und Unternehmen verwundbar sein werden, wenn Sie dieses Regime befolgen. Selbst Goliaths werden faul. Es ist möglich, Goliaths zu schlagen, weil sie sich früher oder später auf ihren Lorbeeren auszuruhen beginnen. Erinnern Sie sich noch daran, wie wir über die vielen Fortune-500-Unternehmen aus dem Jahr 1955 sprachen, die 2019 nicht länger auf der Liste standen?

Mit inkrementellen Erfolgen können Sie schneller besser werden als jeder andere. Und wenn Sie das können, werden Sie diese anderen früher oder später einholen und an ihnen vorbeiziehen. Sie mögen heute größer sein als Sie, aber irgendwann wird sich ihr Wachstum verlangsamen und sie beginnen, ihre Siege zu feiern. Wenn das passiert, kommen plötzlich jene zum Vorschein und überraschen sie, die sich und ihr Unternehmen in aller Stille immer weiter verbessern. Die Entschlossenheit, die eigene Bestleistung immer neu zu übertrumpfen, ist die einfachste und bestbewährte Formel, um sich früher oder später an die Spitze Ihrer Nische zu setzen.

■ ■ ■ ■ ■

Wir haben in diesem Kapitel über vieles gesprochen. Inzwischen weiß ich, dass Sie damit zurechtkommen. Wir haben uns angeschaut, was es braucht, um Goliath zu schlagen, und was Goliath verwundbar macht. Und wir haben über die konkreten Schritte gesprochen, die Sie unternehmen können, um den Riesen in Ihrer Branche zu schlagen.

Sie müssen Ihre Angst überwinden, beurteilt und bewertet zu werden, und die Bedeutung der Selbstvermarktung erkennen. Weil Ihnen bewusst ist, dass die sozialen Medien der große Gleichmacher sind, haben Sie begonnen, eine Strategie zu entwickeln, die bestmöglich auf Ihre Fähigkeiten abgestimmt ist. Auf diese Weise werden Sie die Kontrolle über Ihr Narrativ behalten.

Wenn Sie Größe erreichen wollen, haben Sie null Spielraum für Fehler. Sie können sich keine negativen Gedanken, negativ eingestellte Mitarbeiter oder negative Aktivitäten leisten, die Sie vom Kurs abbringen. Es ist an der Zeit, dass Sie sich ehrlich Rechenschaft darüber ablegen, was Sie zurückhält, und dass Sie das überschüssige Fett aus Ihrem Leben schneiden.

14

Von Mafiosi lernen: Wie Sie verkaufen, verhandeln und Ihren Einfluss geltend machen

Ich werde ihm ein Angebot machen, das er nicht ablehnen kann.
Marlon Brando als Don Vito Corleone in *Der Pate*

Sie haben den Titel dieses Kapitels gelesen und sich gedacht, mich hätten nun alle guten Geister verlassen, nicht wahr? Aber hören Sie mir bis zu Ende zu. In gewisser Weise sind Mafiosi die ultimativen Entrepreneure. Sie sind bereit, für große Belohnungen große Risiken auf sich zu nehmen. Und die Erfolgreichsten unter ihnen sind brillante Verhandlungsführer. Sie brauchen eine rasche Auffassungsgabe und sie müssen in dem Augenblick Entscheidungen treffen, in dem Unmengen von Informationen auf sie einströmen.

Lassen Sie mich klarstellen: Ich sage nicht, dass Sie Ihr Unternehmen mit unethischen oder kriminellen Mitteln führen sollen. Es sollte nicht nötig sein, das Offensichtliche auszusprechen, aber ich will es dennoch tun: Ich bin gegen Mord, Erpressung und Drogenhandel. Ich bin dagegen, Gesetze zu brechen, aber ich bin ganz und gar dafür, Regeln zu brechen. Zwischen beidem besteht ein großer Unterschied. Um einen Markt aufzumischen oder von einem Markt zu profitieren, in dem ein starker Wettbewerb herrscht, muss ein Gründer jederzeit bereit sind, Regeln zu brechen. Dieses Kapitel ist keine Apotheose schlechter Menschen; vielmehr wollen wir uns von ihnen abschauen, was sie gut machen.

Im September 2012 bat ich jedermann in meinem Unternehmen, *Power – die 48 Gesetze der Macht* von Robert Greene zu lesen. Das Ziel war nicht, manipulativ zu werden oder zu lernen, Intrigen zu spinnen. Das Ziel war, diese Gesetze kennenzulernen, damit niemand sie gegen uns einsetzen konnte. In jeder Phase unseres Wachstums haben andere alle denkbaren schmutzigen Tricks genutzt, um uns zu Fall zu bringen. Wir mussten besser verstehen, wie solche Menschen denken, um ihren Taktiken standhalten zu können.

Es gibt einen Grund, warum so viele CEOs und Unternehmenslenker den *Paten* (1. und 2. Teil) weniger als Unterhaltung denn als Bildung verstehen. Sämtliche Kämpfe, die CEOs oder Gründer zu bestehen haben, tauchen in diesen Filmen auf: Verrat, Verlust, Rekrutierung, Verhandlung, Arbeit und Familie, Diebstahl von Geld, die Notwendigkeit, sich undichter Stellen im eigenen Haus zu entledigen, und Erfolg, der einem zu Kopfe steigt – all das sind Dinge, mit denen Mafiosi zu tun haben – und mit denen auch Sie zu tun haben werden.

Das ist der Grund, warum ich für meinen YouTube-Kanal so viele Mafiosi interviewt habe – Leute wie »Sammy the Bull« Gravano, Frank Cullotta, Ralph Natale und Joe Pistone alias Donnie Brasco höchstpersönlich. Sie mögen finden, Ihr Gebiet sei bereits von starkem Wettbewerb geprägt, aber bedenken Sie: Mafiosi haben Rivalen, die buchstäblich bereit sind zu töten, nur um zu gewinnen. Wenn Sie einen Fehler machen, sind Sie Ihr Unternehmen los; machen jene einen Fehler, verlieren sie ihr Leben. Die meisten Mafiosi geben sich keinen Illusionen hin; sie wissen genau, worauf sie sich einlassen.

Netzwerken, Verhandeln und Verkaufen sind *Power Moves*, die einen massiven Einfluss auf ihr Ergebnis haben. Mafiosi sind Meister im Rekrutieren, weil sie wissen, wie sie den Traum von den Vorteilen der Mitgliedschaft in ihrem Team verkaufen müssen. Die Fähigkeit, Menschen aus allen Gefilden des Lebens anzuziehen, zu beeinflussen und zu überzeugen, ist ein Spezialtalent, das jeder Entrepreneur benötigt.

Ich habe festgestellt, dass ehemalige Mafiosi zu den besten Lehrern überhaupt gehören. Weil ihr Einsatz so groß ist und es häufig um Leben und Tod geht, sind sie Experten in der Kommunikation, in der Vorbereitung und im »Lesen« anderer Menschen. Sie sind zugleich meisterhafte Psychologen und Verhandlungsführer. Das sind Fähigkeiten, die jeder lernen kann. Mafiosi zu studieren, ist ein sehr guter Einstieg. Schauen wir, wie das geht.

Ein Made Man* versteht sich auf die Vorbereitung

Michael Franzese war bekanntlich einer der bestverdienenden *Capiregime* (*Captain*, nicht *Boss*) in der Geschichte des organisierten Verbrechens. Michael kehrte »dem Leben« den Rücken und ließ seine kriminelle Vergangenheit hinter sich. Dennoch wird er mitunter mit der fiktiven Figur Michael Corleone in den *Paten*-Filmen verglichen – aus einem guten Grund: Gemeinsam ist beiden Michaels die Fähigkeit, Informationen blitzschnell zu verarbeiten und in Stresssituationen aufzublühen.

Vor Jahren, als Michael noch für die Mafia arbeitete, wurde er zu einem Meeting mit seinem Boss in Brooklyn zitiert. In seiner Erinnerung war der kurze Fußweg von seinem Auto zu der Wohnung der längste Marsch seines Lebens. Sein Boss konfrontierte ihn mit dem Gerücht, Michael hätte dem Staat zwei Milliarden US-Dollar entwendet. Was die Mafiosi interessierte, war nicht das Gerücht, er hätte den Staat um Geld erleichtert; was sie interessierte, war lediglich, dass sie in dem Fall, dass es stimmte, ihren Teil abhaben wollten. Es ging um Leben und Tod; Michael wusste, dass er den Raum, hatte er ihn einmal betreten, nicht lebend verlassen würde, falls der Boss dächte, er würde einen Tribut zurückhalten.

Weil es bei einer Begegnung wie dieser um Leben oder Tod ging, pflegte Michael eine Obsession für die Vorbereitung. Er ist kein Fan von Listen. Ich aber bin einer. Hier sind sieben Dinge, die Sie tun müssen, bevor Sie in ein Meeting gehen.

Sieben unverzichtbare Schritte zur Vorbereitung auf ein Meeting

1. Berücksichtigen Sie die Bedürfnisse, Wünsche und Frustrationen der Gegenseite. Vergessen Sie nicht: Die meisten Menschen sind von Furcht, Gier und Eitelkeit getrieben.
2. Überlegen Sie sich im Voraus, was die Gegenseite sagen wird.
3. Entwerfen Sie ein Skript oder ein Konzept für das, was Sie selbst sagen wollen.

---

* Anm. d. Verl.: Ein »Made Man« (gemachter Mann) ist in der amerikanischen Mafia ein Begriff für ein vollwertiges Mitglied der Mafia.

4. Spielen Sie das Meeting vorab mehrmals durch, um sich auf unterschiedliche Reaktionen vorzubereiten.
5. Bitten Sie vertraute Personen, Sie auf Ihre blinden Flecken hinzuweisen.
6. Versetzen Sie sich vor dem Meeting in die bestmögliche Geistesverfassung.
7. Erwerben Sie sich den Ruf von jemandem, der stets mehr liefert, als von ihm erwartet wird.

Weil Michael sich gut vorbereitet hatte, bibberte er nicht und explodierte auch nicht. Stattdessen brachte er die Anschuldigung unmittelbar zur Sprache: »Wenn sie [die Medien] über andere [Mafiosi] berichten, ist es eine Lüge. Wenn sie über mich schreiben, ist das dann plötzlich die Wahrheit? Ich bringe euch Jungs all dieses Geld [zwei Millionen US-Dollar pro Woche]; ihr braucht nichts zu tun, ich kümmere mich um alles. … Wenn irgendwer dabei draufgeht, sind das meine Leute und ich. Was geht hier vor?«

Michael zeigte ein bisschen Emotion. Das war alles Teil seines Plans. Im Zuge seiner Vorbereitung war er zu dem Schluss gekommen, dass es das Beste wäre, seinen Gegner zu überraschen. Selbst ein erfahrener Mafioso wie Michael hat Gefühle und ohne Zweifel war er empört. Er ging die Situation durch und sagte sich, dass er aufpassen musste, was er sagte und tat. Er blieb respektvoll gegenüber seinem Boss.

Nachdem Michael seinen Eröffnungshieb gesetzt hatte, lehnte er sich zurück und hörte zu. Er erfuhr, dass die ganze Situation ihm sein Vater John »Sonny« Franzese eingebrockt hatte, indem er es für möglich hielt, dass sein Sohn Michael mehr Geld machte, als er zugab. Dieses Meeting nun sollte die Wahrheit ans Licht bringen.

Stellen Sie sich vor, Sie sind in einer Begegnung, in der es um Leben oder Tod geht, und Sie erfahren soeben, dass ein Familienangehöriger, enger Freund oder Geschäftspartner Sie in die Pfanne gehauen hat. Sie würden vermutlich kochen. Ihre Fähigkeit, klare Gedanken zu fassen, wäre das Erste, was in Ihren Gefühlen unterginge. Wie können Sie an Lösungen und ans Überleben denken, wenn Ihr einziger Gedanke die Rache ist?

Obgleich das Verhalten seines Vaters ihn verletzte, verarbeitete Michael die Situation wie ein Meister. Er blieb vor seinem Boss ruhig und sagte ihm, dass er sich der Angelegenheit annehmen würde. Er dankte seinem Boss sogar dafür, dass er ihn auf die Sache aufmerksam gemacht hatte. Er wäre dazu nicht imstande gewesen, wenn er nicht zuvor jede Minute der Begegnung geprobt hätte.

Sobald das Meeting vorbei war, musste Michael erst einmal den Umstand verarbeiten, dass sein Vater ihm in den Rücken gefallen war. Er wusste nicht, wie er mit seinem Vater reden sollte, bevor er die ganze Angelegenheit für sich selbst verdaut hätte. Er wusste, dass das Leben einen Keil zwischen Vater und Sohn treiben konnte. Er wollte nicht, dass das geschah. Also erwähnte er den Vorfall gegenüber seinem Vater kein einziges Mal. Er sagte sich: »In diesem Leben lernst du, Dinge unter Verschluss zu halten, bis der richtige Zeitpunkt gekommen ist. Aber es hat mir wirklich zu Bewusstsein gebracht, dass ich vorsichtig sein musste. Ich war sehr enttäuscht von ihm, aber das änderte nichts an meiner Liebe zu ihm.«

Große Verarbeiter übernehmen die Verantwortung für ihr eigenes Verhalten und lenken ihren Frust um, indem sie sich von ihm anspornen lassen, zu lernen und neue Verhaltensmuster zu schaffen. Mit Blick auf das, was sein Vater ihm angetan hat, sagt Michael mittlerweile: »Heute bin ich ihm fast dankbar dafür. Zwei Jahre nach dieser Geschichte lernte ich meine Frau kennen und das war der Moment, in dem ich beschloss, einen anderen Weg einzuschlagen. … Ich denke, das war Gottes Art, mich von diesen Fesseln oder dem Einfluss zu befreien, den mein Vater bis dahin auf mich ausgeübt hatte.«

Problemlösung ist nicht einfach. In der Hitze des Augenblicks musste Michael sich mit allen Kräften verteidigen, ohne dabei defensiv zu wirken. Viele Gedanken müssen ihm im Kopf herumgewirbelt sein, aber er verarbeitete sie unter Druck und kam zu der richtigen Lösung. Die wahre Brillanz lag in dem, was nicht zu sehen war: seiner obsessiven Vorbereitung.

Die Kunst des Sit-Downs: Vorbereitung auf ein Meeting, in dem viel auf dem Spiel steht

Die fünf großen Mafia-Familien bedienten sich überwiegend einer Methode der geschäftlichen Entscheidungsfindung, die den Namen *Sit-Down* trägt. Sie ähnelt in gewisser Weise dem, was sich in den Unternehmen abspielt, wenn die Mitglieder des Vorstands in der Chefetage zusammenkommen, um wichtige Dinge zu besprechen. Nur handelte es sich dabei in Michaels Welt häufig um das Hinterzimmer eines italienischen Restaurants.

Ich saß vor Kurzem auf den Kaimaninseln mit der Führungsriege eines der weltgrößten Versicherungsunternehmen zusammen. Auch der CEO und zwei leitende Vizepräsidenten waren zugegen. Ich verband meine Anwesenheit dort mit dem Ziel, für mein Unternehmen ein höheres Honorar herauszuschlagen.

Das Risiko war hoch. Das denkbar schlechteste Szenario hätte so ausgesehen, dass mein Ansinnen sie so empört hätte, dass sie es vorgezogen hätten, die Geschäftsbeziehung zu beenden. Das wäre für mein Unternehmen eine Katastrophe gewesen. Ein anderes schlechtes Szenario wäre die Weigerung gewesen, mir diese Erhöhung zuzugestehen. In diesem Fall hätte ich womöglich viele meiner Vertreter verloren, weil ich schlicht nicht das Geld gehabt hätte, ihnen so viel zu bezahlen wie meine Wettbewerber.

Es war ein hartes Ansinnen, gerichtet an harte Adressaten in einer für mein Unternehmen harten Zeit. Solche Meetings können uns emotional fertigmachen, solange wir nicht über die Tools verfügen, um sie zu verarbeiten und uns auf sie vorzubereiten. Ich befolgte also die erste Meeting-Regel: Gehe niemals unbewaffnet in ein Meeting. Wie immer orientierte ich mich bei meiner Vorbereitung an den »Sieben entscheidenden Schritten der Vorbereitung auf ein Meeting«. Wie jeder Großmeister plante ich viele Schritte voraus.

1. Berücksichtigen Sie die Bedürfnisse, Wünsche und Frustrationen der Gegenseite. Vergessen Sie nicht: Die meisten Menschen sind von Furcht, Gier und Eitelkeit getrieben.

Vor dem Meeting machte ich mir klar, was die Unternehmensvertreter frustrierte, wer für sie die meisten Policen verkaufte und wie unser Unternehmen bei ihnen angeschrieben war. Ich machte meine Hausaufgaben und fand heraus, dass wir binnen zwei Jahren von einem kleinen Akteur zu dem Unternehmen aufgestiegen waren, das ihnen unter allen Unternehmen, mit denen sie zu tun hatten, die meisten Policen einbrachte.

Einer von Stephen Coveys *7 Wegen zur Effektivität* lautet: »Erst verstehen, dann verstanden werden.« Für mich bedeutete das, dass ich mich zuerst von meinem eigenen Blickwinkel lösen und mich in ihre Lage hineinversetzen musste, um die Situation aus ihrem Blickwinkel sehen zu können.

- Ich spielte mit der **Furcht**: Verloren sie mich als Partner, hätte das bedeutet, dass ihr Unternehmen Millionen Dollar an Umsatz einbüßte.
- Ich spielte mit der **Gier**: Behielten sie mich als Partner, brachte das ihrem Unternehmen möglicherweise weitere Millionen Umsatz und ihnen selbst siebenstellige Boni ein.
- Ich spielte mit der **Hilfe zur Gesichtswahrung**: Sie würden dumm dastehen, wenn ich zu einem Wettbewerber wechseln würde.

2. Überlegen Sie sich im Voraus, was die Gegenseite sagen wird.
Machen Sie sich klar, wie ein gerissener Anwalt seine Verteidigung aufbaut: Er überlegt sich zuerst, was die Gegenseite sagen wird. Je mehr Sie antizipieren, was die andere Seite sagen wird und warum sie das tut, desto besser können Sie Ihre eigene Version oder Ihr Anliegen vorbringen.

3. Entwickeln Sie ein Skript oder ein Konzept für das, was Sie selbst sagen wollen.
Ich begann mit Seiten voller Notizen. Mit zunehmender Übung konnte ich meine Botschaft prägnanter formulieren. Wie Sie sich vorbereiten, hängt von Ihrem Stil ab. Manche Redner formulieren ihre gesamte Rede aus, während andere sich mit einigen Stichworten begnügen. Ich bevorzuge die Stichworte.

4. Spielen Sie das Meeting vorab mehrmals durch, um sich auf unterschiedliche Reaktionen vorzubereiten.

Der nächste Schritt war, dass ich mehrere Personen um mich versammelte und sie bat, die Firmenvertreter zu spielen, die ich auf den Kaimaninseln treffen würde. Sie versetzten sich in die Lage dieser hohen Führungskräfte, stellten Fragen und forderten mich heraus. Das führte dazu, dass ich mein Skript modifizierte und mich auf unterschiedliche Reaktionen vorbereitete.

5. Bitten Sie vertraute Personen, Sie auf Ihre blinden Flecken hinzuweisen.
Vieles davon kam schon während des Rollenspiels zur Sprache. Um noch einen Schritt weiter zu gehen, bat ich Kollegen aus anderen Branchen, mich auf mögliche blinde Flecken hin zu testen.

6. Versetzen Sie sich vor dem Meeting in die bestmögliche Geistesverfassung.
Im Vorfeld der Begegnung zählte jedes Detail. Ich flog einen Tag früher ein, damit ich ausgeruht wäre und nicht zu fürchten bräuchte, dass ich wegen eines verschobenen Fluges zu spät kam. Wie ich mich kleidete, was ich aß und meine Fitnessübungen waren allesamt Bestandteil meiner mentalen Vorbereitung. Ein weiterer wichtiger Punkt war, dass ich mir einen erfolgreichen Ausgang des Meetings – und den Erfolg meines Unternehmens – vor meinem inneren Auge vergegenwärtigte.

7. Erwerben Sie sich den Ruf von jemandem, der stets mehr liefert, als von ihm erwartet wird.
Nichts von dem Gesagten zählt, solange Sie nicht tun, was Sie sich vorgenommen haben. Das Letzte, was Sie sich als Geschäftsperson wünschen, ist, in dem Ruf zu stehen, viel zu reden und wenig zu liefern.

Weil ich so entschlossen war, die Situation aus *ihrem* Blickwinkel zu verstehen, wurden mir die Schwächen meines Unternehmens und die Bereiche, in denen es besser werden musste, schmerzlich bewusst. Um zeigen zu können, wie wir diese Schwächen zu beheben gedachten, erschien ich zum Meeting mit einem Stapel von Daten, die meine Argumente stützten. Ich hatte einen sofort umsetzbaren Zehn-Punkte-Plan in der Tasche. Sechs dieser Punkte betrafen das andere Unternehmen und vier mein eigenes. Wie ich schon andeutete, sollten Sie in Verhandlungen die meiste Zeit über die Sorgen der Gegenseite und nicht Ihre eigenen im Fokus haben.

Ich betrat den Raum und sagte: »Hören Sie zu: Wenn ich Sie bei unserem letzten Treffen richtig verstanden habe, wünschen Sie sich dies. Darüber sind Sie unzufrieden und dagegen wollen wir Abhilfe schaffen. Wenn wir meinen Vorschlag entsprechend verfahren, brauchen Sie niemanden zusätzlich einzustellen. Ich habe bereits ein Telefongespräch geführt [mit einem Systeme-Anbieter] und weiß, dass Sie an einem Kauf des Systems interessiert sind. Der Anbieter würde Ihnen dafür ein Honorar von einer Million US-Dollar berechnen. Ich verschaffe diesem Unternehmen viel Umsatz und habe es überzeugt, auf das Honorar zu verzichten.«

Ich konnte die Botschaft so überzeugend und klar vorbringen, weil ich sie viele Male geprobt hatte.

»Warten Sie«, höre ich Sie denken. »Ich dachte, Sie wären in diese Verhandlungen gegangen, um *Ihre* Vergütung zu verbessern. Warum in aller Welt erzählen Sie den Leuten zuallererst, dass Sie ihnen praktisch eine Million US-Dollar schenken?«

Eine einfache Geschäftsregel lautet, dass Sie geben müssen, um zu bekommen. Die meisten Amateure verstehen sich bestens darauf, Forderungen zu stellen. Was sie nicht können, ist, zuerst Wert anzubieten. Wenn Sie sich in die Lage der Gegenseite versetzen, mit gutem Beispiel vorangehen und der Gegenseite sagen, wie sie gewinnen und Geld machen kann, ist es nur natürlich, wenn die Gegenseite anschließend auch Ihnen gibt, was Sie sich wünschen.

Anschließend brachte ich das Gespräch auf eine mögliche Erhöhung unserer Kompensation auf der Grundlage der Daten, die ich gesammelt hatte und die zeigten, warum eine solche Erhöhung gerechtfertigt wäre.

»Wenn Sie Nein sagen, ist das kein Problem. Ich habe ein anderes Unternehmen, von dem ich überzeugt bin, dass es uns geben wird, was wir uns wünschen. Haben Sie noch irgendwelche Fragen?«

Sie hatten viele. Es war ein zweieinhalbstündiges Tauziehen. Ihre Fragen, Einwände und Ansinnen kamen mir sehr bekannt vor. Wie ist das möglich? Weil ich Rollenspiele veranstaltet hatte. Wie ein CEO-Großmeister, der stets mehrere

Schritte voraus ist, war ich in der Lage, sie dorthin zu führen, wo ich sie haben wollte, weil ich ihre Schritte antizipiert hatte.

In *Der Pate* sprich Marlon Brando in der Rolle des Don Vito Corleone den klassischen Satz: »Ich werde ihm ein Angebot machen, das er nicht ablehnen kann.« In diesem Fall war das Angebot eine Gewinn-Gewinn-Vereinbarung, die den Wert unserer beider Unternehmen steigern würde. Angesichts der Daten, die ich ihnen präsentierte, konnten sie schlechterdings nicht Nein sagen. Und was war der Schlüssel zu meinem Erfolg? Die Arbeit, die ich geleistet hatte, bevor die Verhandlungen begannen.

Verkaufen hat mit Überzeugung und der Übertragung von Gefühlen zu tun

Auch wenn dieses Kapitel von der Mafia handelt, wäre es nicht vollständig ohne einige Weisheiten aus dem Munde des legendären Zig Ziglar. Bevor er 2012 im Alter von 86 Jahren starb, war er möglicherweise der einflussreichste Verkaufstrainer der Welt. Er erzählte eine eindrucksvolle Geschichte von einem seiner Kochsetverkäufer, der gerade eine Flaute hatte.

Als Zig ihn fragte, warum er nichts verkaufte, leierte der Verkäufer eine Liste von Gründen herunter: Die Zeiten waren hart und die Kochutensilien teuer. Zig fragte ihn sodann, ob er ein Kochset besäße von der Art, wie er sie anderen verkaufte. Der Verkäufer verneinte. Nach den Gründen gefragt, erwiderte er, er könne es sich nicht leisten, solange er so wenig Umsatz mache.

Zig stellte Fragen. Er hörte zu. Er bewies Einfühlungsvermögen. In seinem tiefsten Innersten war er überzeugt, dass das Kochset eine lohnende Investition war. Schließlich besaß er selbst eines. Ihm war bewusst, dass es teuer war, aber er hatte seine Vorteile allesamt verinnerlicht. Wie bei jeder Investition gab es Vorlaufkosten. Und wie bei jeder klugen Investition war Zig überzeugt, dass sie sich mehr als bezahlt machen würden.

Zig lauschte den Einwänden des Verkäufers. Und obwohl stichhaltige Gründe dagegen sprachen, dass der Verkäufer sich selbst das Kochgeschirr zulegte, das er zu verkaufen versuchte, war Zig überzeugt, dass das Leben dieses Mannes mit einem solchen Kochset ein besseres wäre. Nachdem er den Mann ausgehört hatte und auf jeden einzelnen Einwand eingegangen war, kaufte der Verkäufer schließlich das Set. Das erwies sich als der ultimative Power Move.

Während seiner nächsten Präsentation vor einem potenziellen Kunden hörte der Verkäufer all die üblichen Ausreden. Wie Zig es ein paar Tage zuvor mit ihm gemacht hatte, stellte nun der Verkäufer Fragen, hörte zu und bewies Einfühlungsvermögen. Weil er mittlerweile selbst Besitzer eines solchen Kochsets war, glaubte er so fest an dessen Wert, dass er nicht zuließ, dass diese Menschen eine schlechte Entscheidung trafen. Er hatte das untrügliche Gefühl, dass sie mit dem Kochset besser dran wären als mit dem Geld, das es kostete.

Er hatte keine tollen Tricks oder Manipulationstaktiken gelernt. Er hatte einfach nur die Art und Weise verändert, wie er fühlte. Natürlich gelang es ihm an jenem Abend, seinen Kunden zu überzeugen, und er entwickelte sich zu einem der besten Verkäufer des Unternehmens. Seit er so von dem Produkt überzeugt war, dass er es sich selbst zulegte, war seine Flaute vorbei.

Ich überlasse es Zig, Ihnen die Moral von der Geschichte zu erzählen: »Sei durch und durch davon überzeugt, dass das, was du verkaufst, mehr wert ist als der Preis, den du dafür verlangst. Dein Glaube an dein Produkt sollte so groß sein, dass du es einfach nutzen musst.«

Merken Sie sich: Die Rolle der Überredungskunst ist überbewertet. Gefragt ist stattdessen Überzeugung. Weil Gefühl und Überzeugung am Ende den Umsatz machen, beschäftige ich Menschen, die sowohl an sich selbst als auch an das Unternehmen glauben. Mit diesem inneren Einverständnis und dieser Leidenschaft, anderen einen guten Dienst zu erweisen, können sie sich vor ein beliebiges Publikum stellen, ob groß oder klein, und mit Überzeugung über das sprechen, was wir tun.

Verkaufen sollte sich für Sie wie etwas anfühlen, das Sie keine Anstrengung kostet – wie eine natürliche Ergänzung Ihrer Person. Es sollte Ihnen Spaß bereiten, über das zu sprechen, was Sie tun. Estée Lauder, die Mitbegründerin des Kosmetikunternehmens, das sie zur einzigen Frau auf der Liste der 20 einflussreichsten Businesstitanen des 20. Jahrhunderts des *Time Magazine* machte, sagte einmal: »Ich habe keinen Tag in meinem Leben gearbeitet, ohne etwas zu verkaufen. Wenn ich von etwas überzeugt bin, verkaufe ich es, und ich bin dabei nicht zimperlich.«

Anders, als manche Menschen Ihnen vielleicht weismachen wollen, wird niemand als Verkäufer geboren. Suchen Sie nicht länger nach »Naturtalenten«. Halten Sie nicht nach Verkäufern Ausschau, sondern nach Menschen, die an Ihre Vision glauben und Beziehungen aufbauen wollen. Das brauchen nicht einmal Leute zu sein, die besonders gut vernetzt sind. In der Tat sind einige der kontaktfreudigsten, attraktivsten und einflussreichsten Menschen, die ich kenne, von Grund auf introvertiert.

Den eigenen Einfluss zu nutzen, bedeutet nicht, dass wir anderen etwas »andrehen« oder sie zu etwas überreden, was gegen ihre wohlverstandenen Interessen ist. Verkaufen hat damit zu tun, dass wir an uns selbst, an unser Unternehmen und an den Wert dessen glauben, was wir der anderen Person – ob potenzieller Kunde, Zulieferer oder wichtiger Branchenvertreter – anbieten können. Wenn Sie von dem, was Sie verkaufen, überzeugt sind, wenn Sie aus Ihrem Herzen und Bauch und nicht aus Ihrem Kopf heraus handeln, und wenn Sie in Ihrem tiefsten Inneren überzeugt sind, dass Sie der anderen Person etwas Gutes tun können, werden Beziehungspflege, Verhandeln und Verkaufen für Sie zur zweiten Natur.

Verhandeln hat mit Hebelwirkung zu tun

Wer in einer Verhandlung am längeren Hebel sitzt, geht in der Regel als Sieger hervor. Wer aber am längeren Hebel sitzt, ist nicht immer offensichtlich. Erstens können Sie, so sehr Sie sich auch vorbereiten, niemals wissen, was genau sich auf der anderen Seite abspielt. Am Ende zählt, dass Sie verstehen, wie Hebel funktionieren und wie Sie sich diese Hebelkraft zunutze machen können.

Wenn Sie zu viel Hebelkraft ansetzen und Ihren Gewinn aus einem konkreten Verkaufsgeschäft maximieren, gewinnen Sie vielleicht die Schlacht, aber nicht den Krieg. Amarillo Slim, der legendäre Pokerspieler und Gewinner der World Series of Poker von 1972, sagte einmal: »Ein Schaf kannst du einhundert Mal scheren, aber du kannst es nur einmal häuten.« Selbst ein Gauner wie Thomas Preston – so sein bürgerlicher Name – war sich dessen bewusst, dass er nur dann eine Aussicht auf eine lange Karriere hatte, wenn er die Menschen so behandelte, dass sie weiter mit ihm Geschäfte machen wollten. Das Ziel, in welchem Spiel auch immer, besteht nicht darin, Punkte zu machen, sondern eine Partnerschaft aufzubauen, die beiden Seiten ermöglicht, ohne Ende weiter zu punkten.

In der Frühphase meiner Karriere verfügte ich über wenig Hebel. Meine Verhandlungserfolge verdankte ich nicht der Vorspiegelung des Gegenteils – ich verspürte keinen Drang zum Bluffen. Vielmehr strukturierte ich meine Angebote so, dass die andere Seite ihr Risiko minimieren konnte und ich ihr den Deal auf diese Weise sehr viel schmackhafter machte. Kurzfristig bedeutete das nicht selten, dass ich den Kürzeren zog. Weil ich aber mehrere Schritte vorausdachte, bat ich um Zugeständnisse, die mir Vorteile einbrachten, sobald wir bestimmte Marken erreichten, ohne dass die andere Seite auf Vorteile verzichten musste. Weil ich als fairer Verhandlungspartner wahrgenommen wurde, konnte ich langfristige Beziehungen aufbauen.

In den frühen Tagen meiner Selbstständigkeit kam ein Mensch namens David auf mich zu und bot mir eine Lizenz auf seine Software an. Zugleich bat er mich, mich bei anderen Versicherungsunternehmen für sein Produkt einzusetzen. Er wusste, dass mein Unternehmen desto effizienter würde, je mehr Menschen dasselbe Produkt verwendeten. Weil seine Software besser war als alle vergleichbaren Angebote und er wusste, dass ich sie brauchte, versuchte er, den Preis noch oben zu drücken. Nicht nur bat er mich, ihm bei anderen Unternehmen zu helfen, sondern er wollte auch noch 50 000 US-Dollar für die Lizenz haben. Weil der »Einzelhandelspreis« etwas darüber lag, versuchte er mir dieses Angebot als eine Gefälligkeit zu verkaufen.

Ich fand das schon gewagt von David, mir sein Produkt verkaufen *und* von meinen Branchenkontakten profitieren zu wollen. Aber wie ein Großmeister nicht seine zukünftigen Schritte verrät, so blieb auch ich ruhig. In Wahrheit brauchte ich die Software und war angesichts unseres Kassenstands auch nicht unglücklich über den Preisnachlass. Und obgleich David scheinbar mich um eine Gefälligkeit bat, hätte es auch meinem Unternehmen nicht geschadet, wenn andere Unternehmen die gleiche Software verwendeten wie wir. David präsentierte sein Angebot als einen Win-win-Deal und hatte damit nicht unrecht. Wir wussten nur zu gut: Würden alle unsere Geschäftspartner die Software übernehmen, könnten wir unsere Bearbeitungszeiten signifikant verkürzen (und Sie wissen bereits, wie viel Wert ich auf Geschwindigkeit lege!) und damit unsere Personalkosten entscheidend verringern.

Hier kommt die Kenntnis der Funktionsweise des Hebels ins Spiel. So weihte ich David nicht in alle meine Gedanken ein. Es hätte meiner Hebelwirkung geschadet, wenn er gewusst hätte, was ich dachte. David hatte, das musste ich ihm zugestehen, seinen Vorschlag so klug vorgebracht, dass mein eigener (damaliger) Präsident darin eine gute Gelegenheit für uns sah. Auch wenn das teilweise stimmen möchte, verblüffte mich seine Reaktion. In Organisationen wissen die Topmanager die liquiden Mittel auf der Bank mitunter nicht in demselben Maße zu schätzen wie die Gründer. 50 Riesen waren in seinen Augen vielleicht nicht Peanuts, aber den Scheck stellte am Ende ein anderer aus.

Ich bat meinen Kollegen, ein Gespräch mit David zu vereinbaren. Unser Telefonat dauerte gerade einmal vier Minuten. Ich erklärte ihm einfach, wie ich sein Angebot verstand. »Lasst uns die Dinge klarstellen«, sagte ich. »Sie möchten, dass ich meinen guten Ruf dafür verwende, um bei den Versicherungsträgern Ihren Fürsprecher zu spielen, und Sie wollen mir darüber hinaus auch noch 50 Riesen für Ihre Software berechnen?« Ich sagte einige Augenblicke lang gar nichts, um diesen Punkt einsinken zu lassen. Dann fuhr ich fort: »Das wird nicht passieren, es sei denn, Sie verzichten komplett auf die Lizenzgebühr. Sagen Sie meinem Kollegen, wenn Sie damit zufrieden sind, und wenn nicht, dann weiß ich Bescheid. Haben Sie Fragen?«

Nach einer Pause von fünf Sekunden sagte er: »Nein.«

Sie mögen meine harte Linie für wagemutig halten. Weil ich aber meine eigenen Regeln der Vorbereitung befolgt hatte, hatte ich mich in Davids Lage versetzt und den Deal von seiner Warte aus betrachtet. Dabei wurde mir bewusst, wie viel er gewinnen würde, wenn ich alle meine Kontakte nutzte, um mich für ihn starkzumachen. Ich hielt ihn für clever genug (kenne deine Gegner!), um wie ein Großmaster zu denken und zu erkennen, dass der Verzicht auf 50 Riesen auf lange Sicht bedeutungslos war, wenn ich ihm dafür helfen würde, viele neue Kunden zu gewinnen. Das nutzte ich als Hebel, um meinem Gegenvorschlag Gewicht zu verleihen.

Wie endete dieses Machtspiel?

Ich habe Sie häufig genug in meine Niederlagen eingeweiht, um jetzt hier mit einem Lächeln zu sitzen und Ihnen von diesem Erfolg zu erzählen.

Nicht nur akzeptierte David meine Konditionen und verzichtete auf die Lizenzgebühr. Er erzählte die Geschichte auch seinem Freund Greg, der eine Beteiligungsgesellschaft leitet. David sagte ihm, ich hätte das, was es bräuchte, um im Markt zu bestehen. Das Ergebnis war, dass Greg im Zuge unserer nächsten Finanzierungsrunde zehn Millionen US-Dollar in unser Unternehmen investierte.

Wie war das alles möglich?

Wenn Sie sicher sind, dass Sie liefern können, und wenn Sie entschlossen sind, sich durchzusetzen, können Sie Ihren Preis verlangen. Wenn es an der Umsetzung hapert, sind Sie lediglich noch so ein Großmaul. Den Respekt im Markt verdienen Sie sich damit, dass Sie Ihre Zusagen zuverlässig einlösen.

Wie Sie gewinnen: Lassen Sie die andere Person denken, sie hätte gewonnen

In der Geschäftswelt begegnen Sie einer außerordentlich großen Bandbreite von Menschen. Manche sind brillant, manche sind arrogant, manche sind speziell und wieder andere sind verrückt. Die Fähigkeit, mit allen diesen Menschen – Kunden, Beschäftigten, Geschäftspartnern, Investoren – konstruktiv zusammenzuarbeiten, ist ein wesentlicher Erfolgsfaktor. Dazu gehört, dass Sie Menschen rasch einschätzen können und lernen, wie Sie mit ihnen eine solide Arbeitsbeziehung aufbauen.

Es existiert ein schmaler Grat zwischen verrückt und brillant, zwischen irre und irre erfolgreich. Neben John Gartners *The Hypomanic Edge* empfehle ich Ihnen *A First-Rate Madness – Uncovering the Link Between Leadership and Mental Illness* von Nassir Ghaemi. Diese Bücher werden Ihnen die Augen dafür öffnen, wie viele aus dem obersten Zehntausendstel anders denken. Die meisten sind anders gestrickt und Sie müssen dieses Strickmuster kennen, um mit ihnen klarzukommen.

Sie müssen lernen, wie Sie mit Vertretern dieses Schlages verhandeln. Anfangs wird es Ihnen scheinen, als befänden Sie sich unter lauter narzisstischen und gefühllosen Idioten. Aber es hilft alles nichts: Irgendwie müssen Sie mit diesen Typen klarkommen, denn sie werden nicht einfach verschwinden. Und die Wahrscheinlichkeit ist groß, dass Sie, wenn Sie das hier lesen und absolut entschlossen sind, bis zur höchsten Ebene vorzustoßen, selbst ein wenig »neben der Spur« sind.

Ich bin definitiv nicht nur ein bisschen »daneben«. Und weil ich darauf vorbereitet sein will, die Ebene des obersten Zehntausendstels zu erreichen, studiere ich alles und jeden, der oder das mir helfen kann.

Wenn Sie aus sich heraustreten können, werden Sie erkennen, dass Sie häufig gewinnen, indem Sie andere ebenso gewinnen lassen. Gelegentlich zahlt es sich auch aus, wenn wir andere glauben lassen, unsere Ideen wären in Wahrheit ihre Ideen gewesen. Um zu sehen, wie das geht, wollen wir die Welt der Mafia verlassen und uns dem Hedgefonds-Geschäft zuwenden – einer Welt, die nicht minder von Zwängen geprägt ist.

Als der junge Darius für einen Hedgefonds arbeitete, hätte sein Chef genauso gut John Gotti sein können. Er (wir wollen ihn Dale nennen) hatte einen großen Ruf und ein ebenso großes Ego. Darius pflegte Monate damit zu verbringen, Ideen zu recherchieren und im Markt nach Arbitragemöglichkeiten zu suchen. Wenn er schließlich eine Idee hatte und sie mit untadeligen Daten belegen konnte, besuchte er Dale in seinem Büro und erklärte ihm die Investition aus sämtlichen Blickwinkeln. Seine Recherchen und seine Präsentation waren jedes Mal Oscar-würdig. Er war clever, gut vorbereitet und überzeugend.

Und jedes Mal sagte sein Chef Nein.

Es machte Darius rasend. Er durchleuchtete seinen Vorschlag aus allen Richtungen und konnte bei bestem Willen nicht erkennen, wo er sich vertan haben sollte. Er war so frustriert, dass er beinahe kündigte. In Wahrheit aber hatte Darius einen blinden Fleck, und nur weil er entschlossen war, ihm in die Augen zu sehen, begann er, nach ihm zu suchen. In einem Teammeeting, das der Suche nach geeigneten Investments diente, bemerkte er, dass einer seiner Kollegen sehr wenig sagte und alles Lob an Dale weiterreichte. Weil Darius wusste, dass viele Ideen von eben jenem Kollegen stammten, überraschte es ihn, dass sie als Dales Ideen vorgestellt wurden.

Das war sein Aha-Moment.

Als Darius das nächste Mal eine Idee hatte, wählte er eine andere Vorgehensweise. Anstatt mit Vorschlägen betrat er Dales Büro mit Fragen. Anstatt Zuversicht zu demonstrieren, spielte er den Ratsuchenden: »Dale, mir ist aufgefallen, dass die Ertragskurve flacher wird.«

»Was möchtest du damit sagen?«, fragte Dale.

»Mir ist auch aufgefallen, dass der Preis von Zehn-Jahres-Staatsanleihen über dem langjährigen Mittel liegt.«

»Das ergibt keinen Sinn«, sagte Dale.

»Ich verstehe es auch nicht«, erwiderte Darius betreten. »Irgendetwas scheint da nicht zu stimmen.«

»Das kannst du laut sagen. Wir müssen Zehn-Jahres-Staatsanleihen leerverkaufen.«

»Du hast recht. Ich weiß nicht, warum ich das nicht selbst gesehen habe.«

»Ich schon. Ich kann euch jungen Leuten nur immer wiederholen: Es braucht 30 Jahre, um ein Übernacht-Erfolg zu werden. Nun mach dich auf die Socken und verkaufe diese Zehn-Jahres-Dinger.«

Nach dem, was Sie mittlerweile über Machtspiele wissen, sollte Ihnen diese (wahre) Geschichte einleuchten. Weil Darius schließlich begriff, was es heißt, wie ein Großmeister zu denken, war er in der Lage, eine Reihe von Schritten zu unternehmen – und eine Reihe von Fragen zu stellen –, die Dale dahin führten, wo Darius ihn haben wollte.

■ ■ ■ ■ ■

Die Mafia ist eine faszinierende Organisation. Obgleich ich nicht vieles von dem befürworte, was sie tut, habe ich mir von ihrer Funktionsweise vieles abgeschaut. Natürlich können wir einfach im Spaß sagen: »Unterbreite ihm ein Angebot, das er nicht ablehnen kann.« Ich wünsche mir aber, dass Sie dies auf eine andere Ebene tragen. Indem Sie sich wie ein Mafioso vorbereiten, bekommen Sie einen Blick für die Risiken, die in einem Meeting liegen, und tun, was Sie können, um sich den Erfolg zu sichern, noch bevor das Meeting überhaupt begonnen hat. Ein Angebot, das sowohl Sie als auch die andere Seite reicher macht, ist genau so ein Angebot, das niemand ablehnen kann.

15

Pflegen Sie Ihre Macht und bleiben Sie kampferprobt

Wenn einer stolz ist auf sein Vermögen, sollte er nicht gelobt werden, solange nicht bekannt ist, wie er es einsetzt.

Sokrates

Jeder mag Sie – jedenfalls, solange Sie kein Wettbewerber und erst recht kein erfolgreicher Wettbewerber sind. Als ich mein Unternehmen gründete, gaben all die Cheerleader ihr Stelldichein, um mir Glück zu wünschen. Die Menschen lieben herzenswarme, flauschige Underdog-Geschichten. Als mein Unternehmen dann tatsächlich zu wachsen begann, tauchten von überallher die Feinde auf. Man begann, mich in den sozialen Medien zu blocken. Gerüchte wurden in die Welt gesetzt; man nannte mich Darth Ben-David. Vertreter meiner Branche unternahmen, wie Sie mittlerweile wissen, alles, was sie konnten, um mich zu Fall zu bringen.

Jahr um Jahr ein erfolgreicher Entrepreneur zu bleiben, ist die ultimative Herausforderung.

In unserem letzten Kapitel möchte ich, dass Sie noch mehr über die Hebelwirkung lernen. Ich möchte, dass Ihnen bewusst wird: Die Möglichkeit, zwischen mehreren Optionen zu wählen, wird Ihr Denken verändern und Sie schließlich in eine Position der Macht bringen. Ich möchte Ihnen zeigen, dass jeder Austausch, den Sie mit jemandem haben, in dem Augenblick ein anderer wird, in dem Sie zuerst fragen, wie Sie dem anderen helfen können, bevor Sie im Gegenzug Ihrerseits um etwas bitten.

Wir wollen diverse Themen, über die wir bereits gesprochen haben, noch etwas ausführlicher behandeln. Weil Sie, wenn Ihr Unternehmen wachsen soll, Mitarbeiter benötigen – und weil Sie, wenn Sie Ihr Leben genießen wollen, erfüllende Beziehungen brauchen –, wollen wir nun ein wenig in die Tiefe gehen und erklären, wie Sie andere dazu bringen können, das Beste aus sich herauszuholen. Verstehen Sie mich nicht so, als ob ich dächte, Sie müssten stets das Steuer in der Hand behalten. Vielmehr müssen Sie verstehen, was die Menschen antreibt, sich klarmachen, dass die Antwort für jeden Menschen anders ausfällt, und Ihre Rolle aus Führungskraft nutzen, um diesen Menschen beim Steuern beizustehen.

Wahre Macht heißt, Optionen zu haben

Macht hat so viel mit Hebelkraft zu tun, dass wir tiefer graben müssen, um besser zu verstehen, was es damit auf sich hat. Die größte Hebelkraft kommt demjenigen zu, der am wenigsten auf einen Deal angewiesen ist. Optionen zu haben, verleiht Macht. Solange Sie auf einen Deal nicht angewiesen sind, sind Sie in der besten Position, für sich die besten Konditionen zu erstreiten. Wenn Sie den Deal unbedingt brauchen, sind Sie der Macht desjenigen ausgeliefert, der ein geringeres Interesse an dem Deal hat. Entsprechend gering sind Ihre Aussichten auf einen guten Deal.

So weit liegt das auf der Hand. Die Frage ist: Wie setzen Sie das in die Praxis um? Die kurze Antwort lautet: Halten Sie sich, wo immer möglich, mehrere Optionen offen. Suchen Sie nicht nach dem einen Traumhaus (Ähnliches gilt für Autos, Bürogebäude oder wichtige Stellenbesetzungen), sondern beobachten Sie den Markt und suchen Sie sich drei Optionen heraus, die Ihnen zusagen. Wenn Sie dann einen Deal für Ihre Topoption aushandeln, sind Sie im Vorteil, weil Sie weitere Optionen in der Hinterhand haben, mit denen Sie ebenso zufrieden wären. Wenn Sie merken, dass Sie die einzige Option des Verkäufers sind, sitzen Sie wirklich am längeren Hebel.

Ich kenne Entrepreneure, die sich mit einem einzigen Großkunden begnügen und hoffen, dass damit alle ihre Probleme gelöst sind. Sie denken, sobald sie ihr Produkt bei Costco, Target oder Walmart platziert haben, bräuchten sie nicht länger auf Kundensuche zu gehen. Vielleicht erweist sich ein solcher Deal als die große Nummer – für einen Monat oder auch für ein Jahr oder zwei. Irgendwann aber wird dieser Großkunde sich zunutze machen, dass er am längeren Hebel sitzt, und Ihnen Ihre Macht nehmen.

Wie viele Ängste stehen Sie durch, wenn Sie Sorge haben, einen wichtigen Kunden oder einen geschätzten Mitarbeiter zu verlieren? Und warum? Der wahre Grund ist: Sie wissen nicht, ob Sie den Verlust dieses Kunden oder dieses Mitarbeiters überleben werden. Das aber heißt nichts anderes, als dass Sie Ihre Macht bereits aus der Hand gegeben haben.

Ich bin für Bobbys Unternehmen mit einem Jahresumsatz von acht Millionen US-Dollar als Berater tätig. Auf dem Papier sieht dort alles wunderbar aus. Es gibt nur ein Problem: Fünf Millionen US-Dollar Umsatz entfallen auf einen einzigen Kunden. Eine Zeitlang war der Kunde zufrieden und das Leben war großartig. Mit der Zeit aber forderte der Kunde immer mehr Zugeständnisse ein. Und warum hielt Bobby nicht dagegen? Weil er keine anderen Optionen hatte. Bluffen hin oder her – die Menschen spüren, wer in einer Beziehung die Macht hat. Der Kunde hörte nicht auf, immer bessere Konditionen zu fordern, verbunden mit der impliziten Drohung: Wenn ihr uns nicht gebt, was wir wollen, freuen sich eben andere über den Auftrag.

Mittlerweile müssten wir alle in geschäftlichen Dingen Großmeister sein. Wir sollten in der Lage sein, auf den perfekten Schritt zu kommen, mit dem sich Bobby aus seiner Zwangslage befreien konnte. Und genau das war in der Tat sein Auftrag an mich. Das Problem war jedoch, dass er seine jetzige Lage den versäumten Schritten der zurückliegenden Jahre verdankte. Seine Probleme rührten aus der Zeit, als er aufhörte, auf Kundensuche zu gehen, sein Unternehmen nicht länger wuchs und er sich damit zufriedengab, dass er diesen einen Großkunden gefunden hatte.

Ich hatte eine einfache Lösung für Bobby. Ich trug ihm auf, sich weitere Optionen zuzulegen. Seine Verhandlungsmacht war schon zerronnen. Es gab keinen Schritt, den er hätte unternehmen, und keinen Bluff, den er hätte in Szene setzen können, um den Großkunden zu halten und auch nur einen Cent Gewinn zu machen.

Er wollte das natürlich nicht hören.

Bobby verlor den Kunden und sein Unternehmen musste sich von einem Tag auf den nächsten mit weniger als der Hälfte des Umsatzes begnügen. Als wäre das nicht schon schlimm genug gewesen, sah er sich alsbald gezwungen, sein Unternehmen zu verkaufen, weil es sich ohne den Hauptkunden nicht mehr trug. Und wissen Sie, wer es kaufte? Richtig: sein alter Kunde. Und kaum war die Übernahme perfekt, war Bobby auch schon seinen Posten los. Weil Bobby wie ein Amateur spielte und niemals mehr als ein oder zwei Schritte vorausdachte, wurde er mir nichts dir nichts schachmatt gesetzt.

Die Moral von der Geschichte? Der Schlüssel zur Macht liegt darin, über Optionen zu verfügen. Hätte Bobby seinen Umsatz auf einen größeren Kreis von Kunden verteilt, wäre er nicht verwundbar gewesen. Wäre er bis zu dem Punkt gewachsen, an dem die Nachfrage nach seinem Produkt seine Produktionskapazitäten überstiegen hätte, hätte er derjenige sein können, der die Konditionen diktiert. Die Macht hätte sich verschoben und Bobby wäre in der Lage gewesen, die Preise zu erhöhen und auf kürzeren Zahlungsfristen zu bestehen.

In Ihren Beziehungen haben Sie vielleicht Glück und finden die perfekte Person, mit der Sie fortan auf ewig zusammenbleiben. In der Geschäftswelt aber gibt es die perfekte Kundin nicht, mag sie noch so schön oder reich sein. Wenn 30 Prozent oder mehr Ihres Umsatzes aus einer Quelle stammen, sind Sie in Schwierigkeiten. Es spielt keine Rolle, wie viel Geld Sie machen. Solange Ihre Einnahmequelle im Wesentlichen aus einem Kunden besteht, sitzt dieser Kunde am längeren Hebel.

Erzeugen Sie für sich Optionen. Das gilt für Kunden genauso wie für Mitarbeiter. Wenn Sie mit beiden reichlich versorgt sind, brauchen Sie nicht ständig mit der Sorge zu leben, jemand könnte Sie alsbald verlassen. Sie können sich für alle attraktiver machen, indem Sie sich gut in Form halten. Im geschäftlichen Kontext bedeutet das, dass Sie besser arbeiten, sich schneller verbessern, mehr Ausdauer zeigen und bessere Strategien verfolgen als Ihre Wettbewerber.

Das langfristige Spiel der Macht: Demut und Dienstbereitschaft

Im Jahr 2019 hielt ich vor einer Gruppe angehender Entrepreneure auf einer Veranstaltung namens DRIVEN im kalifornischen Long Beach einen Vortrag. Anschließend kam ein Mann auf mich zu, während um uns herum 40 Menschen standen und fünf Kameras auf uns gerichtet waren, und erklärte: »Ich muss Ihnen etwas sagen, Patrick: Was Sie da erzählt haben, hat mein Leben verändert. Damit will ich sagen: Ich bin nicht länger derselbe Mensch.«

Für solche Augenblicke lebe ich. Zu hören, wie meine Worte anderen geholfen haben, ist für mich eine ungeheure Quelle des Stolzes. Gerade, als ich in seinen schmeichelnden Worten schwelgte, überreichte er mir seine Karte und sagte: »Ich heiße Ritchie. Wenn Sie irgendwann einmal eine Immobilie in Vegas kaufen möchten, rufen Sie mich einfach an.«

Ich unterbrach ihn auf der Stelle. »Lassen Sie mich Sie etwas fragen«, sagte ich. »Wissen Sie, was Sie da gerade gemacht haben?«

»Was habe ich gemacht?«, fragte er.

Halten wir kurz inne, damit Sie überlegen können, was er tat. Wenn Sie mich fragen, dann war das in etwa so, wie wenn Sie an einer Bar eine Frau ansprechen und sagen würden: »Hei, Sie sehen so gut aus. Und Ihr Haar! Ich sehe, Sie investieren viel Zeit dafür. Ihre Augenbrauen: einfach perfekt! Sie sind umwerfend. Hören Sie, wenn Sie vielleicht einmal mit mir schlafen wollen, hier ist meine Karte. Rufen Sie mich einfach an.« Klingt das in Ihren Ohren nach einem Power Move?

Ich mochte Ritchie. Ich hatte Sympathie für seine forsche Art. Ich wollte nur, dass er versteht, wie seine Methode jede Chance zunichtemachte, eine langfristige Beziehung zu mir aufzubauen. Mit dem Schrotflinten-Prinzip werden Sie sicherlich hin und wieder einen Fang machen – allein schon aufgrund der Zahl der Versuche. Selbst Amateure, die nur genau einen Schritt vorausdenken, schließen so bisweilen einen Deal ab.

Ich fragte ihn: »Was wollen Sie mit dieser Beziehung hier anfangen? Machen Sie sich klar, welche Brille Sie da gerade auf der Nase haben. Durch sie sehen Sie nur, was Sie sich davon erwarten.«

Wir plauderten noch eine Weile und ich spürte bei Ritchie genug Neugier und Ergebenheit, um ihm eine Geschichte zu erzählen.

Als ich Anfang 20 war und gerade angefangen hatte, Versicherungen zu verkaufen, begegnete ich einem gut vernetzten Mann namens Eli. Er stammte ebenfalls aus dem Nahen Osten und wir hatten ein paar gemeinsame Freunde. Es war keine geschäftliche Verbindung; er war eher so etwas wie ein Familienfreund. Wir wurden Kumpel und er lud mich zu seinem 50. Geburtstag ein. Die Feier fand in seinem

Haus in einem teuren Vorort von Los Angeles statt. Ich kam in meinem Ford Focus und sah in der Nähe des Hauses eine Reihe hübscher Autos stehen. Ich begriff, dass die Party eine unvergleichliche Gelegenheit wäre, Beziehungen zu knüpfen. Dennoch hielt ich mich bedeckt. Ich sprach nicht über Geschäftliches und verteilte auch keine Visitenkarten. Ich blieb sogar am Ende noch und half beim Abwasch.

Zwischen Eli und mir entwickelte sich eine Freundschaft. Als wir uns schon etwas besser kannten, fragte ich ihn: »Wie kann ich dir helfen? Was kann ich tun, um dir das Leben zu erleichtern?«

Eli wurde emotional und erzählte mir, sein Sohn säße seit neun Jahren ein. Niemand würde ihn besuchen – wegen der vier Stunden Fahrt bis dahin. Das Gefängnis wäre von der harten Sorte. »Wenn du bereit wärest, einmal hinzufahren«, sagte Eli, »würde mir das sehr viel bedeuten. Ich verstehe, wenn du das nicht möchtest, aber das wäre echt ein Riesengefallen, den du mir tun könntest.«

Ich willigte ein. Bevor ich fuhr, musste ich eine Hintergrundüberprüfung mit Fingerabdrücken und all dem Drum und Dran über mich ergehen lassen. Es brauchte 30 Tage, bis ich die Genehmigung hatte. Ich machte mich umgehend auf den Weg und verbrachte einen ganzen Tag mit Elis Sohn. Er saß in der Ecke und sagte Dinge wie: »Der Typ da hat auf den da eingestochen. Er war dafür in der Zelle. Der da ist hier der Boss.« Er zeigte mal auf den einen, mal auf den anderen und erzählte mir Geschichten, als wären wir alte Freunde.

Wir wurden Brieffreunde. Wir schrieben uns nicht E-Mails, sondern Briefe! Ich unternahm die vierstündige Reise noch mehrere Male. Nach meinem ersten Besuch rief Eli mich an und sagte: »Du kannst dir nicht vorstellen, wie wichtig das, was du gemacht hast, für mich war.«

Ich sagte: »Bruder, jederzeit.«

Das war der Augenblick, in dem ich Eli erzählte, dass ich Finanzberater und auf der Suche nach Kunden wäre.

Er gab mir eine Liste von 600 Namen und sagte mir, ich könne mich auf ihn beziehen.

Der Unterschied zwischen Kaltakquise (bei der die Angerufenen in der Regel auflegen) und Empfehlungen (die häufig zu Begegnungen führen) war mir damals schon bekannt.

Eine Person von der Liste vermittelte mir eine Begegnung mit jemandem, der mich jemandem vorstellte, der mich jemandem vorstellte, der mich jemandem vorstellte, der mich jemandem vorstellte, der mich jemandem vorstellte, der mir am Ende 30 Millionen US-Dollar einbrachte.

Als ich mit meiner Geschichte fertig war, hatte sich Ritchies Gesichtsausdruck verändert. Ich sagte ihm: »Können Sie sich vorstellen, was passiert wäre, wenn ich gleich am ersten Tag zu ihm gegangen und ihn gefragt hätte: ›Können Sie mir ein paar potenzielle Kunden vermitteln?‹ Er hätte Nein gesagt.«

Machtspiele haben immer mit Zeit und Geduld zu tun. Warum, glauben Sie, haben wir so viel über Schachmeister gesprochen? Wenn Sie sich Empfehlungen und Langzeitbeziehungen wünschen, sollten Sie, wenn Sie das nächste Mal jemandem begegnen (und erst recht, wenn es jemand mit einem großen Netzwerk ist), nicht hingehen und sagen: »Wollen Sie mit mir schlafen? Können Sie mir geben, was ich mir wünsche?«

Der Power Move besteht darin, die Sache umzudrehen und stattdessen zu fragen: »Was kann ich für Sie tun? Wie kann ich Ihnen helfen?« Ein solcher Schritt stellt einen fundamentalen Paradigmenwechsel dar. Sie werden daraufhin nicht nur bessere Beziehungen pflegen, sondern, sofern Sie nur ausreichend Geduld und Ausdauer mitbringen, Eimer voll Geld verdienen.

Die Formel für den Machtgewinn

Arbeiten Sie härter. Es ist wichtig, dass Sie Zeit investieren. Aber harte Arbeit allein reicht nicht.

Verbessern Sie sich schneller. So erschließen Sie sich kontinuierlich neue Möglichkeiten, wie Sie Ihr Unternehmen auf die nächste Ebene heben können. Wenn es einen Bereich gibt, in dem ich schon immer besser sein wollte als alle anderen, dann ist es die Fähigkeit, mich schnell zu verbessern.

Entwerfen Sie die besseren Strategien. Dazu müssen Sie fünf Schritte voraus denken. Sie müssen herausfinden, wie Sie wachsen können, und die Geduld aufbringen, viele Schritte im Voraus zu planen, bevor sie Früchte tragen.

Zeigen Sie mehr Ausdauer als alle anderen. Wer jemand ist, zeigt sich am deutlichsten in Zeiten großen Erfolgs und tragischen Scheiterns. Es lässt sich kaum im Voraus sagen, wer in solchen Situationen dranbleibt. Das verlangt Durchhaltewillen, den wir dann haben, wenn wir Entscheidungen getroffen haben, die dafür sorgen, dass wir stets auf der Hut sind und uns weiter auf das Spiel fokussieren.

»Beschatten« Sie denjenigen, der Sie sein wollen

Hier jetzt schließt sich der Kreis. Der erste Schritt bestand darin, dass Sie sich klarmachen, wer Sie sein wollen. Der Power Move, um zu werden, wer Sie sein wollen, ist nun, jemanden zu finden, der diesen Erfolg bereits jetzt »lebt«.

Warren Buffett hatte an der Columbia University das Glück, Benjamin Graham als seinen Professor zu haben. Der Autor des Buches *Intelligent investieren – der Bestseller über die richtige Anlagestrategie* gilt als der Vater des Value Investing. Dass er einem der größten Köpfe des wertorientierten Anlegens quasi über die Schulter schauen konnte, spielte eine entscheidende Rolle für Buffetts Erfolg. Buffett wünschte sich so sehr, in Grahams Fußstapfen zu treten, dass er nach Ende seines Studiums sogar umsonst für Graham zu arbeiten bereit gewesen wäre. Doch Graham hatte keinen Job für ihn und so ging Buffett zurück in seine Heimatstadt Omaha im US-Bundesstaat Nebraska. Später stellte Graham ihn dann doch ein und Buffett sagte: »Ich habe eine Stelle bei meinem Helden Ben Graham angenommen. Ich habe nicht gefragt, was ich dafür bekomme. Das fand ich erst Ende des Monats heraus, als ich meine erste Gehaltsabrechnung erhielt.«

Physische Nähe unterscheidet »Beschatten« von der Suche nach einem Mentor, worüber wir im 12. Kapitel sprachen. Wenn Sie jemanden finden, der bereit ist, Sie über die Schulter schauen zu lassen, sollten Sie diese Chance unbedingt nutzen. Jemandem aus der Nähe zuzuschauen, ist etwas ganz anderes, als einen Mentor zu haben. Ein Mentor mag Ihnen erzählen, was er tut, aber indem Sie jemanden »beschatten«, sehen Sie mit eigenen Augen, was er tut. Sie erfahren aus erster Hand, wie er sich in Konflikten und in harten Verhandlungen verhält. Sie lernen, wie er sich gegenüber seinen Feinden verhält und wie er sein Team motiviert.

Ich kann gar nicht genug unterstreichen, wie wichtig es ist, sich im Dunstkreis von Menschen zu bewegen, die bereits das Leben führen, dass Sie sich für sich selbst erträumen. Der entscheidende Tipp lautet: Halten Sie sich in jeder Phase Ihrer Karriere in unmittelbarer Nähe erfolgreicher Menschen auf. Ich habe mich an die Fersen von Menschen geheftet, die ich bewunderte. Als Kind wollte ich meinen Vater überallhin begleiten. In der Armee suchte ich die Nähe der besten Führungskräfte. Ich trainierte mit den stärksten Jungs. Als Verkäufer bei Bally suchte ich die Nähe von Francisco Davis, weil er der Topverkäufer war. Es war mir egal, wie spät es war oder was ich dafür tun musste. Für ein Zehn-Minuten-Gespräch mit Francisco oder auch nur dafür, mich mit ihm in einem Raum aufzuhalten, wenn er seine Nachfass-Telefonate tätigte, war ich jederzeit bereit, länger zu bleiben. Mich interessierte ausschließlich, wie ich meinem Kopf Futter geben und was ich besser machen konnte.

Erfolgreiche Menschen sind viel beschäftigt und deshalb müssen Sie ihnen schon etwas bieten. Sie machen nichts falsch, wenn Sie anbieten, ihnen einen Kaffee oder ein Mittagessen zu kaufen. Noch besser ist es allerdings, etwas zu tun, was für sie geschäftlich von Vorteil ist. Bieten Sie an, ihre Angebote Korrektur zu lesen oder für sie zu recherchieren. Bieten Sie an, länger zu bleiben und ihre Dankesbriefe zu schreiben, während sie ihre Verkaufsgespräche führen. Sie werden überrascht sein, was Sie alles anbieten können. Besonders, wenn Sie unter 30 sind, kennen Sie sich mit sozialen Medien vermutlich besser aus als fast jeder über 40. Bieten Sie an, ihnen zu helfen, ihre geschäftliche Präsenz in den sozialen Medien zu gestalten. Im Idealfall wird daraus eine Win-win-Beziehung. Sie profitieren von dem, was Sie in der Gegenwart der anderen Person lernen, und diese profitiert von Ihren Fähigkeiten und Ihrer Bereitschaft zu arbeiten.

■ ■ ■ ■ ■

Ein letztes Beispiel ist der NBA-Trainer Steve Kerr. Ja, noch einmal derselbe, der Andre Iguodala das Gefühl gab, gebraucht zu werden auf dem Weg der Golden State Warriors zur NBA-Championship. In seinen ersten fünf Saisons als Cheftrainer führte Kerr die Warriors jedes Jahr bis in die NBA-Finals und gewann drei

Meisterschaften. Nach fünf aufreibenden Saisons – inklusive der letzten, in der Klay Thomson, Kevin Durant und die DeMarcus-Vettern massive Verletzungen erlitten (und Letztere das Team verließen) – könnte man meinen, er hätte sich den Sommer 2019 über eine wohlverdiente Pause gegönnt.

Im Sommer 2019 bereitete sich das Team USA auf die FIBA-Weltmeisterschaft vor. Ich bin großer Basketballfan und könnte Ihnen dennoch nicht sagen, wofür FIBA steht. Für den Trainer dieser Mannschaft gibt es wenig zu gewinnen – keinen Ruhm, keine olympische Medaille und auch sonst kaum Anerkennung. Weil sich viele NBA-Stars weigerten, in diesem Team zu spielen, waren hier nur wenige All-Stars vertreten. Aber weil mit Gregg Popovich der vermutlich beste NBA-Trainer hier den Cheftrainer gab, verzichtete Steve Kerr auf seinen Urlaub und wurde Popovichs Assistent. Die Gelegenheit, eine solche Persönlichkeit zu »beschatten«, konnte er sich nicht entgehen lassen.

»Das ist eine unglaubliche Gelegenheit und ich bin äußerst dankbar dafür«, sagte Kerr. »Ich hatte das große Glück, als Amateur an unserem USA-Basketball-Programm teilzunehmen und drei Jahrzehnte später die Chance zu haben, auf die Weltbühne zurückzukehren und unter Pop – einem meiner ehemaligen Trainer und ein Mentor – zu arbeiten, ist für mich eine große Ehre.«

Wenn Sie Macht gewinnen wollen, müssen Sie Gelegenheiten schaffen, anderen über die Schulter zu schauen. Wenn Sie außergewöhnlich sein wollen, sollten Sie jede Gelegenheit nutzen, die Sie finden können, um sich mächtigen Führungspersönlichkeiten an die Fersen zu heften – selbst wenn Sie gerade erst eine Meisterschaft gewonnen haben.

Führung bedeutet zu wissen, was andere Menschen antreibt

In diesem unserem letzten Kapitel wollen wir weitere Ideen aufgreifen, über die wir bereits gesprochen haben, um sie auf die nächste Ebene zu heben. Im zweiten Kapitel sprachen wir davon, wie wichtig es ist zu wissen, was uns antreibt. Wir wollen jetzt untersuchen, was andere motiviert. Einiges davon streiften wir bereits, als wir über die neun Sprachen der Liebe von Entrepreneuren sprachen, aber hier geht es jetzt um die nächste Ebene.

Als ich als 21-Jähriger für Morgan Stanley Dean Winter als Berater tätig war, sprach ich binnen eines Monats mit zwei Kategorien von Kunden. Die erste bestand aus Senioren, die sich für bessere Alternativen für ihren Ruhestand interessierten. Ich verbrachte den Großteil meiner Zeit damit, ihnen etwas darüber zu erzählen, wie es sich anfühlen würde, sich ein Leben auf 1000 Quadratmetern leisten zu können – mit einem Ferrari vor der Tür und einer schwarzen Amex-Karte in der Brieftasche. Sie schauten mich an, als hätte ich den Verstand verloren, bis sie zuletzt überhaupt nicht mehr zuhörten.

Einige Wochen später sprach ich mit einer Gruppe von Verkäufern im Alter von Ende 20 bis Anfang 30 und entschied mich für eine diametral andere Herangehensweise. Ich bat sie, sich vorzustellen, wie es sich anfühlen würde, eines Tages in der Lage zu sein, ihre Kinder und Enkel auf die besten Universitäten zu schicken, ohne sich wegen der Kosten Gedanken machen zu müssen. Oder genug Geld auf einem Ruhestandskonto zu haben, um sich für den Rest des Lebens monatlich 10000 US-Dollar genehmigen zu können und bequem in der Nähe eines Golfplatzes zu leben. Auch diesmal hörte mir bald keiner mehr zu.

Zur selben Zeit hatte ich eine Managerin, die mich zu motivieren versuchte. Sie sprach stets nur über Dinge, die *sie* antrieben. Wie Sie sich vorstellen können, konnte sie mich damit nicht hinterm Ofen hervorlocken. Doch wurde mir bei dieser Gelegenheit klar, warum ich an meinen Zuhörern vorbeigeredet hatte. Wie meine Managerin es versäumte, über das zu sprechen, was mich bewegte, so hatte auch ich versäumt, über das zu sprechen, was meine Zuhörer bewegte.

Der ultimative Power Move besteht darin, das Beste aus den Menschen herauszuholen. Das ist auch der Schritt, der – und jetzt spreche ich aus eigener Erfahrung – die größte Erfüllung bringt. Zu sehen, wie es die Menschen schließlich schaffen, die Zündung zu starten und erfolgreich zu sein, ist das, wofür ich lebe. Es ist auch der Grund, warum Sie jetzt dieses Buch in der Hand halten.

Eine großartige Führungskraft ist jemand, der ein großartiges Beispiel setzt und moralische Autorität verdient. Eine großartige Führungskraft ist jemand, dem es gelingt, andere dazu zu bringen, Dinge zu tun, die sie von allein nicht getan hätten. Es gibt viele Menschen, die ein großartiges Beispiel setzen und sich fragen, warum ihr Team sich weigert, ihrem Beispiel zu folgen. Ein Beispiel zu setzen, reicht allein noch nicht aus. Großartige Führungskräfte lernen früher oder später, andere an ihre eigenen Leistungsstandards heranzuführen. Das ist keine einfache Aufgabe und darum wird diese Fähigkeit auch so gut bezahlt. Wer lernt, wie man andere motiviert, verfügt über eine Fähigkeit, die auf beliebige Branchen übertragbar ist.

Schauen wir uns noch einmal die vier Kategorien an, die Menschen antreiben. Anschließend wollen wir für jede Kategorie gesondert besprechen, wie sich Menschen dieser Kategorie führen lassen.

DIE VIER KATEGORIEN, DIE MENSCHEN ANTREIBEN

AUFSTIEG

- Nächste Beförderung
- Erledigung einer Aufgabe
- Einhaltung einer Frist
- Als Team ein Ziel erreichen

INDIVIDUALITÄT

- Lebensstil
- Anerkennung
- Sicherheit

VERRÜCKTHEIT

- Opposition
- Rivalität
- Kontrolle
- Macht und Ruhm
- Andere widerlegen
- Peinlichkeit/Scham vermeiden
- Meisterschaft
- Der/die Beste sein (Rekorde brechen)

SINN UND ZWECK

- In die Geschichte eingehen
- Anderen helfen
- Wandel
- Wirkung/Einfluss
- Erleuchtung/Selbstverwirklichung

WAS SIE ANTREIBT, VERÄNDERT SICH MIT JEDER PHASE IHRES LEBENS

- **Aufstieg.** Wer von diesem Wunsch getrieben ist, sieht im Erklimmen neuer Höhen die beste Form der Motivation. Er muss ständig das nächste Ziel und die nächsthöhere Position vor Augen haben, um nicht das Interesse zu verlieren.
- **Individualität.** Mit dieser Gruppe müssen Sie darüber sprechen, wie ihre Zukunft aussehen kann, wenn sie alles geben, was sie haben: Autos, Prestige, Besuch der besten Restaurants, Reisen, Nähe zu Berühmtheiten und so weiter. Solange sie wissen, dass sie den Lebensstil, der sie motiviert, früher oder später erreichen werden, indem sie für Sie arbeiten, werden sie ihren Beitrag zum Wachstum Ihres Unternehmens leisten.
- **Verrücktheit.** Menschen dieser Kategorie verstehen unkonventionelle Faktoren als die beste Form der Motivation. Ihre Triebfeder ist es, einen Feind zu haben und sich mit einem Gegner zu messen. Sie verlieren jedes Interesse, sobald sie nicht länger mit immer neuen Feinden und Herausforderungen gefüttert werden.
- **Sinn und Zweck.** Menschen dieser Kategorie wollen Teil von etwas Größerem sein, aber sie wollen auch in die Geschichtsbücher eingehen (in die Annalen des Unternehmens oder der Branche). Diese Gruppe ist möglicherweise unter allen vieren die kleinste, aber wenn Sie das Glück haben, einen ihrer Vertreter für Ihre Organisation zu gewinnen, dürfen Sie sich auf eine massive Explosion gefasst machen.

Verstehen, positionieren und führen Sie, aber versuchen Sie nicht, andere zu »verbessern«.

Ganz gleich, wen Sie managen – vergessen Sie nicht, dass es keine schnellere Möglichkeit gibt, jemanden zu verlieren oder zu frustrieren, als ihn verändern zu wollen. Ich habe diesen Fehler in meiner Karriere viel zu häufig selbst gemacht. Finden Sie stattdessen heraus, was den Betreffenden antreibt, und positionieren Sie ihn so, dass er auf der höchsten Ebene erfolgreich sein kann. Vielleicht müssen Sie dazu die Brille verändern, durch die Sie ihn sehen.

Versuchen Sie nicht, Menschen zu »verbessern«. Die Vorstellung, Sie könnten Menschen verändern oder verbessern, ist trügerisch. Zu Beginn meiner unternehmerischen Tätigkeit beging ich diesen Fehler ein ums andere Mal. Ich übte auf andere Druck aus, wenn ihre Leistung zu wünschen übrig ließ, weil ich annahm, dass es das war, was sie brauchten. Ich stellte mir vor, dass sie, wenn sie den Erwartungen nicht gerecht wurden, mein Feedback begrüßen würden, mochte es auch noch so hart ausfallen, und dass sie sich verändern und jene Performer werden würden, als die ich sie brauchte.

Das ist aber ein Irrtum. Ich kam zu der Erkenntnis, dass ich Menschen nicht ändern konnte. Der Antrieb, die eigenen Fehler zu korrigieren, musste aus ihnen selbst kommen. Nachdem mir das klar geworden war, begann ich, Mitarbeiter effektiver zu führen. Ich versuchte nicht länger, die Probleme anderer zu lösen. Stattdessen begriff ich, dass sie jemanden brauchten, der ihnen zuhörte, ihnen Fragen stellte und sie sanft in die richtige Richtung schubste. Die Menschen wollen angehört werden. Sich Zeit zu nehmen, um andere zu verstehen, ist der ultimative Power Move. Wer den inneren Antrieb verspürt, Spitzenleistung zu zeigen, wird sich daraufhin selbst verbessern. Er trägt seinen Teil dazu bei, seinen Beitrag leisten zu können.

■ ■ ■ ■ ■

Nachdem wir uns eingehender mit Machtspielen befasst haben, verfügen wir jetzt über eine andere Brille, durch die wir alle menschlichen Interaktionen betrachten. Ob es um die Durchsetzungskraft in Verhandlungen oder Ihr erstes Treffen mit einem Influencer geht – was Sie zum Großmeister macht, ist die Bereitschaft, sich die Zeit zu nehmen und zu schauen, wo die Macht liegt. Wenn Sie diese Fähigkeit entwickeln wollen, tun Sie gut daran, großartigen Führungskräften über die Schulter zu schauen. Setzen Sie alles daran, sich in die Nähe von Menschen zu begeben, die die Fähigkeiten und den Erfolg haben, die Sie selbst sich wünschen.

Und halten Sie die Liste mit den Dingen, von denen Menschen angetrieben werden, stets griffbereit. Vergessen Sie nicht: Die Menschen werden von unterschiedlichen Dingen motiviert und Ihre Aufgabe als Führungskraft ist nicht, sie zu treiben (oder sie gar zu »verbessern«), sondern sie zu verstehen und ihnen die Schachfiguren bereitzustellen, damit sie ihr Potenzial maximal ausschöpfen können.

SCHRITT 5

PERFEKTIONIEREN SIE DAS SPIEL MIT DER MACHT

WIE SIE GOLIATH SCHLAGEN UND DAS NARRATIV BESTIMMEN

1. Identifizieren Sie den nächsten Goliath, mit dem Sie und Ihr Unternehmen es aufnehmen wollen. Schaffen Sie eine Strategie, wie Sie Ihr Narrativ kontrollieren wollen. Minimieren Sie Ablenkungen und alles, was Sie daran hindern könnte, Ihren Goliath zu schlagen.

VON MAFIOSI LERNEN: WIE SIE VERKAUFEN, VERHANDELN UND IHREN EINFLUSS GELTEND MACHEN

2. Statt nur zu überlegen, was für Sie drin ist, sollten Sie besser nach Gewinnen für ihre strategischen Partner suchen. Gehen Sie vor Ihrem nächsten Meeting alle sieben Schritte der Vorbereitung durch. Machen Sie sich in jeder Verhandlung klar, wer am längeren Hebel sitzt. Überspannen Sie es nicht, wenn Sie am kürzeren Hebel sitzen, und spielen Sie Ihre Macht nicht zu sehr aus, wenn Sie am längeren sitzen – besonders, wenn Sie die andere Person als einen langfristigen strategischen Partner betrachten.

PFLEGEN SIE IHRE MACHT UND BLEIBEN SIE KAMPFERPROBT

3. Hören Sie nicht auf, das Prinzip des Hebels zu studieren. Beobachten Sie Interaktionen zwischen Menschen, Staaten und Unternehmen, um zu sehen, ob Sie erkennen können, wer am längeren Hebel sitzt und ob diese Person oder Institution ihn nutzt, um Macht zu gewinnen. Gewöhnen Sie sich an, nach Wegen zu suchen, wie Sie anderen helfen können, anstatt mit der Schrotflinte auf Umsatzjagd zu gehen. Und bringen Sie anderen so viel Wertschätzung entgegen, dass Sie immerzu schauen, was sie antreibt und wie Sie sie gemäß ihren inneren Antrieben lenkend begleiten können.

Fazit

Schachmatt

Als Schulabbrecher bin ich der Ansicht, dass es enorm wichtig ist, lebenslang zu lernen und eine unerschöpfliche Neugier für die Welt zu zeigen.

Richard Branson

Wir haben gemeinsam einen langen Weg zurückgelegt. Wenn Sie kein Sportfan sind, waren es nach Ihrem Geschmack vielleicht ein paar Sportvergleiche zu viel. Ich halte mich eben an das, wovon ich etwas verstehe, und die Vergleiche zwischen der Welt des Business und dem Sport drängen sich mir auf. Erlauben Sie mir deshalb einen letzten Vergleich, denn es gab da einen Mann namens Andrew Bynum, der einst für Basketball das war, was Magnus Carlsen für das Schachspiel ist. Ich weiß, das klingt nach etwas zu viel Ehre für Bynum, aber ich bleibe dabei.

Bynum war mit einem geradezu außerirdischen Talent gesegnet. Im Jahr 2005 war er, gerade erst 17 Jahre alt, der First-Round Pick meiner geliebten Los Angeles Lakers. Der großartige Kobe Bryant war noch in seiner Bestform und ich konnte es gar nicht erwarten, wie dieser weit über zwei Meter messende Riese die NBA dominieren würde. Auf dem Papier hatte Bynum das Talent dazu, es mit einem Shaquille O'Neal mitzuhalten. Auf dem Feld zeigte er, dass er eines Tages in die Hall of Fame aufsteigen könnte.

Bynum begann als ein verdammt guter Basketballspieler. Er half den Lakers, NBA-Titel in den Jahren 2009 und 2010 zu gewinnen. Noch vor seinem 25. Geburtstag wurde er 2012 ins All-NBA-Game berufen. Er schien auf dem besten Weg zu sein, mehr Meisterschaften zu gewinnen und seinen festen Platz in den All-NBA-Teams zu haben.

Dann aber ging es geradewegs bergab.

Er wechselte zu den Philadelphia 76ers und zog sich mehrere Verletzungen zu, woraufhin sein Vertrag dort nicht verlängert wurde. Schließlich kam er 2013 zu den Cleveland Cavaliers, wo er jedoch schon bald suspendiert wurde. Der Grund war verstörend: Während des Trainings schoss er den Ball jedes Mal, wenn er ihn zu fassen bekam, auf den Korb, wo immer er sich auch gerade befand. Ich sah darin nicht einfach nur einen Mittelfinger in Richtung seiner Trainer und Mannschaftskollegen; ich sah darin das Fehlen jeglichen Respekts für das Basketballspiel. Meisterschaften, Lobeshymnen und Zigmillionen Dollar hin oder her – mit 26 hatte Bynum seine Karriere komplett ruiniert und Schande über das Basketballspiel gebracht.

Warum?

Ich bin Bynum niemals begegnet und kann nur spekulieren. Aus meiner Sicht hat Bynum deshalb nicht vermocht, sein Potenzial auszuschöpfen, weil es ihm an der Liebe zum Spiel mangelte. Wie konnte er Respekt gegenüber etwas beweisen, das er niemals geliebt hatte?

Manchmal fällt es uns schwer, etwas zu lieben, das uns so leichtfällt. In der Welt des Business begegnen wir diesem Phänomen allerorten. Wir sehen es in Kindern reicher Familien, die viel geerbt haben. Wenn dem Leben der Kampf fehlt – wenn wir es uns nicht verdienen mussten –, beginnen wir, uns Sonderrechte zuzugestehen und Dinge für selbstverständlich zu nehmen. Das liegt in der menschlichen Natur begründet.

Warum spreche ich so viel über Andrew Bynum? Weil der wichtigste Faktor, um das eigene Potenzial voll ausschöpfen zu können, ganz einfach ist: *Wir müssen brennen für das, was wir tun.* Die Geschichtsbücher sind voll von Menschen, die unmögliche Dinge zustande brachten, einfach weil sie dafür brannten. Ich hoffe, dass irgendetwas kommen wird, das Bynums Herz wachrüttelt, damit er dereinst bereit sein wird, sein Bestes zu geben.

Sie müssen den Erfolg ersehnen. Es muss Sie so sehr danach dürsten, dass es wehtut. Beharrlichkeit, Hingabe und Tatendrang – das sind die Eigenschaften, die alle herausragenden Menschen von Sportlern über Schachmeister bis zu CEOs verbindet. Ich weiß, dass ich Sie immer wieder daran erinnere, wie hart es ist, aber ich weiß auch, dass Sie in einen anderen Gang schalten müssen, um Ihr Talent auf die denkbar höchste Ebene zu heben.

Die nächste Ebene zu erklimmen, heißt, wieder von unten anzufangen

Um Ihr Potenzial ausschöpfen zu können, müssen Sie sich nach oben kämpfen und keine Furcht zeigen. Streben Sie danach, sich in allen Bereichen selbst zu übertreffen. Die Ironie liegt darin, dass Sie jedes Mal, wenn Sie die nächste Stufe erklimmen, notgedrungen wieder von vorne anfangen.

Der König der Grundschule wird zum Pimpf an dem Tag, an dem er die weiterführende Schule betritt. Wenn er es schließlich wieder bis ans obere Ende der Leiter geschafft hat, beginnt das Spiel von Neuem. Ihre Karriere wird sich ähnlich anfühlen: Jedes Mal, wenn Sie aufsteigen, befinden Sie sich offiziell am unteren Ende der nächsten Stufe. Zu den größten Ängsten, die Menschen davon abhalten, sich um ihren Aufstieg zu bemühen, ist die Sorge davor, keinen Respekt mehr zu erfahren. Schauen wir uns die Grafik an, um zu verstehen, was ich meine.

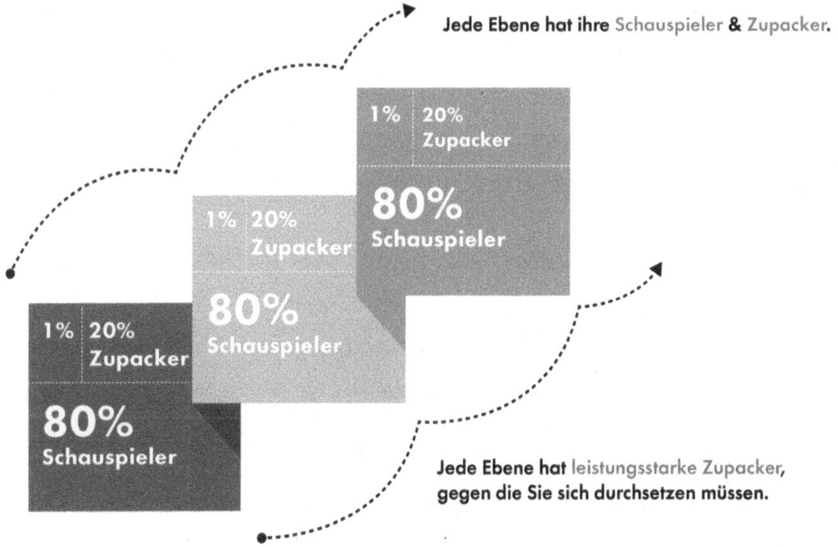

Entscheidend, um unter die 1 Prozent zu kommen, ist, kontinuierlich in Lernen und Wachstum zu investieren. Große Unternehmen investieren in das Talent ihrer Mitarbeiter. Sie fördern die Führungsfähigkeiten vielversprechender junger Beschäftigter, schicken sie in teure Trainingskurse und teilen ihnen erfahrene Mentoren zu. Wenn Sie nicht den Luxus eines Großunternehmens haben, das in Ihr Talent investiert, müssen Sie Wege finden, selbst in sich zu investieren.

Aus irgendeinem Grund verstehen viele Menschen Herausforderungen als etwas, vor dem man sich fürchten müsste. Aber wenn wir keine Herausforderungen zu bestehen haben, beginnen wir uns zu langweilen. Wir stagnieren. Häufig wird uns dann auch nicht bewusst, was in uns steckt und wie viel wir zu leisten imstande sind. Jeder Entrepreneur, der bei gesundem Verstand bleiben möchte, muss sich von der törichten Vorstellung verabschieden, Herausforderungen seien etwas, das es zu umschiffen gelte. An Herausforderungen wird es niemals mangeln und so sollten wir lieber lernen, sie zu lieben und von ihnen zu profitieren. Jeder Kampf ist eine Gelegenheit, um daran zu wachsen und sich zu verbessern.

Jeder Schritt nach oben wird Ihnen das Gefühl geben, bis zum Hals drinzustecken. Sie werden auf die Probe gestellt. Und auf die Gefahr hin, dass ich mich wiederhole: Ihr Erfolg hängt davon ab, ob Sie ihn wirklich herbeisehnen.

Mit Entrepreneurship die Probleme der Welt lösen

Wie ich schon unzählige Male sagte, werden viele Probleme dieser Welt von Entrepreneuren gelöst werden. Der einfache Grund lautet: Entrepreneure sind Problemlöser. Sie suchen sich etwas Komplexes, studieren es, vereinfachen es und finden früher oder später eine Lösung dafür. Entrepreneure können Herausforderungen in so unterschiedlichen Bereichen wie Gesundheit, Wirtschaft, Umfeld und Bildung meistern.

Das, was jemanden treibt, zum ersten Mal in seinem Leben Entrepreneur zu werden, ist häufig der Wunsch, mehr Geld zu machen, um sich ein größeres Haus, ein größeres Auto oder anderes Spielzeug leisten zu können. Daran ist nichts auszusetzen. Aber es braucht etwas Größeres als das. Die Welt von heute braucht uns, damit wir die größeren Probleme lösen, an denen es uns niemals mangeln wird.

In der Welt des Business geht es mitunter hässlich zu. Der Start-up-Friedhof ist gefüllt mit Unternehmen, die von wohlmeinenden und talentierten Menschen geführt wurden, die nur einfach nicht vorbereitet waren auf das chaotische Geschäft des Aufbaus eines Unternehmens. Wenn Sie es schaffen, an Ihre Grenzen gebracht, von Goliath geschlagen und von Freunden geächtet zu werden und dennoch Ihrer Mission treu zu bleiben, wird es die Mühe wert sein. Damit meine ich nicht, dass es irgendwann in der Zukunft die Mühe wert sein wird; vielmehr werden Sie an jedem Tag, an dem Sie für etwas kämpfen, Ihre »zukünftige Wahrheit« leben und Menschen dazu bringen, ihr Bestes aus sich herauszuholen, den Lohn spüren.

Die Welt braucht Sie. Sie braucht Ihre Ideen, Ihre Leidenschaft und Ihr Herz. Sie verfügen über alle Informationen, die Sie benötigen, um die fünf entscheidenden Schritte zu meistern: zu wissen …

- … wer Sie sein wollen,
- … wie Sie Probleme verarbeiten,
- … wie Sie Ihr Team aufbauen,
- … wie Sie strategisch skalieren,
- … wie Sie Power Moves machen.

All die Fragen, all die Tools und all die Geschichten sind dazu da, Ihnen zu helfen. Am Ende werden Sie davon aber nur profitieren, wenn Sie das in diesem Buch Gelernte auch wirklich anwenden. Es ist jetzt an der Zeit, dass Sie Ihre nächsten Schritte identifizieren.

Setzen Sie mindestens fünf Schritte auf Ihre Liste. Wenn Sie bestrebt sind, wie ein Großmeister zu denken, dürfen es auch 15 sein. Überlegen Sie sich zugleich eine Reihenfolge. Sie könnten versucht sein, den 15. Schritt zu Ihrem dritten zu machen. Fokussieren Sie sich stattdessen auf das größere Bild. Bedenken Sie: Erst in der richtigen Abfolge machen die Schritte Sie zu einem Großmeister. So werden Sie am Ende gewinnen – im Gefechtsstand, in der Vorstandsetage und im Schlafzimmer.

PLANEN SIE IHRE NÄCHSTEN SCHRITTE

AMATEUR	1	
	2	
	3	
PROFI	4	
	5	
MEISTER	6	
	7	
	8	
	9	
	10	
GROSSMEISTER	11	
	12	
	13	
	14	
	15	

Danksagungen

Patrick Bet-David

Weil ich ein Nebenprodukt von sechs wichtigen Dingen in meinem Leben bin, werde ich sechs Kategorien verwenden, um all den Dingen und Menschen zu danken, denen ich danken möchte.

Gene. Alles hatte seinen Anfang bei meinen Eltern Gabreal Bet-David und Diana Boghosian. Ohne sie wäre ich nicht der, der ich bin.

Kultur. Ich muss fünf Kulturen danken, die mich zu dem gemacht haben, der ich heute bin. Ich bin halb Armenier, halb Assyrer und lebte zehn Jahre lang in Teheran im Iran, bevor ich in Erlangen in Deutschland Asyl erhielt und schließlich in die Vereinigten Staaten kam. Jede dieser Kulturen hatte wesentlichen Einfluss darauf, wie ich das Leben sehe.

Erfahrungen. Es heißt, die größten Schauspieler wären jene, die ein Leben mit unterschiedlichen Erfahrungen voller Schmerz und Freude geführt hätten. Ich muss sagen, dass dasselbe auch für die Welt des Business gilt. Ich bin dankbar für alles, was mir im Leben widerfahren ist, auch wenn ich nicht alles davon im Augenblick seines Geschehens zu schätzen wusste. Ich wäre nicht der, der ich heute bin, wenn ich nicht im Iran einen Krieg erlebt, in einem Flüchtlingslager gelebt und in der Armee gedient hätte. Alle diese und weitere Erfahrungen haben mich zu dem gemacht, der ich heute bin.

Entscheidungen. Ich habe viele schlechte und ein paar gute Entscheidungen getroffen. Manche fühlten sich anfangs großartig an, bis ich begriff, dass sie das nicht waren, während sich einige schlechte Entscheidung, wie sie mir anfangs erschienen, später als okay erwiesen. Sie alle haben mich Dinge gelehrt, die mir heute lieb und teuer sind. Manche kosteten mich Geld, manche kosteten mich

Beziehungen, manche brachten mir Geld ein und manche halfen mir, Beziehungen aufzubauen. Sie alle halfen mir, der zu werden, der ich heute bin.

Personen. Sie fallen in fünf Kategorien. Beginnen muss ich mit einem Dank an meine Frau Jennifer Bet-David, die mir vom ersten Tag an den Rücken freigehalten hat. Mein Leben veränderte sich mit dem Tag, an dem wir uns kennenlernten. Sie gebar unsere drei Kinder, Patrick, Dylan und Senna, die alle auf ihre je unverwechselbare Weise mein Leben verändert haben.

Ich muss auch meiner ersten besten Freundin, meiner älteren Schwester Polet Bet-David danken. Ihr Ehemann Siamak Sabetimani wurde mir der Bruder, den ich niemals gehabt hatte. Bevor ich meine eigenen drei Kinder hatte, verliebte ich mich in ihre Kinder Grace und Sean Sabetimani.

Unermesslich dankbar bin ich dem Führungsteam von PHP Agency, das sich für meine Vision begeisterte, als ein Erfolg alles andere als gewiss war. Niemals hätten wir eine Agentur mit 1500 Versicherungsvertretern aufbauen können ohne das Herz, den Fokus und das Talent unseres Führungsteams: Sheena und Matt Sapaula, Jose und Marlene Gaytan und viele andere.

Einen echten Mitstreiter zu finden, ist schwer, aber Mario Aguilar war genau das in vielen Projekten und nicht zuletzt beim Zusammenstellen des Inhalts dieses Buches.

Ohne meinen Agenten Scott Hoffman hätte es dieses Buch niemals gegeben.

Ich muss auch meinem Mitautor Greg Dinkin danken, der mir half, Struktur und Ordnung in meine Ideen und Erfahrungen zu bringen. Ein besonderer Dank geht an jene, die geholfen haben, meine Gedanken zu strukturieren, wann immer wir bei einer Idee oder einem Kapitel des Buches nicht weiterkamen: Maral Keshishian, Tigran Bekian, Tom Ellsworth, David Moldawar und Kai Lode.

Ich danke der Herausgeberin Jennifer Bergstrom und unseren brillanten Redakteurinnen Karyn Marcus und Rebecca Strobel. Ein großer Dank geht an Lynn Anderson und Eric Raymer für ihre unglaubliche Detailliebe.

Ich würde nicht dieses Buch schreiben oder neue Inhalte erzeugen, gäbe es nicht die Millionen von *Valuetainern* und Entrepreneuren, die mir Monat für

Monat folgen. Ich bin Ihnen allen dankbar. Sie geben mir Kraft in einer Art und Weise, die Worte nicht beschreiben können.

Allzu häufig zeigen wir uns denen gegenüber erkenntlich, die uns liebten und unterstützten, und vergessen unsere Konkurrenten, Hasser und Kritiker. Diejenigen, die an mir zweifelten, haben einen besonderen Platz in meinem Herzen. Ich war versucht, ihre Namen aufzuzählen, aber ich hätte für ihrer aller Namen mehrere Seiten gebraucht. Lassen Sie sich gesagt sein, dass ich Sie liebe und Ihnen extrem dankbar bin.

Inspiration. *Last but not least* hat es eine Handvoll Momente gegeben, als ich die Inspiration verspürte, etwas Großes mit meinem Leben anzufangen. Verschiedene Dinge übten eine unwiderstehliche Anziehungskraft auf mich aus, auch wenn ich mich anfangs gar nicht mit der Absicht trug, mich ihnen hinzugeben. Im Rückblick bin ich heute froh, dass ich mich ihnen schließlich dennoch hingab und mein Bestes gab. Solche Momente der Inspiration sind der Grund, warum ich spüre, dass mein Tank stets gefüllt ist, und warum ich jeden Morgen mit so viel Begeisterung aufstehe, um die nächste von mir geschaffene Vision Wirklichkeit werden zu lassen.

Greg Dinkin (Mitautor)

Sie fragen sich möglicherweise, wie auch ich mich fragte, als ich Pat zum ersten Mal begegnete: Ist dieser Mann echt? Als Pokermeister und Autor des Buches *The Poker MBA* habe ich ein feines Gespür für Nonsens. Ich versuche unentwegt, Menschen bei einem Bluff zu ertappen und ihre Authentizität zu testen.

Im Mai 2019, einen Monat, nachdem ich begonnen hatte, mit Pat zu arbeiten, besuchte ich die Vault-Konferenz in Dallas. Auf seiner einleitenden Strategiesitzung beantwortete Pat Fragen von Dutzenden von Teilnehmern. Dabei erinnerte er sich an konkrete Einzelheiten zu ihrer jeweiligen geschäftlichen Tätigkeit. »Oh ja«, sagte er dann, »wir sprachen vor zwei Jahren über Ihren Vergütungsplan. Haben Sie ihn weiter verfolgt?« Oder: »Ich erinnere mich an unseren E-Mail-Wechsel darüber, dass Sie mehr in die Analytik investieren müssen. Sind Sie hier in der Zwischenzeit weitergekommen? Nein? Warum nicht?«

Mich erstaunte sein Gedächtnis und mehr noch sein Geschäftssinn. Dann dämmerte es mir, dass er Dutzenden von Entrepreneuren als Mentor zur Seite gestanden hatte – ohne Honorar und einzig und allein aus dem Herzensbedürfnis heraus »zurückzugeben« –, während er sein eigenes Unternehmen leitete, drei Kinder großzog und seinen Wissensschatz erweiterte (ich bin niemals jemandem begegnet, der mehr liest und härter an sich arbeitet als Pat).

Sollte ich jemals daran gezweifelt haben, dass Pat das, was er tat – Videos für *Valuetainment* erstellen, Workshops geben, dieses Buch schreiben – aus den richtigen Gründen tat, war ich jetzt überzeugt. Wie ich an diesem Abend und im folgenden Jahr miterleben durfte, ist Pat so wahrhaftig, aufrichtig und fürsorglich wie kaum ein anderer.

Müsste ich seinen Erfolg auf eine einzige Eigenschaft herunterbrechen, so wäre es sein Bestreben, Menschen zu helfen, ihre Träume zu verwirklichen. So sehr wir uns bemühten, so viel wie nur irgend möglich von Pats Wissen in diese Seiten zu bringen, konnten wir doch niemals seine Liebe und seinen Einsatz für die Menschen zum Ausdruck bringen und warum genau darin sein Erfolgsrezept besteht – und warum ihn das, zumindest aus meiner Sicht, zu einer der großartigsten lebenden Führungspersönlichkeiten dieses Planeten macht.

Stellen Sie sich eine Person vor, die sich die Zeit nimmt, Sie wirklich kennenzulernen, die Fragen stellt, um Ihnen zu helfen herauszufinden, wer genau Sie sind – häufig mit dem Erfolg, dass Sie Ihre wildesten Ambitionen erinnern und in Worte fassen. Stellen Sie sich anschließend vor, wie sie Sie mit Ressourcen und Coaching unterstützt und Sie gleichzeitig herausfordert, alles zu geben, was Sie können – auf einer Ebene, von der Sie nicht einmal wussten, dass sie Ihnen zugänglich ist. Stellen Sie sich anschließend vor, wie Sie sehen, dass sie von sich selbst noch mehr verlangt als von Ihnen. Wie könnten Sie da nicht großartige Höhen erreichen? Es ist kein Zufall, dass Pat aus Dutzenden von Menschen ohne akademischen Abschluss Millionäre geformt hat. Liebe ist mit Sicherheit wichtig. Kommen dann noch Gewissenhaftigkeit, Führungsstärke und Vorbildfunktion hinzu, dürfen wir uns auf einen unglaublichen Erfolg gefasst machen.

Ich schätze mich glücklich, dass ich einen derart eindrucksvollen Menschen aus der vordersten Reihe beobachten konnte. Stellen Sie sich vor, Sie wären Basketballspieler und könnten LeBron James ein Jahr lang über die Schulter schauen. Wenn Sie denken, ich würde hier zu dick auftragen, dann liegt das daran, dass ich vor Dankbarkeit überfließe. Es begann für mich als schlichter Schreibauftrag und endete als ein Dissertationsprojekt zum Thema: »Wie entfessele ich menschliches Potenzial?« Ich wurde dadurch zu einem besseren Coach, einer besseren Führungskraft und einer besseren Version meiner selbst. Zu sehen, wie viele Menschen bereits von Pats Wissen profitieren, hat mich in höchstem Maße motiviert, Ihnen auch noch das letzte Quäntchen Weisheit aus Pats Werkzeugkasten in diesem Buch zu präsentieren.

Abgesehen von Pat möchte ich auch Mario Aguilar für seine unübertroffene Professionalität danken. Als ultimativer Ratgeber war er in allen Phasen dieses Projekts ungemein wertvoll. Ich bin dem Agenten Scott Hoffman dankbar dafür, dass er seinen Instinkten gefolgt ist, die ihm sagten, das Pat und ich gut zusammenpassen würden. Außerdem weiß ich die Unterstützung durch meine Familie und meine Freunde zu schätzen. Mutter, Vater, Andy, Jayme, Leslie, Drew, Logan, Thea, Michelle, Cully, Josh, Bryan, Paul, Charlie, Mark, Monique, George, Chris, Stuckey und Frank haben jeder auf seine ganz eigene Weise ihren Beitrag geleistet.

ANHANG A

Persönliche Identitätsprüfung

PERSÖNLICHE IDENTITÄTSPRÜFUNG

1. Wie, glauben Sie, sieht die Welt Sie?

2. Wie sehen Sie sich selbst?

3. Was unterscheidet Ihr »öffentliches Selbst« von Ihrem »privaten Selbst«?

4. Welche Bedingungen bringen die beste Version von Ihnen zum Vorschein (die Version, die im Wettbewerb mithalten kann und die besten Ergebnisse erzielt)?

   - ☐ Wettbewerb
   - ☐ Verlustängste
   - ☐ Ein Rückschlag
   - ☐ Ein Sieg
   - ☐ Jemand ist von Ihnen überzeugt
   - ☐ Sie wollen etwas beweisen

5. Nennen Sie eine Periode von 90 Tagen in Ihrer Karriere, als Ihr Erfolgshunger am größten war. Was trieb Sie an?

6. Wie gehen Sie mit einer öffentlichen Niederlage um?

7. Neigen Sie dazu, für Ihren Mangel an Einsatz oder Disziplin andere verantwortlich zu machen? Wenn ja, warum?

8. Haben Sie das Gefühl, ein Anrecht auf Dinge zu haben, die Sie sich nicht selbst erarbeitet haben?

9. Als wie schwierig schätzen Sie Ihre Persönlichkeit ein?

- ☐ Sehr schwierig
- ☐ Schwierig
- ☐ Ein bisschen schwierig
- ☐ Unkompliziert
- ☐ Sehr unkompliziert

10. Kommen Sie mit Menschen wie Ihnen gut klar oder kann es nur einen von Ihrer Sorte im Raum geben?

11. Mit wem sprechen Sie am meisten, wenn Sie am Verlieren sind?

- ☐ Mit Menschen, die weiter sind als Sie
- ☐ Mit Menschen, die auf derselben Stufe stehen wie Sie
- ☐ Mit Menschen, die Ihre Stufe noch nicht erreicht haben
- ☐ Mit niemandem

12. Auf wen sind Sie insgeheim neidisch, ohne dass andere davon wissen? Scheuen Sie sich nicht, es hinzuschreiben. Niemand außer Ihnen wird Ihre Antwort zu Gesicht bekommen. Wie sieht Ihre Beziehung zu der Person aus, auf die Sie neidisch sind? Wie viel von diesem Neid ist der Tatsache geschuldet, dass Sie nicht bereit sind, die Arbeit zu leisten, die diese andere Person zu leisten bereit ist?

13. Menschen welchen Typs nerven Sie am meisten und warum?

14. Menschen welchen Typs haben Sie am liebsten und warum?

15. Mit wem arbeiten Sie am meisten zusammen?

16. Welche Qualitäten oder Eigenschaften bewundern Sie in anderen am meisten?

17. Wie gehen Sie mit Druck um?

18. Wie häufig hinterfragen Sie Ihre Vorstellung von der Zukunft, um Ihren Blick auf die Gegenwart zu verbessern?

19. Was bringt Ihre schlechteste Seite zum Vorschein? Warum?

20. Was bringt Ihre beste Seite zum Vorschein? Warum?

21. Worauf legen Sie im Beruf und im Leben den größten Wert?

22. Um was machen Sie sich in Ihrer Branche die meisten Sorgen?

23. Auf welche Errungenschaften sind Sie am meisten stolz und warum?

24. Wer wollen Sie sein?

25. Welche Art von Leben wollen Sie führen?

ANHANG B

■ ■ ■ ■ ■

Arbeitsblatt »Auflösung nach x«

PBDs ENTSCHEIDUNGSFINDUNGSPROZESS

Problem:

UNTERSUCHEN	LÖSEN	UMSETZUNG
Dringlichkeit 0–10	Wer wird gebraucht?	Wen gilt es zu gewinnen?
Gesamtwirkung Potenzieller Gewinn: Potenzieller Verlust:	Liste der Lösungen	Zuständigkeiten
Wahre Ursache des Problems Warum? Warum? Warum?	Potenzielle negative Folge(n)	Neue Protokolle

Empfohlene Lektüre

Patrick Bet-Davids Top-52-Business-Bücher

1. *Der blaue Ozean als Strategie – wie man neue Märkte schafft, wo es keine Konkurrenz gibt* von W. Chan Kim und Renée Mauborgne
2. *Die Prinzipien des Erfolgs* von Ray Dalio
3. *The Five Temptations of a CEO – A Leadership Fable* von Patrick Lencioni
4. *Built to Sell – Creating a Business That Can Thrive Without You* von John Warrillow
5. *Wettbewerbsstrategie – Methoden zur Analyse von Branchen und Konkurrenten* von Michael E. Porter
6. *Multipliers – How the Best Leaders Make Everyone Smarter* von Liz Wiseman
7. *Nur die Paranoiden überleben – strategische Wendepunkte vorzeitig erkennen* von Andrew S. Grove
8. *Positioning – die neue Werbestrategie* von Al Ries und Jack Trout
9. *Die 5 Dysfunktionen eines Teams* von Patrick Lencioni
10. *Lean Startup – schnell, risikolos und erfolgreich Unternehmen gründen* von Eric Ries
11. *The One thing – die überraschend einfache Wahrheit über außergewöhnlichen Erfolg* von Gary Keller und Jay Papasan
12. *Perfekt – der überlegene Weg zum Erfolg* von Robert Greene
13. *12 Rules For Life – Ordnung und Struktur in einer chaotischen Welt* von Jordan B. Peterson
14. *Wachstum durch Führung – die 10 entscheidenden Management-Prinzipien* von Verne Harnish und Nikolai Ladanyi
15. *Die 13 Gesetze der Strategie* von Robert Greene
16. *Meditationen* von Marc Aurel
17. *Sam Walton – meine Geschichte: der Weg zum erfolgreichsten Einzelhändler der Welt* von Sam Walton und John Huey
18. *The Essential Drucker: In One Volume the Best of Sixty Years of Peter Drucker's Essential Writings on Management* von Peter F. Drucker
19. *Tribal Leadership – Leveraging Natural Groups to Build a Thriving Organization* von Dave Logan, John King und Halee Fischer-Wright
20. *Der Trillion Dollar Coach – Bill Campbell, der Mann hinter den Erfolgsgeschichten des Silicon Valleys* von Eric Schmidt, Jonathan Rosenberg und Alan Eagle
21. *Zero to One – wie Innovation unsere Gesellschaft rettet* von Peter Thiel
22. *Die Kraft positiven Führens – Integrität zahlt sich aus* von Kenneth Blanchard und Norman Vincent Peale
23. *Was bleibt – wie die richtige Story ihre Werbung unwiderstehlich macht* von Chip Heath und Dan Heath

24. *Die Kunst des Krieges* von Sunzi
25. *The Founder's Dilemmas – Anticipating and Avoiding the Pitfalls That Can Sink a Startup* von Noam Wasserman
26. *Innovations-Management für Wirtschaft und Politik* von Peter F. Drucker
27. *The Accidental Millionaire – How to Succeed in Life Without Really Trying* von Gary Fong
28. *Immer erfolgreich – die Strategien der Topunternehmen* von Jim Collins und Jerry Porras
29. *Traction – How Any Startup Can Achieve Explosive Customer Growth* von Gabriel Weinberg und Justin Mares
30. *Hoch lebe die Organisation – Aus der Trickkiste eines Erfolgsmanagers* von Robert Townsend
31. *Business Model Generation – A Handbook for Visionaries, Game Changers, and Challengers* von Alexander Osterwalder und Yves Pigneur
32. *Growing Pains – Transitioning from an Entrepreneurship to a Professionally Managed Firm* von Eric G. Flamholtz und Yvonne Randle
33. *Hocheffizientes Management* von Andrew S. Grove
34. *Rich dad, poor dad – was die Reichen ihren Kindern über Geld beibringen* von Robert T. Kiyosaki und Sharon L. Lechter
35. *Trump, die Kunst des Erfolges* von Donald J. Trump und Tony Schwartz
36. *Wenn es hart auf hart kommt – schwierige Management-Situationen und wie man sie meistert* von Ben Horowitz
37. *The Hypomanic Edge – The Link Between (a Little) Craziness and (a Lot of) Success in America* von John D. Gartner
38. *Das Gesetz des Erfolgs – die vollständigen und grundlegenden 15 Erfolgsprinzipien zur Erfüllung Ihrer Träume* von Napoleon Hill
39. *The E-myth revisited – warum die meisten kleinen und mittleren Unternehmen nicht funktionieren und was sie dagegen tun können* von Michael E. Gerber
40. *Nonkonformisten – warum Originalität die Welt bewegt* von Adam Grant
41. *Poor Charlie's Almanack – The Wit and Wisdom of Charles T. Munger*, erweiterte 3. Auflage, herausgegeben von Peter D. Kaufman
42. *Decisive – How to Make Better Choices in Life and Work* von Chip Heath und Dan Heath
43. *Dein Ego ist dein Feind – So besiegst du deinen größten Gegner* von Ryan Holiday
44. *Elon Musk – Tesla, PayPal, SpaceX – wie Elon Musk die Welt verändert* von Ashlee Vance
45. *Lincolns Vermächtnis – Strategien einer genialen Führungspersönlichkeit* von Donald T. Phillips
46. *Michael Jordan – The Life* von Roland Lazenby
47. *The CEO Next Door – The 4 Behaviors That Transform Ordinary People into World-Class Leaders* von Elena L. Botelho und Kim R. Powell
48. *Die Ebenen des Bewusstseins – von der Kraft, die wir ausstrahlen* von David R. Hawkins
49. *Power – die 48 Gesetze der Macht* von Robert Greene
50. *I Love Capitalism! – An American Story* von Ken Langone

51. *Die sieben Leben des Managers – vom jungen Wilden zur grauen Eminenz – mit welchen Typen Sie fertig werden müssen* von Lawrence M. Miller
52. *Wie man Freunde gewinnt* von Dale Carnegie

Weitere Bücher, auf die verwiesen wird

- *Die fünf Sprachen der Liebe – Wie Kommunikation in der Ehe gelingt* von Gary Chapman
- *Die 7 Wege zur Effektivität – Prinzipien für persönlichen und beruflichen Erfolg* von Stephen R. Covey
- *101 Questions to Ask Before You Get Engaged* von H. Norman Wright
- *The Big Short – Wie eine Handvoll Trader die Welt verzockte* von Michael Lewis
- *From Worst to First – Behind the Scenes of Continental's Remarkable Comeback* von Gordon Bethune
- *Sorge dich nicht – lebe* von Dale Carnegie
- *Intelligent investieren – der Bestseller über die richtige Anlagestrategie* von Benjamin Graham
- *Moneyball – The Art of Winning an Unfair Game* von Michael Lewis
- *The Power of Vulnerability – Teachings on Authenticity, Connection, and Courage* von Brené Brown
- *Powerful – Building a Culture of Freedom and Responsibility* von Patty McCord
- *Scaling Up – Skalieren auch Sie! Weshalb es einige Unternehmen packen … und warum andere stranden* von Verne Harnish
- *The Secret – das Geheimnis* von Rhonda Byrne
- *Steve Jobs – die autorisierte Biografie des Apple-Gründers* von Walter Isaacson
- *Thank God It's Monday – How to Prevent Success from Ruining Your Marriage* von Pierre Mornell
- *Der Toyota-Weg – 14 Managementprinzipien des weltweit erfolgreichsten Automobilkonzerns* von Jeffrey Liker
- *Traction – Get a Grip on Your Business* von Gino Wickman
- *What Would the Rockefellers Do? How the Wealthy Get and Stay That Way, and How You Can Too* von Garrett B. Gunderson und Michael G. Isom
- *What Would the Founders Do? Our Questions, Their Answers* von Richard Brookhiser
- *Winners Never Cheat – Everyday Values That We Learned as Children (but May Have Forgotten)* von Jon M. Huntsman

Weitere Tipps finden Sie auf dem YouTube-Kanal *Valuetainment*:
https://www.youtube.com/c/valuetainment

Über den Autor

Patrick Bet-David entfloh dem kriegsgebeutelten Iran und gründete sein eigenes Finanzunternehmen, sammelte Zigmillionen US-Dollar und schuf *Valuetainment*, den führenden YouTube-Kanal für Entrepreneure. Sein unorthodoxer Geschäfts- und Lebensansatz fand seinen Niederschlag in faszinierenden Interviews mit Ray Dalio, Kevin Hart, Kobe Bryant, Präsident George W. Bush und einer ganzen Reihe weiterer Berühmtheiten. Seine Social-Media-Beiträge wurden über eine Milliarde Mal aufgerufen.

Patrick, der nie einen akademischen Grad erworben hat, diente in der Armee und verkaufte Fitnessklub-Mitgliedschaften, bevor er Finanzdienstleistungen verkaufte. Mit 30 Jahren gründete er die Finanzdienstleistungsagentur PHP. Er lebt mit seiner Frau und seinen drei Kindern in Dallas.